Mastercam 2023 中文版
标准实例教程

胡仁喜　刘昌丽　编著

机械工业出版社
CHINA MACHINE PRESS

本书结合当前应用广泛、功能强大的 CAD/CAM 软件 Mastercam 2023，对 Mastercam 数控加工的各种基本方法和技巧进行了详细介绍。

本书分为 12 章，分别从设计和加工两个方面全面介绍了 Mastercam 2023 的使用方法与技巧，设计方面介绍了二维及三维图形的绘制与编辑、曲面和曲线的创建与编辑等知识；加工方面介绍了传统的二维及三维加工和高速二维及三维加工等知识。

本书最大的特点是实例丰富，基本做到了一个知识点配一个实例，通过实例讲解，帮助读者迅速掌握知识点的功能特点。

为了满足学校教师利用此书进行教学的需要，随书配送了电子资料包，内含全书实例操作过程录屏讲解的 MP4 文件和实例源文件。为了增强教学效果，更进一步方便读者学习，编者亲自对实例动画进行了配音讲解。

本书可以作为机械制造相关专业大中专院校的授课教材，也可以作为机械加工从业人员或爱好者的自学辅导教材。

图书在版编目（CIP）数据

Mastercam 2023 中文版标准实例教程 / 胡仁喜，刘昌丽编著 . —北京：机械工业出版社，2023.8
ISBN 978-7-111-73483-3

Ⅰ . ① M… Ⅱ . ①胡… ②刘… Ⅲ . ①数控机床 – 加工 – 计算机辅助设计 – 应用软件 – 教材 Ⅳ . ① TG659-39

中国国家版本馆 CIP 数据核字（2023）第 125893 号

机械工业出版社（北京市百万庄大街 22 号　邮政编码 100037）
策划编辑：曲彩云　　　　　责任编辑：李含杨
责任校对：张亚楠　张　薇　　责任印制：任维东
北京中兴印刷有限公司印刷
2023 年 11 月第 1 版第 1 次印刷
184mm × 260mm ·21.25 印张·537 千字
标准书号：ISBN 978-7-111-73483-3
定价：79.00 元

电话服务　　　　　　　　网络服务
客服电话：010-88361066　机　工　官　网：www.cmpbook.com
　　　　　010-88379833　机　工　官　博：weibo.com/cmp1952
　　　　　010-68326294　金　书　网：www.golden-book.com
封底无防伪标均为盗版　机工教育服务网：www.cmpedu.com

前言

Mastercam 2023 是美国 CNC Software 公司开发的一套 CAD/CAM 软件，利用该软件，使用者可以解决产品从设计到制造全过程中的核心问题。由于其诞生较早且功能齐全，特别是在 CNC 编程上快捷方便，已成为国内外制造业广泛采用的 CAD/CAM 集成软件之一，主要用于机械、电子、汽车、航空等行业，特别是在模具制造业中应用尤为广泛。

本书分为 12 章，分别从设计和加工两个方面全面介绍了 Mastercam 2023 的使用方法与技巧。设计方面介绍了二维及三维图形的绘制与编辑、曲面和曲线的创建与编辑等知识；加工方面介绍了二维和三维加工等知识。

本书最大的特点是实例丰富，基本做到了一个知识点配一个实例，通过实例讲解，帮助读者迅速掌握知识点的功能特点。

本书编者长期从事 Mastercam 专业设计与制造方面的实践和教学工作，对 Mastercam 有很深入的了解。书中的每个实例都是编者独立设计和加工的真实零件。每一章都提供了独立、完整的零件加工过程，每个操作步骤都有简洁的文字说明和精美的图例展示。"授人以鱼不如授人以渔"，本书的实例安排本着"由浅入深，循序渐进"的原则，力求使读者"用得上、学得会、看得懂"，并能够学以致用，从而尽快掌握 Mastercam 设计中的诀窍。

编者根据自己多年的实践经验，从易于上手和快速掌握的实用角度出发，侧重于讲述具体加工方法，以及在加工过程中可能遇到的一些疑难问题的解决方法与技巧。在各个章节中，首先就内容进行讲解，然后再配合实际的操作范例来介绍各个部分的重要功能。从零件加工的要求进行分析，不但讲述机械零件的加工过程，而且从不同角度讲述了加工方法的思考方式，使读者学习 Mastercam 能够举一反三，触类旁通。

为了满足各学校师生利用本书进行教学的需要，随书配送的电子资料包中包含所有实例的素材源文件，并制作了全程实例动画 MP4 文件，总时长为 200 多分钟，内容丰富，是读者配合本书学习提高最方便的帮手。读者可以登录百度网盘（地址：https://pan. baidu. com/s/1Pw-DmjEemm3VwtsbfhB77A）下载或扫描下方二维码下载，密码：swsw（读者如果没有百度网盘，需要先注册一个才能下载）。

本书可作为机械制造相关专业大中专院校的授课教材，也可以作为机械加工从业人员或爱好者的自学辅导教材。

本书由河北交通职业技术学院的胡仁喜博士和石家庄三维书屋文化传播有限公司的刘昌丽编写，其中胡仁喜执笔编写了第 1~8 章，刘昌丽执笔编写了第 9~12 章。

由于编者水平有限，书中错误、纰漏之处在所难免，欢迎广大读者、同仁登录网站 www.sjzswsw.com 或联系 714491436@qq.com 批评指正，编者将不胜感激。也欢迎加入三维书屋图书学习交流群（QQ 群号：761564587）交流探讨。

编著者

目录

第 *1* 章

Mastercam 2023 软件概述

本章简要介绍了 Mastercam 2023 的基础知识，包括 Mastercam 的功能特点、工作环境及系统配置等内容，最后通过一个简单的实例帮助读者对 Mastercam 进行初步认识。

知识重点

☑ Mastercam 的工作环境

☑ Mastercam 的系统配置 LabVIEW

1.1　Mastercam 简介

1.1.1　功能特点

Mastercam 2023 共包含五种机床类型模块，即"设置"模块、"铣床"模块、"车床"模块、"线切割"模块和"木雕"模块。"设置"模块用于被加工零件的造型设计，"铣床"模块主要用于生成铣削加工刀具路径，"车床"模块主要用于生成车削加工刀具路径，"线切割"模块主要用于生成线切割加工刀具路径，"木雕"模块主要用于生成雕刻。本节主要对应用广泛的"设置"模块和"铣床"模块进行介绍。

Mastercam 主要完成三个方面的工作。

1. 二维或三维造型

Mastercam 可以非常方便地完成各种二维平面图形的绘制工作，并能方便地对它们进行尺寸标注、图案填充（如画剖面线）等操作，同时它也提供了多种方法创建规则曲面（圆柱面、球面等）和复杂曲面（波浪形曲面、鼠标状曲面等）。

在三维造型方面，Mastercam 采用目前流行的功能十分强大的 Parasolid 核心（另一种是 ACIS）。用户可以非常随意地创建各种基本实体，再联合各种编辑功能可以创建任意复杂程度的实体，对创建出的三维模型可以进行着色、赋材质和设置光照效果等渲染处理。

1

2. 生成刀具路径

Mastercam 的终极目标是将设计出来的模型进行加工。加工必须使用刀具，只有使运动着的刀具接触到材料才能进行切除操作，所以刀具的运动轨迹（即刀路）实际上就决定了零件加工后的形状，因而设计刀具路径是至关重要的。在 Mastercam 中，可以凭借加工经验，利用系统提供的功能选择合适的刀具、材料和工艺参数等完成刀具路径的设计工作，这个过程实际上就是数控加工中最重要的部分。

3. 生成数控程序，并模拟加工过程

完成刀具路径的规划，在数控机床上正式加工前还需要一份对应于机床控制系统的数控程序。Mastercam 可以在图形和刀具路径的基础上，进一步自动和迅速地生成这样的程序，并允许用户根据加工的实际条件和经验进行修改。数控机床采用的控制系统不一样，则生成的程序也有差别，Mastercam 可以根据用户的选择生成符合要求的程序。

为了使用户非常直观地观察加工过程、判断刀具轨迹和加工结果的正误，Mastercam 提供了一个功能齐全的模拟器，从而使用户可以在屏幕上预见"实际"的加工效果。生成的数控程序还可以直接与机床通信，使数控机床按照程序进行加工，加工的过程和结果将与屏幕上显示的完全相同。

📖 1.1.2 工作环境

当用户启动 Mastercam 2023 时，会出现如图 1-1 所示的工作环境界面。

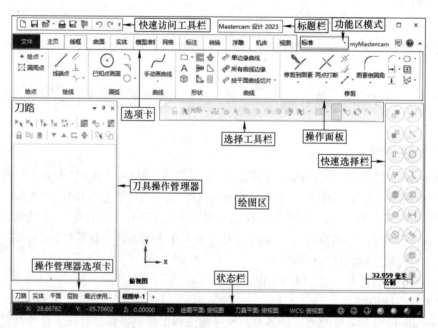

图 1-1　Mastercam 2023 的工作环境界面

1. 标题栏

与其他的 Windows 应用程序一样，Mastercam 2023 的标题栏在工作界面的最上方。标题栏不仅显示 Mastercam 的图标和名称，还显示了当前所使用的功能模块。

用户可以通过选择"机床"选项卡"机床类型"面板中的不同机床，进行功能模块的切换。对于"铣床""车床""线切割""木雕",可以选择相应的机床进入相应的模块,而对于"设置",则可以直接选择"机床类型"面板中的"设置"命令切换至该模块。

2.选项卡

用户可以通过选项卡获取大部分功能,选项卡包括"文件""主页""线框""曲面""实体""模型准备""标注""转换""机床""视图"和"刀路"等。下面对每个选项卡进行简单介绍。

（1）"文件"选项卡　提供了新建、打开、打开编辑、合并、保存、转换、打印、帮助、选项等标准功能,如图 1-2 所示。

1）"新建":创建一个新的文件,如果当前已经存在一个文件,则系统会提示是否要恢复到初始状态。

2）"打开":打开一个已经存在的文件。

3）"打开编辑":打开并编辑如 NC 程序的 ASC Ⅱ 文本文件。

4）"合并":将两个以上的图形文件合并到同一个文件中。

5）"保存、另存为、部分保存":保存、另存为、部分保存数据,其中部分保存可以将整个图形或图形中的一部分另行存盘。

6）"转换":将图形文件转换为不同的格式导入或导出。

7）"打印":打印图形文件,以及在打印之前对打印的内容进行预览。

8）"帮助":输入或查看图形文件的说明性或批注文字。

9）"选项":设置系统的各种命令或自定义选项卡。

（2）"主页"选项卡　提供了剪贴板、属性、规划、删除、显示、分析、加载项等操作面板,如图 1-3 所示。

图 1-2　"文件"选项卡

图 1-3　"主页"选项卡

1）"剪贴板":剪切、复制或粘贴图形文件,包括图形、曲面或实体,但不能用于刀路的操作。

2）"属性":用于设置点、线型、线宽的样式;线条、实体、曲面的颜色、材质等属性。

3）"规划":用于设置层高和选择图层。

4）"删除":用于删除或按需求选择删除图形、实体、曲面等。

5）"显示":用于显示或隐藏特征。

6）"分析":对图形、实体、曲面、刀路根据需求做各种分析。

7）"加载项":用于执行或查询插件命令。

（3）"线框"选项卡　主要用于图形的绘制和编辑,包括绘点、绘线、圆弧、曲线、形状、曲线、修剪等操作面板,如图 1-4 所示。

图 1-4　"线框"选项卡

（4）"曲面"选项卡　主要用于曲面的创建和编辑，包括基本曲面、创建、修剪、流线、法向等操作面板，如图 1-5 所示。

图 1-5　"曲面"选项卡

（5）"实体"选项卡　主要用于实体的创建和编辑，包括基本实体、创建、修剪、工程图等操作面板，如图 1-6 所示。

（6）"模型准备"选项卡　主要用于模型的编辑，包括创建、建模编辑、修剪、布局、颜色等操作面板。如图 1-7 所示。

（7）"标注"选项卡　主要用于对绘制的图形进行尺寸标注、注解和编辑，包括尺寸标注、纵标注、注释、重新生成、修剪等操作面板，如图 1-8 所示。

图 1-6　"实体"选项卡

图 1-7　"模型准备"选项卡

图 1-8　"标注"选项卡

（8）"转换"选项卡　可以用来对绘制的图形完成平移、旋转、镜像、补正、缩放等操作，从而提高设计造型的效率，如图 1-9 所示。

图 1-9　"转换"选项卡

（9）"机床"选项卡　用于选择机床类型、模拟加工、生成报表及机床模拟等，如图 1-10 所示。

（10）"视图"选项卡　用于视图的缩放、视角的转换、视图类型的转换，以及各种管理器的显示与隐藏等，包括缩放、屏幕视图、外观、刀路、管理、显示、网格、控制、视图单等操作面板，如图 1-11 所示。

图 1-10　"机床"选项卡

图 1-11　"视图"选项卡

（11）"刀路"选项卡　包括各种刀路的创建和编辑功能，如图 1-12 所示。值得注意的是，该选项卡只有选择了一种机床类型后才被激活。

图 1-12　"刀路"选项卡

3. 操作面板

操作面板是为了提高绘图效率、提高命令的输入速度而设定的命令按钮的集合，并提供了比命令更加直观的图标符号。单击这些图标按钮就可以直接打开并执行相应的命令。

4. 绘图区

绘图区是用户绘图时最常用也是最大的区域,利用该工作区的内容,用户可以方便地观察、创建和修改几何图形,拉拔几何体和定义刀具路径。

在绘图区的左下方显示有一个图标,这是工作坐标系(Work Coordinate System,WCS)图标。同时,还显示了视角(gview)、坐标系(WCS)和刀具/绘图平面(cplane)的设置等信息。

值得注意的是:Mastercam 应用默认的米制或寸制显示数据,用户可以非常方便地根据需要修改单位制。

5. 状态栏

状态栏显示在绘图窗口的最下方,用户可以通过它来修改当前实体的颜色、层别、群组、方位等。各选项的具体含义如下:

1)"3D":用于切换 2D/3D 构图模块。在 2D 构图模块下,所有创建的图素都具有当前的构图深度(Z 深度)且平行于当前构图平面,用户也可以在 AutoCursor 工具栏中指定 X、Y、Z 坐标,从而改变 Z 深度。在 3D 构图模式下,用户可以不受构图深度和构图面的限制。

2)"刀具平面":单击该区域弹出一个快捷菜单,用于选择、设置刀具视角。

3)"绘图平面":单击该区域弹出一个快捷菜单,用于选择、创建设置构图、刀具平面。

4)"Z":表示在构图面上的当前工作深度值。用户既可以通过单击该区域在绘图区域选择一点,也可以在右侧的文本框中直接输入数据,作为构图深度。

5)"WCS":单击该区域将弹出一个快捷菜单,用于选择、设置工作坐标系。

6. 刀具操作管理器

Mastercam 2023 将刀具路径管理器和实体管理器集中在一起,并显示在主界面上,充分体现了新版本对加工操作和实体设计的高度重视,事实上这两者也是整个系统的关键所在。在操作管理器选项卡中可进行"刀路""实体""平面""层别"的切换。刀具路径管理器对已经产生的刀具参数进行修改,如重新选择刀具大小及形状、修改主轴转速及进给率等,而实体管理器则能够修改实体尺寸、属性及重排实体构建顺序等。

7. 提示栏

当用户选择一种功能时,在绘图区会出现一个小的提示栏,它引导用户完成刚选择的功能。例如,当用户执行"线框"→"绘线"→"连续线"命令时,在绘图区会弹出"指点第一个端点"提示栏。

📖 1.1.3 图层管理

图层是用户用来组织和管理图形的一个重要工具,用户可以将图素、尺寸标注、刀具路径等放在不同的图层里,这样在任何时候都可以很容易地控制某图层的可见性,从而方便地修改该图层的图素,而不会影响其他图层的图素。在操作管理器选项卡中单击"层别"按钮,会弹出如图 1-13 所示"层别"管理器对话框。

图 1-13 "层别"管理器对话框

1. 新建图层

在"层别"管理器中单击"新建图层"按钮 ╋，创建一个新图层，也可以在"编号"文本框中输入一个层号，并在"名称"文本框中输入图层的名称，然后按 <Enter> 键，就新建了一个图层。

2. 设置当前图层

当前图层指当前用于操作的层，此时用户所有创建的图素都将放在当前图层中，在 Mastercam 中，有两种方式设置图层为当前图层。

1）在图层列表中单击图层编号即可将该图层设置为当前图层。

2）在"主页"选项卡的"规划"面板中单击"更改层别"按钮 ╤ 右侧的下三角按钮，在弹出的下拉菜单中选择所需的图层，从而将该层设置为当前图层。

3. 显示或隐藏图层

如果想要某图层的图素不可见，用户就需要隐藏该图层。单击图层所在行与"高亮"栏相交的单元格，就可以显示或隐藏该图层，此时可见"X"被去除，如果再次单击则重新显示该图层。

📖 1.1.4　选择方式

在对图形进行创建、编辑修改等操作时，首先要求选择图形对象。Mastercam 的自动高亮显示功能使得当指针掠过图素时，其显示改变，从而使得图素的选择更加容易。同时，Mastercam 还提供了多种图素的选择方法，不仅可以根据图素的位置进行选择（如单击、窗口选择等方法），而且还能够对图素按照图层、颜色和线型等多种属性进行快速选定。

图 1-14 所示为选择工具栏。在二维建模和三维建模中，这个工具栏被激活的对象是不同的，但其基本含义相同。该工具栏中主要选项的含义已经在图中注明，下面只对选择方式进行简单介绍。

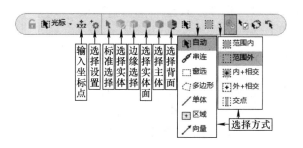

图 1-14　选择工具栏

Mastercam 提供了串连、窗选、多边形、单体、区域、向量 6 种对象的选择方式。

1. 串连

串连可以选择一系列串连在一起的图素，对于这些图素，只要选择其中任意一条，系统就会根据拓扑关系自动搜索相连的图素并选中。

2. 窗选

窗选是在绘图区中通过框选矩形的范围来选取图素，可以使用不同的窗选设置。其中，视窗内表示完全处于窗口内的图素才被选中；视窗外表示完全处于窗口外的图素才被选中；范围内表示处于窗口内且与窗口相交的图素都被选中；范围外表示处于窗口外且与窗口相交的图素被选中；交点表示只与窗口相交的图素才被选中。

3. 多边形

多边形与窗选类似，只不过选择的范围不再是矩形，而是多边形区域，同样也可以使用窗选设置。

4. 单体

单体是最常用的选择方法，单击图素则该图素被选中。

5. 区域

与串连选择类似，但范围选择不仅要首尾相连，而且还必须是封闭的。区域选择的方法是在封闭区域内单击一点，则选中包围该点的封闭区域内的所有图素。

6. 向量

可以在绘图区连续指定数点，系统将这些点之间按照顺序建立向量，则与该向量相交的图素被选中。

📖 1.1.5 串连

串连常被用于连接一连串相邻的图素，当执行修改、转换图形或生成刀具路径选择图素时均会被使用到。串连有两种类型：开式串连和闭式串连。开式串连指起始点和终止点不重合，如直线，圆弧等；闭式串连指起始点和终止点重合，如矩形、圆等。

执行串连图形时，要注意图形的串连方向，尤其是规划刀具路径时更为重要，因为它代表刀具切削的行走方向，也作为刀具补正偏移方向的依据。在串连图素上，串连的方向用一个箭头标识且以串连起点为基础。

在使用"拉伸实体""孔"等命令后，将首先弹出"线框串连"对话框，如图 1-15 所示。利用该对话框可以在绘图区选择待操作的串连图素，然后设置相应的参数后完成操作。"线框串连"对话框中各选项的含义如下：

图 1-15 "线框串连"对话框

（串连）：这是默认的选项，通过选择线条链中的任意一条图素而构成串连，如果该线条的某一交点是由 3 个或 3 个以上的线条相交而成的，则系统不能判断该往哪个方向搜寻，系统就会在分支点处出现一个箭头符号，提示用户指明串连方向。用户可以根据需要选择合适的分支点附近的任意线条确定串连方向。

（单点）：选择单一点作为构成串连的图素。

（窗选）：使用指针框选封闭范围内的图素构成串连图素，系统通过窗口的第一个角点来设置串连方向。

（区域）：使用指针选择在一边界区域中的图素作为串连图素。

（单体）：选择单一图素作为串连图素。

（多边形）：与窗口选择串连的方法类似，它用一个封闭多边形来选择串连。

（向量）：与向量围栏相交的图素被选中构成串连。

（部分串连）：它是一个开式串连，由整个串连的一部分图素串连而成，部分串连先选择图素的起点，然后再选择图素的终点。

范围内 （选择方式）：用于设置窗口、区域或多边形选择的方式，包括四种情况。"内"，即选择窗口、区域或多边形内的所有图素；"内 + 相交"，即选择窗口、区域或多边形内，以及与窗口、区域或多边形相交的所有图素；"相交"，即仅选择与窗口、区域或多边形边界相交的图素；"外 + 相交"，即选择窗口、区域或多边形外，以及与窗口、区域或多边形相交的所有图素；"外"，即选择窗口、区域或多边形外的所有图素。

（反向）：更改串连的方向。

（选项）：选择设置串连的相关参数。

1.1.6　构图平面及构图深度

构图平面是用户绘图的二维平面，即用户要在 XY 平面上绘图，则构图平面必须是顶面或底面（即俯视或仰视），如图 1-16 所示。同样，要在 YZ 平面上绘图，则构图平面必须为左侧或右侧（即左视或右视）；要在 ZX 平面上绘图，则构图平面必须设为前面或后面（即前视或后视）。默认的构图平面为 XY 平面。

当然，即使在某个平面上绘图，具体的位置也可能不同。虽然三个二维图素都平行于 XY 平面，但其 Z 方向的值却不同。在 Mastercam 中，为了区别平行于构图平面的不同面，采用构图深度来区别，如图 1-17 所示。

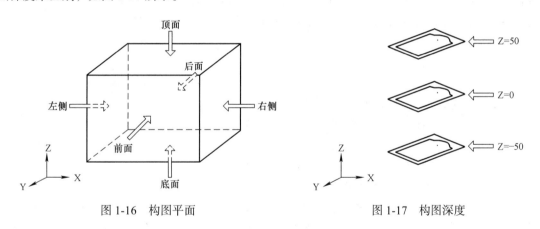

图 1-16　构图平面　　　　　　　　　　图 1-17　构图深度

1.2　系统配置

Mastercam 系统的配置主要包括内存设置、公差设置、文件参数设置、传输参数设置和工具栏设置等。单击"文件"选项卡下拉菜单中的"配置"命令，用户就可以根据需要对相应的选项进行设置。图 1-18 所示为"系统配置"对话框。

每个选项卡都具有三个按钮：为打开系统配置文件按钮；为保存系统配置文件按钮，用于将更改的设置保存为默认设置（建议用户将原始的系统默认设置文件备份，避免错误操作后而无法恢复）；为合并系统配置文件按钮。

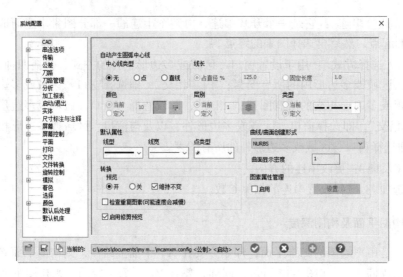

图 1-18　"系统配置"对话框

图 1-19　"公差"选项对话框

1.2.1　公差设置

单击"系统配置"对话框中主题栏中的"公差"选项，弹出如图 1-19 所示对话框。公差设置是设定 Mastercam 在进行某些具体操作时的精度，如设置曲线、曲面的光滑程度等。精度越高，所产生的文件也就越大。

各项设置的含义如下：

1）"系统公差"：决定系统能够区分的两个位置之间的最大距离，同时也决定了系统中最小的直线长度。如果直线的长度小于该值，则系统认为直线的两个端点是重合的。

2）"串连公差"：用于在对图素进行串连时，确定两个端点不相邻的图素仍然进行串连的最大距离，如果图素端点间的距离大于该值，则系统无法将图素串连起来。

串连是一种选择对象的方式，该方式可以选择一系列连接在一起的图素。Mastercam 系统的图素指点、线、圆弧、样条曲线、曲面上的曲线、曲面、标注，还有实体，或者说，屏幕上能画出来的东西都称为图素。图素具有属性，Mastercam 为每种图素设置了颜色、层、线型（实线、虚线、中心线）、线宽四种属性，对点还有点的类型属性，这些属性可以随意定义，定义后还可以改变。串连有开式和闭式两种类型。对于起点和终点不重合的串连称为开式串连，重合的则称为闭式串连。

3）"平面串连公差"：用于设定平面串连几何图形的公差值。

4）"最短圆弧长"：用于设置最小的圆弧尺寸，从而防止生成尺寸非常小的圆弧。

5）"曲线最小步进距离"：用于设置构建的曲线形成加工路径时，系统在曲线上单步移动的最小距离。

6）"曲线最大步进距离"：用于设置构建的曲线形成加工路径时，系统在曲线上单步移动的最大距离。

7）"曲线弦差"：用于设置系统沿着曲线创建加工路径时，控制单步移动轨迹与曲线之间的最大误差值。

8）"曲面最大公差"：用于设置从曲线创建曲面时的最大误差值。

9）"刀路公差"：用于设置刀具路径的公差值。

1.2.2 颜色设置

单击"系统配置"对话框中主题栏中的"颜色"选项，弹出如图 1-20 所示的对话框。大部分的颜色参数按系统默认设置即可，当要设置绘图区背景颜色时，首先选择工作区背景颜色，然后在右侧的颜色选择区选择所喜好的绘图区背景颜色即可。

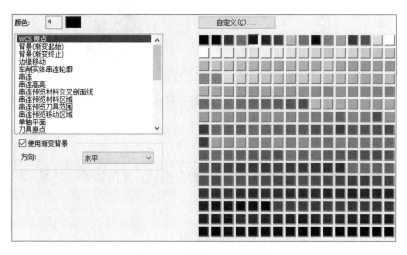

图 1-20 "颜色"选项对话框

1.2.3 串连设置

单击"系统配置"对话框中主题栏中的"串连选项"，弹出如图 1-21 所示的对话框，建议初学者使用默认选项。

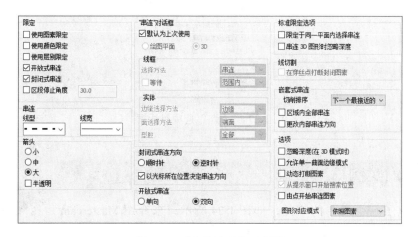

图 1-21 "串连选项"对话框

1.2.4　着色设置

单击"系统配置"对话框中主题栏中的"着色"选项，弹出如图 1-22 所示的对话框。在此对话框中可设置曲面和实体着色方面的参数。

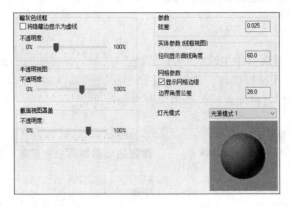

图 1-22　"着色"对话框

1.2.5　刀具路径设置

单击"系统配置"对话框中主题栏中的"刀路"选项，弹出如图 1-23 所示的对话框。在此对话框中可设置刀具路径方面的参数。

1）"缓存"：设置缓存的大小。

2）"删除记录文件"：设置删除生成记录的准则。

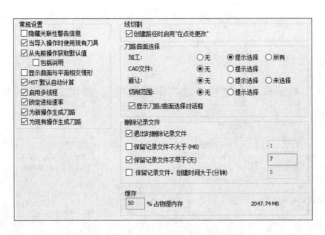

图 1-23　"刀路"选项对话框

1.3　入门实例

本节选取了一个简单的产品，如图 1-24 所示，来介绍 Mastercam 2023 软件从产品设计到模具制造加工的操作过程。

图 1-24　产品

1.3.1 产品设计

参见网盘 | 网盘 \ 视频教学 \ 第 1 章 \ 模具设计 .MP4

操作步骤如下：

01 创建图层。启动 Mastercam 2023 软件，进入主界面后，打开"层别"管理器对话框，分别创建图层 1、图层 2、图层 3 和图层 4，并设置图层名称分别为"实体""曲面""线框"和"型腔"，然后将图层 3 设置为当前图层。

02 创建矩形。单击"线框"选项卡"形状"面板"矩形"下拉菜单中的"圆角矩形"按钮，系统弹出"矩形形状"对话框，然后根据图 1-25 所示步骤进行操作。

03 变换视角。单击"视图"选项卡"屏幕视图"面板中的"等视图"按钮，将视角切换到等角视图。

04 设置图层。打开"层别"管理器对话框，将图层 1 设置为当前图层。

05 拉伸实体。单击"实体"选项卡"创建"面板中的"拉伸"按钮，弹出"线框串连"对话框，然后按图 1-26 所示步骤进行操作。

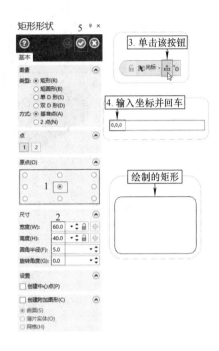

图 1-25　创建矩形

图 1-26　拉伸创建实体

13

06 顶面各边倒圆。单击"实体"选项卡"修剪"面板中的"固定半径倒圆"按钮 ，然后根据图 1-27 所示步骤进行操作。

图 1-27 顶面各边倒圆

07 抽壳。单击"实体"选项卡"修剪"面板中的"抽壳"按钮 ，然后根据图 1-28 所示步骤进行操作。

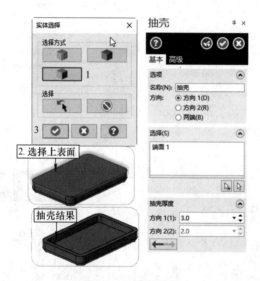

图 1-28 抽壳操作

08 保存文件。单击"快速访问工具栏"中的"保存"按钮 ，弹出"另存为"对话框。设置保存的路径，然后在文件名文本框中输入"产品设计"，并单击"保存"按钮保存文件。

1.3.2 模具设计

参见网盘 网盘 \ 视频教学 \ 第 1 章 \ 型腔刀路编程 .MP4

操作步骤如下：

01 调入设计好的产品文件。单击快速访问工具栏中的"打开"按钮 📂，在弹出的"打开"对话框中选择"网盘\源文件\第1章\产品设计"文件，然后单击"打开"按钮，打开文件。

02 比例缩放。单击"转换"选项卡"尺寸"面板中的"比例"按钮 ↗，弹出"比例"对话框，绘图区窗口会显示"选择图形"提示，然后根据图 1-29 所示步骤进行操作。

图 1-29　对产品进行比例缩放

03 层别设置。打开"层别"管理器对话框，将图层 2 设置为当前图层。

04 单击"曲面"选项卡"创建"面板中的"由实体生成曲面"按钮 📦，接着选择全部实体特征，单击"结束选择"按钮，弹出"由实体生成曲面"对话框，操作过程及显示如图 1-30 所示。

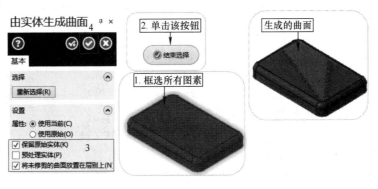

图 1-30　由实体生成曲面

05 打开"层别"管理器对话框，接着在"高亮"中取消选择层别1，然后单击"X"按钮，确定隐藏层别1。

06 单击快速选择栏中的"选取全部曲面图形"按钮 ，选择所有的曲面，然后在"主页"选项卡"属性"面板中单击"曲面颜色"下三角按钮，在弹出的下拉菜单中单击"更多的颜色"按钮，弹出"颜色"对话框。在"当前颜色"文本框中输入3，然后单击"确定"按钮 ，确定改变颜色。具体操作步骤如图1-31所示。

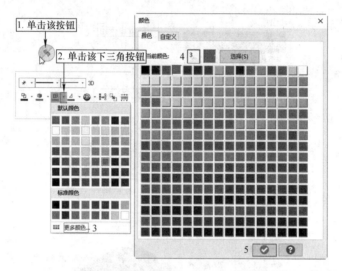

图 1-31 改变颜色操作步骤

07 在"视图"选项卡"屏幕视图"面板中单击"俯视图"按钮 ，将绘图平面切换到俯视图。

08 平移操作。按<F9>键显示原点坐标轴，接着单击"转换"选项卡"位置"面板中的"平移"按钮 ，然后根据图1-32所示步骤操作。

09 镜像操作。按F9键隐藏原点坐标轴，在"视图"选项卡"屏幕视图"面板中单击"等视图"按钮 ，将绘图平面切换到等视图；接着单击"转换"选项卡"位置"面板中的"镜像"按钮 ，然后根据图1-33所示步骤操作。

10 在绘图区空白处右击，在弹出的快捷菜单中选择"清除颜色"命令，清除颜色。

11 打开"层别"管理器对话框，选择编号为3的图层使其为当前图层，接着在"高亮"中取消选择的层别2，然后单击"X"按钮，确定隐藏层别2。

12 单击"线框"选项卡"形状"面板中的"圆角矩形"按钮 ，系统弹出"矩形形状"对话框。以原点为中心，绘制宽度为80、高度为120的矩形，如

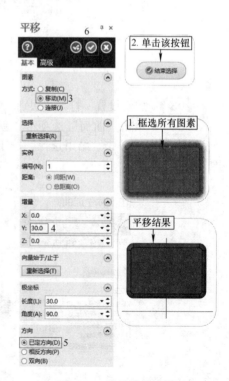

图 1-32 平移操作步骤

图 1-34 所示。

图 1-33　镜像操作

(13)　打开"层别"管理器对话框，选择编号为 4 的图层为当前图层。

(14)　单击"主页"选项卡"属性"面板中的"曲面颜色"下三角按钮，在弹出的下拉菜单中单击"更多的颜色"按钮，弹出"颜色"对话框。在"当前颜色"文本框中输入 7，然后单击"确定"按钮 [✓]。

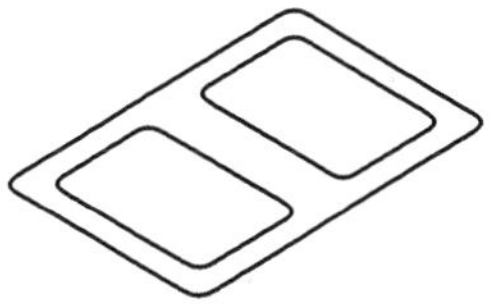

图 1-34　绘制矩形

(15)　创建修剪平面。单击"曲面"选项卡"创建"面板中的"平面修剪"按钮 🔲，弹出"线框串连"对话框。依次选择 3 个矩形截面，然后单击"线框串连"对话框中的"确定"按钮 [✓]，系统弹出"恢复到边界"对话框。单击"确定"按钮 ✓，如图 1-35 所示。

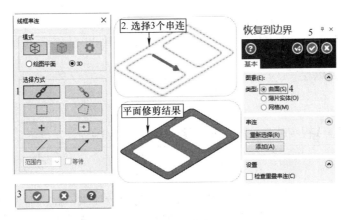

图 1-35　创建修剪平面

16 打开"层别"管理器对话框，在"高亮"中取消选择的层别 3，然后单击"X"按钮，确定隐藏层别 3；接着在"高亮"中选择层别 2，显示层别 2，如图 1-36 所示。

17 单击"主页"选项卡"规划"面板中的"更改层别"按钮，系统提示："选择要改变层别的图形"，然后单击"快速选择栏"中的"按层别选择所有图素"按钮，弹出"选择所有—单一选择"对话框，如图 1-37 所示。在该对话框中勾选"2曲面"复选框，然后单击该对话框中的"确定"按钮。单击"结束选择"按钮，弹出"更改层别"对话框，如图 1-38 所示。在该对话框"选项"选项组中单击"移动"单选按钮，取消勾选"使用主层别"复选框，在"编号"文本框中输入 4，单击"确定"按钮，这样就将图层 2上的图素移动到了图层 4 上，型腔结果如图 1-39 所示。

图 1-36　显示图层结果

图 1-37　"选择所有—单一选择"对话框

图 1-38　"更改图层"对话框

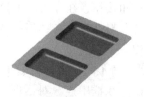

图 1-39　型腔结果

18 单击"快速访问工具栏"中的"另存为"按钮，弹出"另存为"对话框。设置保存的路径，然后在文件名文本框中输入"模具设计"，并单击"保存"按钮保存文件。

1.3.3　型腔刀路编程

网盘\视频教学\第 1 章\型腔刀路编程 .MP4

操作步骤如下：

01 加工工艺分析。此型腔结构较简单，成形尺寸要求不高，但表面要求光滑，所以型腔材料采用 718（瑞典牌号，相当于我国的 3Cr2NiMo）钢。根据型腔的形状，首先使用曲面挖槽粗加工功能进行粗加工，加工余量为 0.25mm，接着使用等高外形精加工功能对深槽的四周曲面进行精加工，然后用曲面挖槽粗加工功能对型腔底面进行精加工，这样便完成了型腔加工。

(02) 为了提高加工效率，根据型腔的结构形式、材料硬度及尺寸等，采用 $\phi10\text{mm}$ 硬质合金平底刀进行曲面挖槽。表 1-1 列出了曲面挖槽粗加工的加工参数。

表 1-1 曲面挖槽粗加工的加工参数

工件材料	ALUMINUM mm - 2024	切削深度	0.3mm
刀具材料	高速钢 HSS	XY 向进给速率	1200mm/min
刀具类型	平底刀	Z 向进给速率	1000mm/min
刀具刃数	4	主轴转速	3000r/min
刀具直径	10mm	提刀速率	3000mm/min
刀角半径	—	预留量	0.25mm

❶ 单击快速访问工具栏中的"打开"按钮🗁，在弹出的"打开"对话框中选择"网盘\源文件\第 1 章\模具设计"文件，然后单击"打开"按钮 打开(O) ，打开文件，如图 1-40 所示。

❷ 单击"视图"选项卡"屏幕视图"面板中的"右视图"按钮📦，将构图面切换到右视图。

❸ 单击"转换"选项卡"位置"面板中的"旋转"按钮，接着根据图 1-41 所示步骤进行操作。

图 1-40 型腔模具文件　　　　图 1-41 旋转型腔模具操作步骤

❹ 单击"机床"选项卡"机床类型"中的"铣床"按钮，选择"默认"选项，系统弹出"刀路"选项卡。

❺ 选择界面左下方操作管理选项卡中的"刀路"选项卡，单击"毛坯设置"按钮，弹出"机床群组设置"对话框。单击"边界框"按钮，打开"边界框"对话框。设置参数，具体操作步骤如图 1-42 所示。

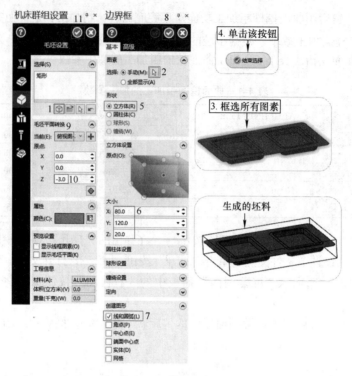

图 1-42　设置模具坯料尺寸

❻ 打开"层别"管理器对话框，然后单击"号码"中的 3，将图层 3 设置为当前图层；接着取消图层 4 高亮中的"X"，隐藏图层 4，如图 1-43 所示。

❼ 单击"视图"选项卡"屏幕视图"面板上的"俯视图"按钮，将绘图平面设置为俯视图。单击"转换"选项卡"位置"面板中的"平移"按钮，具体操作步骤根据图 1-44 所示进行。

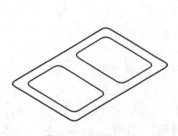

图 1-43　结果显示

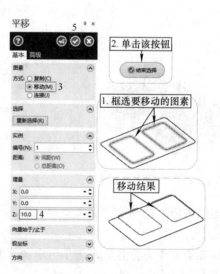

图 1-44　平移操作步骤

❽ 打开"层别"管理器对话框，然后单击"号码"中的 4，将图层 4 设置为当前图层，显示型腔。

❾ 单击"刀路"选项卡"3D"面板"粗切"组中的"挖槽"按钮🔲，具体操作步骤根据图 1-45 所示进行。

❿ 操作完如图 1-45 所示的步骤后，弹出"曲面粗切挖槽"对话框，具体根据图 1-46 所示步骤设置刀具参数。

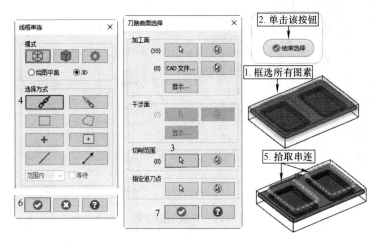

图 1-45　选择加工图素及边界

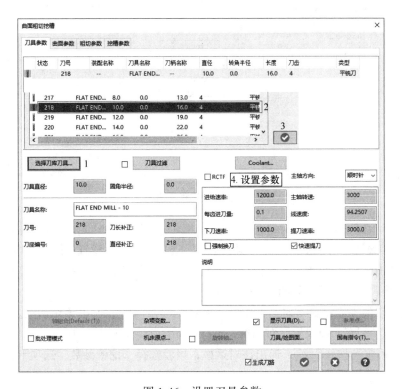

图 1-46　设置刀具参数

21

⓫ 操作完图 1-46 所示的步骤后选择"曲面参数"选项卡，并设置参数，如图 1-47 所示。

⓬ 选择"粗切参数"选项卡，设置参数，如图 1-48 所示。

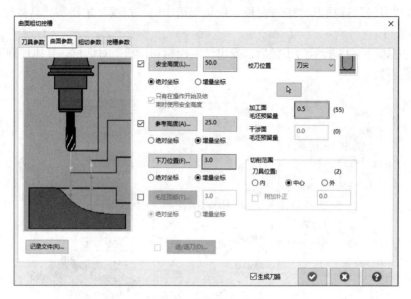

图 1-47　设置曲面参数

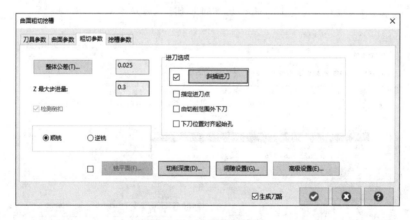

图 1-48　设置粗切参数

⓭ 在"粗切参数"选项卡中勾选"斜插进刀"复选框，将其激活，并单击该按钮，弹出"螺旋/斜插下刀设置"对话框。选择"斜插进刀"选项卡，参数设置如图 1-49 所示。

⓮ 单击"确定"按钮 ✔，退出该对话框。单击"切削深度"按钮，弹出"切削深度设置"对话框，然后设置参数，如图 1-50 所示。

⓯ 单击"切削深度设置"对话框中的"确定"按钮 ✔，退出该对话框。单击"间隙设置"按钮，弹出"刀路间隙设置"对话框，然后设置参数，如图 1-51 所示。

⓰ 单击"确定"按钮 ✔，退出该对话框，接着选择"挖槽参数"选项卡，并设置参数，如图 1-52 所示。

⓱ 勾选"挖槽参数"选项卡中的"进/退刀"复选框，将其激活，并单击该按钮，弹出

"进 / 退刀设置"对话框，设置参数，如图 1-53 所示。

图 1-49　斜插进刀参数设置

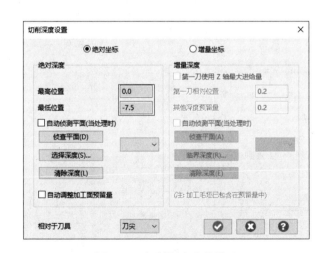

图 1-50　切削深度参数设置

图 1-51　刀路间隙参数设置

⑱ 单击"确定"按钮 ，退出该对话框，接着在"曲面粗切挖槽"对话框中单击"确定"按钮 ，系统开始进行曲面挖槽粗加工刀路计算，结果如图 1-54 所示。

03　等高外形精加工。根据型腔的结构形式、材料硬度及残余余量等，采用 φ8mm 硬质合金平底刀进行等高外形精加工。表 1-2 列出了等高外形精加工的加工参数。

❶ 按 Alt+T 组合键隐藏刀具路径，单击"刀路"选项卡"新群组"面板中的"等高"按钮

（若在"刀路"选项卡下没有"等高"按钮，需要读者自行添加。方法如下：在"刀路"选项卡"3D"面板处右击，在下拉菜单中选择"自定义功能区"，在打开的对话框的"定义功能区"下拉列表中选择"全部选项卡"，在"铣床""刀路"下新建组，将左侧不在功能区的"等高"命令添加到新群组中，单击"确定"即可），然后参照图 1-45 所示的步骤选取加工曲面和加工范围。

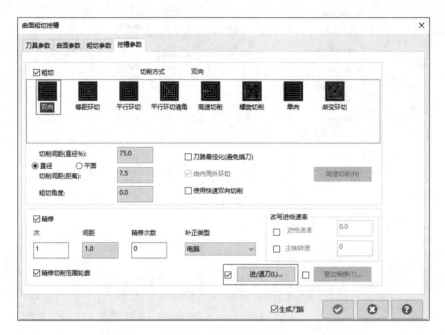

图 1-52　挖槽参数设置

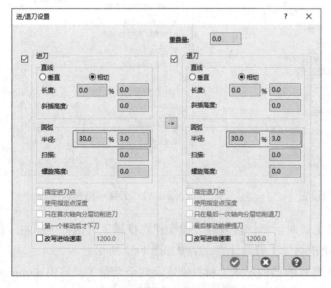

图 1-53　进 / 退刀参数设置

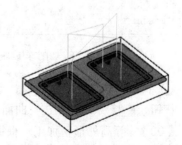

图 1-54　曲面挖槽粗加工刀路结果

表 1-2　等高外形精加工的加工参数

工件材料	ALUMINUM mm - 2024	切削深度	0.25mm
刀具材料	高速钢 HSS	XY 进给速率	1000mm/min
刀具类型	平底刀	Z 进给速率	900mm/min
刀具刃数	4	主轴转速	2000r/min
刀具直径	8mm	提刀速率	2000mm/min
刀具半径	—	预留量	0mm

❷ 单击"刀路曲面选择"对话框中的"确定"按钮 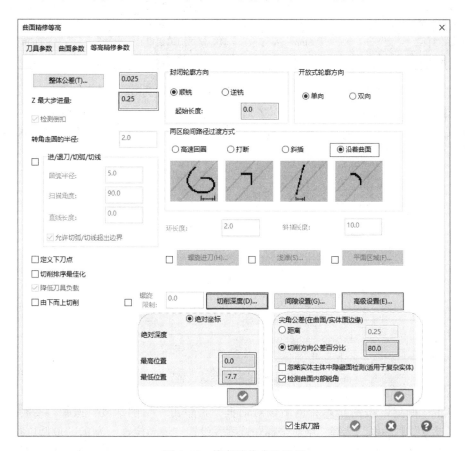，弹出"曲面精修等高"对话框，参照挖槽加工创建刀具的步骤选择直径为 8mm 的平铣刀（刀号为 217），设置"进给速率"为 1000，"下刀速率"为 900，"主轴转速"为 2000，"提刀速率"为 2000。

❸ 完成设置后，选择"曲面参数"选项卡，设置"下刀位置"为 3，"预留量"为 0.3，其他参数采用默认。

❹ 选择"等高精修参数"选项卡，设置"Z 最大步进量"为 0.25，单击"切削深度"按钮，弹出"切削深度设定"对话框，设置参数；单击"确定"按钮 ⊘，退出该对话框；再单击"高级设置"按钮，弹出"高级设置"对话框，设置参数，如图 1-55 所示。

图 1-55　等高精修参数设置

❺ 在"曲面精修等高"对话框中单击"确定"按钮 ✓，系统开始进行等高外形半精加工刀路计算，结果如图 1-56 所示。

04 底面挖槽精加工。根据型腔的结构形式、材料硬度及底部残余余量等，采用 ϕ8mm 硬质合金平底刀进行底面挖槽精加工，表 1-3 列出了底面挖槽精加工的加工参数。

❶ 单击"刀路"选项卡"3D"面板"粗切"中的"挖槽"按钮 ，然后参照图 1-45 所示的步骤选取加工曲面和加工范围。

❷ 单击"刀路曲面选择"对话框中的"确定"按钮 ✓，弹出"曲面粗切挖槽"对话框；接着在"刀具参数"选项卡中

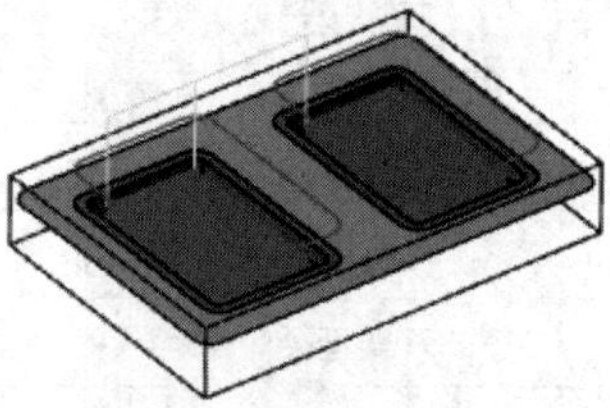

图 1-56　等高外形半精加工
刀路计算结果

选择直径为 8mm 的平铣刀，设置"进给速率"为 450，"主轴转速"为 1200，"提刀速率"为 1500，"下刀速率"为 450，其他参数采用默认设置。

表 1-3　底面挖槽精加工的加工参数

工件材料	ALUMINUM mm - 2024	切削深度	0.1mm
刀具材料	高速钢 HSS	XY 进给速率	450mm/min
刀具类型	平底刀	Z 进给速率	450mm/min
刀具刃数	4	主轴转速	1200r/min
刀具直径	8mm	提刀速率	1500mm/min
刀具半径	—	预留量	0mm

❸ 选择"曲面参数"选项卡，"加工面毛坯预留量"设置为 0。

❹ 选择"粗切参数"选项卡，设置"Z 最大步进量"为 0.1，如图 1-57 所示。

❺ 单击"斜插进刀"按钮，弹出"螺旋 / 斜插下刀设置"对话框，选择"斜插进刀"选项卡，设置"最小长度"为 10%。

图 1-57　粗切参数设置

❻ 单击"确定"按钮 ✓，退出该对话框，再单击"切削深度"按钮 切削深度(D)... ，弹出"切削深度设置"对话框。选择"绝对坐标"选项，设置"最高位置"为 0，"最低位置"为 -8。

❼ 单击"确定"按钮 ✓，退出该对话框，接着选择"挖槽参数"选项卡，并设置参数，如图 1-58 所示。

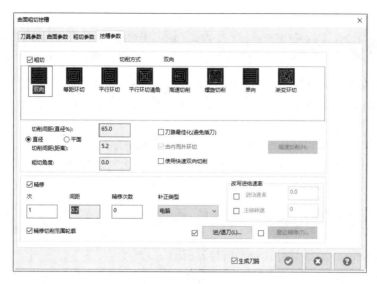

图 1-58 挖槽参数设置

❽ 单击"曲面粗切挖槽"对话框中"确定"按钮 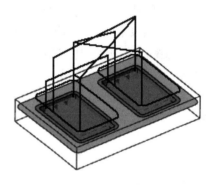 ，系统开始进行曲面挖槽粗加工刀路计算，结果如图 1-59 所示。

05 仿真加工。

❶ 对已产生的刀具路径进行仿真加工，操作步骤如图 1-60 所示。

❷ 单击"快速访问工具栏"中的"另存为"按钮 ，弹出"另存为"对话框。设置保存的路径，然后在"文件名"文本框中输入"型腔刀路编程"，并单击"保存"按钮保存文件。

图 1-59 曲面挖槽粗加工刀路计算结果

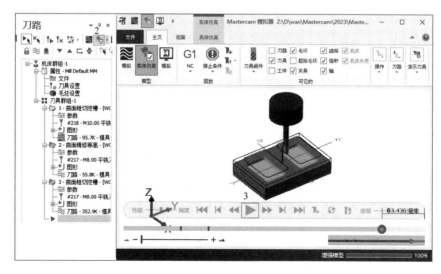

图 1-60 仿真加工操作步骤

1.4　思考与练习

1. Mastercam 2023 软件由哪几个模块组成？试述各模块的功能。

2. Mastercam 2023 软件中系统的背景颜色、图形颜色、线型等如何设置？

3. 如何设置图层、编辑图层、凸显图层等？

4. 选择图素的基本模式有几种？最常用的是哪两种模式？

5. 工作窗口中构图面、视图面、绘图深度的概念是什么？如何操作？

1.5　上机操作与指导

1. 启动 Mastercam 2023 软件，熟悉窗口界面。

2. 将 Mastercam 2023 系统的背景颜色设置为白色，图素颜色设置为黑色，线性设置为虚线，线宽设置为第一种。

3. 在屏幕上显示栅格，栅格大小为 200、间距为 100。

4. 分别以不同的构图深度，如 z =10、20、30 等绘制直线，接着将视角转换为等角视角，以观察这些直线所处的位置。

第2章

二维图形绘制

本章主要介绍 Mastercam 2023 系统的二维图形绘制操作方法，包括点、线、圆弧、矩形、多边形等基本图形绘制。

通过本章的学习，可以帮助读者初步掌握 Mastercam 2023 的二维图形绘制功能。

知识重点

☑ 点与线的绘制　　　　　☑ 矩形的绘制

☑ 圆弧的绘制　　　　　☑ 曲线的绘制

2.1 点的绘制

点是几何图形的最基本图素。各种图形的定位基准往往是各种类型的点，如直线的端点、圆或弧的圆心等。点和其他图素一样具有各种属性，同样可以编辑它的属性。Mastercam 2023 提供了 6 种绘制点的方式，要启动"绘点"功能，可单击"线框"选项卡"绘点"面板中的"绘点"按钮➕，也可单击"线框"选项卡"绘点"面板中的"绘点"下三角按钮🔽，在其中选择绘制点的方式。

📖 2.1.1 绘点

单击"线框"选项卡"绘点"面板中的"绘点"按钮，系统弹出"绘点"对话框，如图 2-1 所示，就能够在某一光标指定位置绘制点（包括端点、中点、交点等位置，但要求事先设置好光标自动捕捉功能，可以单击选择工具栏中的"选择设置"按钮 🔅，如图 2-2 所示），也可以单击选择工具栏中的"输入坐标点"按钮 ﹐，在弹出的文本框中输入坐标点的位置，用户可按照"21，35，0"或者"X21Y35Z0"格式直接输入要绘制点的坐标，然后按 Enter 键。如果要继续绘制新点，则单击"绘点"对话框中的"确定并创建新操作"按钮 ✅；如果要结束该命令，则单击"绘点"对话框中的"确定"按钮 ✅，完成点的绘制。

图 2-1　"绘点"对话框

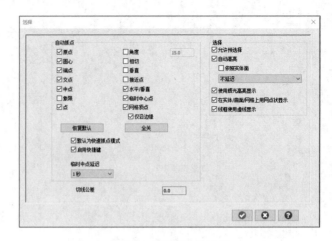

图 2-2　"选择"对话框

2.1.2　动态绘点

动态绘点指的是沿已有的图素，如直线、圆弧、曲线、曲面等，通过在其上移动的箭头来动态生成点，即生成点是根据图素上某一点的位置来确定的。

例 2-1　在曲线上动态绘点。

参见网盘	网盘 \ 视频教学 \ 第 2 章 \ 在曲线上动态绘点 .MP4

操作步骤如下：

01　单击快速访问工具栏中的"打开"按钮，在弹出的"打开"对话框中选择"源文件 \ 原始文件 \ 第 2 章 \ 例 2-1"。单击"线框"选项卡"绘点"面板"绘点"下拉菜单中的"动态绘点"按钮 ，动态绘点，系统弹出"动态绘点"对话框，同时在绘图区域弹出"选择直线，圆弧，曲线，曲面或实体面"提示信息。

02　选择图 2-3 所示的曲线，在曲线上出现一动态移动的箭头，箭头所指方向是曲线的正向，也是曲线的切线方向，箭头的尾部即是将要确定点的位置。

03　移动曲线上的箭头，待箭头尾部的十字到所需位置后单击，曲线上显示出绘制的动态点。

04　单击"动态绘点"对话框中的"确定"按钮 或双击 Esc 键，退出动态绘点操作。

以上步骤如图 2-3 所示。

动态点位置也可根据图素零点的相对距离和该点正法线方向的偏移距离来确定。方法是在"动态绘点"对话框"距离"选项组中的"沿（A）"的文本框沿(A): 0.0 中输入与图素零点相对的距离值即可。

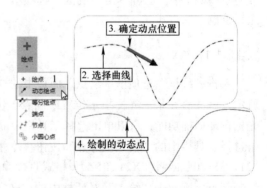

图 2-3　"动态绘点"操作步骤

2.1.3　绘制节点

曲线节点绘制指绘制样条曲线的原始点或控制点，借助节点，可以对参数曲线的外形进行修整。

例 2-2　在曲线上绘制节点。

网盘 \ 视频教学 \ 第 2 章 \ 在曲线上绘制节点 .MP4

操作步骤如下：

01　单击快速访问工具栏中的"打开"按钮，在弹出的"打开"对话框中选择"源文件 \ 原始文件 \ 第 2 章 \ 例 2-2"。单击"线框"选项卡"绘点"面板"绘点"下拉菜单中的"节点"按钮，系统弹出"请选择曲线"提示信息。

02　选择图 2-4 所示的曲线，完成曲线节点的绘制。

绘制参数节点的具体操作步骤如图 2-4 所示。

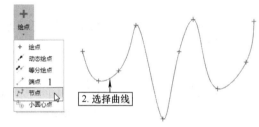

2.1.4　绘制等分点

绘制等分点指在几何图素上绘制几何图素的等分点，包括按等分点数绘制等分点和按等分间距绘制等分点两种形式。

例 2-3　在曲线上按等分点数绘制等分点。

图 2-4　"节点"绘制操作步骤

网盘 \ 视频教学 \ 第 2 章 \ 在曲线上按等分点数绘制等分点 .MP4

操作步骤如下：

01　单击快速访问工具栏中的"打开"按钮，在弹出的"打开"对话框中选择"源文件 \ 原始文件 \ 第 2 章 \ 例 2-3"。单击"线框"选项卡"绘点"面板"绘点"下拉菜单中的"等分绘点"按钮，系统弹出"等分绘点"对话框，同时在绘图区域弹出"沿一图形画点：请选择图形"提示信息。

02　选择所要绘制等分点的几何图形。

03　在"等分绘点"对话框"点数"文本框中输入等分点个数为 5。

04　按 Enter 键，则几何图素上绘制出了等分点。

05　单击"等分绘点"对话框中的"确定"按钮 ✓，完成操作。

按等分点数绘制等分点的具体操作步骤如图 2-5 所示。

按等分间距绘制等分点的绘制步骤同按等分点数绘制等分点步骤，在此不再赘述。具体操作步骤如图 2-6 所示。

2.1.5　绘制端点

执行"绘图"→"手动控制"→"端点"命令，系统自动选择绘图区内的所有几何图形并在其端点处产生点。

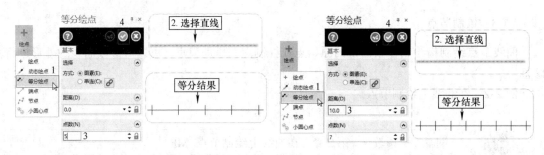

图 2-5　等分点数绘点操作步骤　　　　　　图 2-6　等分间距绘点操作步骤

 2.1.6　绘制小圆心点

绘制小圆心点指的是绘制小于或等于指定半径的圆或弧的圆心点。

例 2-4　绘制小圆心点。

参见网盘　网盘 \ 视频教学 \ 第 2 章 \ 绘制小圆心点 .MP4

操作步骤如下：

01　单击快速访问工具栏中的"打开"按钮，在弹出的"打开"对话框中选择"源文件 \ 原始文件 \ 第 2 章 \ 例 2-4"。单击"线框"选项卡"绘点"面板"绘点"下拉菜单中的"小圆心点"按钮 ⊕ 小圆心点，系统弹出"小圆心点"对话框，同时在绘图区域弹出"选择弧 / 圆，按 Enter 键完成"提示信息。

02　在"小圆心点"对话框"最大半径"文本框中输入 20。

03　如果要绘制弧的圆心点，可以勾选"包括不完整的圆弧"复选框 ☑ 包括不完整的圆弧(P)。

04　选择要绘制圆心的几何图素。

05　按 Enter 键，完成小圆心点的绘制。

具体操作步骤如图 2-7 所示。如果在绘制完圆心后要求删除原几何图素，则在"小圆心点"对话框中勾选"删除圆弧"复选框。

完成图 2-7 的操作后，读者会发现半径大于 20 的圆未画出圆心，这是因为半径设定值为 20，则系统仅画出半径小于和等于 20 的弧或圆的圆心。

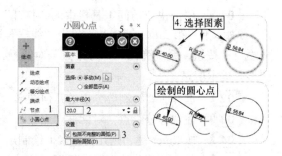

图 2-7　绘制小圆心点的操作步骤

2.2　线的绘制

Mastercam 2023 提供了 7 种直线的绘制方法，要启动线绘制功能，单击"线框"选项卡"绘线"面板中的不同命令，如图 2-8 所示。

2.2.1 绘制线端点

绘制线端点命令能够绘制水平线、垂直线、极坐标线、连续线或切线。单击"线框"选项卡"绘线"面板中的"线端点"按钮 ✎，系统弹出"线端点"对话框，如图2-9所示。

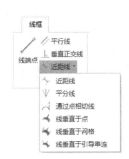

图2-8 "绘线"命令

图2-9 "线端点"对话框

"线端点"对话框中各选项含义如下：

1）选择"任意线"单选按钮，可绘制任意方向、任意长度的直线。

① 勾选"相切"复选框，可绘制与某一圆或圆弧相切的直线。该项只有在选中"任意线"单选按钮的情况下才能激活。

② 勾选"自动确定Z深度"复选框，绘图时系统自动定义绘图平面的位置。该项只有在选中"任意线"单选按钮的情况下才能激活。

2）选择"水平线"单选按钮，绘制水平线。

3）选择"垂直线"单选按钮，绘制垂直线。

4）选择"两端点"单选按钮，以起点和终点方式绘制直线。

5）选择"中心"单选按钮，以中心点方式绘制直线。

6）选择"连续线"单选按钮，绘制连续直线。

7）在"尺寸"选项组中的"长度"文本框中可输入直线的长度，并可单击按钮🔒将长度锁定。

8）在"尺寸"选项组中的"角度"文本框中可输入直线的角度，并可单击按钮🔒将角度锁定。

例2-5 绘制如图2-10所示的几何图形。

网盘\视频教学\第2章\绘制几何图形 .MP4

操作步骤如下：

01 单击"线框"选项卡"绘线"面板中的"线端点"按钮 ╱，系统弹出"线端点"对话框。在图 2-9 所示对话框中选择"连续线"单选按钮。

02 系统提示"指定第一个端点"，在绘图区任意部位选择一点作为线段的第一个点，接着在"线端点"对话框"尺寸"选项组中的"长度"文本框中输入 160，按 Enter 键确认。在"角度"文本框中输入 270，按 Enter 键确认。绘制第一条线段，如图 2-11所示。

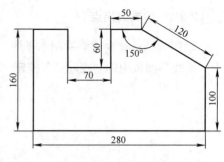

图 2-10　绘制几何图形

03 系统继续提示"指定第一个端点"，接着在"线端点"对话框"尺寸"选项组中的"长度"文本框中输入 280，按 Enter 键确认。在"角度"文本框中输入 0，按 Enter 键确认。

04 系统继续提示"指定第一个端点"，在"线端点"对话框"尺寸"选项组中的"长度"文本框中输入 100，按 Enter 键确认。在"角度"文本框中输入 90，按 Enter 键确认。

05 系统继续提示"指定第一个端点"，在"线端点"对话框"尺寸"选项组中的"长度"文本框中输入 120，按 Enter 键确认。在"角度"文本框中输入 150，按 Enter 键确认。Mastercam 系统是按照逆时针方向来测量角度的，绘制第四条线段的结果如图 2-12 所示。

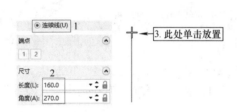

图 2-11　绘制第一条线段

图 2-12　绘制第四条线段的结果

06 重复"线端点"命令，拾取图 2-12 所示直线的端点。在"线端点"对话框"尺寸"选项组中分别输入"长度"和"角度"为 50 和 180、60 和 270、70 和 180、60 和 90，操作完此步后，绘制完第八条线段的几何图形如图 2-13 所示。

07 系统继续提示"指定第一个端点"，选择第一条线段的端点，如图 2-14a 所示，接着绘图区显示出 2-14b 所示的最终结果图形，单击"线端点"对话框中的"确定"按钮 ✅，结束绘线操作。

08 单击快速访问工具栏中的"保存"按钮，以文件名"绘制几何图形"保存文件。

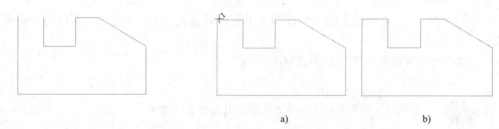

a)　　　　　　　　　　　　　b)

图 2-13　绘制完第八条线段的几何图形　　　　　　　图 2-14　操作结果

2.2.2 绘制近距线

单击"线框"选项卡"绘线"面板中的"近距线"按钮 ,选择两个已有的图素,绘制出它们的最近连线,如图 2-15 所示。

图 2-15 绘制近距线

2.2.3 绘制平分线

"平分线"命令用于绘制两条直线交点处引出的角平分线。

例 2-6 绘制分角线。

> 参见
> 网盘 > 网盘 \ 视频教学 \ 第 2 章 \ 绘制分角线 .MP4

操作步骤如下:

01 单击快速访问工具栏中的"打开"按钮,在弹出的"打开"对话框中选择"源文件 \ 原始文件 \ 第 2 章 \ 例 2-6"。单击"线框"选项卡"绘线"面板"近距线"下拉菜单中的"平分线"按钮 ,弹出"平分线"对话框,同时系统提示"选择二条相切的线"。

02 依次选择 A 线和 B 线。

03 选择角平分线的某一侧为保留线。

04 在"长度"文本框中输入角平分线长度为"25"。

05 单击对话框中的"确定" ✅ 按钮,完成操作。

具体操作步骤如图 2-16 所示。

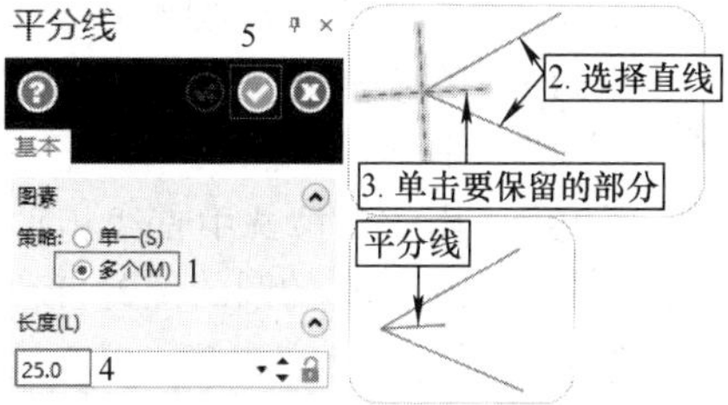

图 2-16 绘制"平分线"操作示例

2.2.4 绘制垂直正交线

"绘制垂直正交线"命令用于绘制与直线、圆弧或曲线相垂直的线。

例 2-7 绘制圆弧的垂直正交线。

> 参见
> 网盘 > 网盘 \ 视频教学 \ 第 2 章 \ 绘制圆弧的垂直正交线 .MP4

操作步骤如下:

01 单击快速访问工具栏中的"打开"按钮,在弹出的"打开"对话框中选择"源文件 \ 原始文件 \ 第 2 章 \ 例 2-7"。单击"线框"选项卡"绘线"面板中的"垂直正交线"按钮 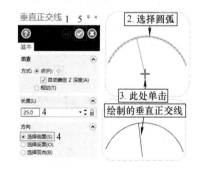,弹出"垂直正交线"对话框,同时系统提示"选择线、圆弧、曲线或边界"。

02 选择要绘制法线的图素,选择图 2-17 中的圆弧,则在绘图区中生成一条法线。

图 2-17 "垂直正交线"绘制操作步骤

03 系统提示"选择任意点",在绘图区任选一点单击。

04 在"长度"文本框中输入垂直正交线长度为 25,方向选择"选择侧面"选项。

05 单击对话框中的"确定"按钮 ,完成操作。

以上步骤如图 2-17 所示。

2.2.5 绘制平行线

"绘制平行线"命令用于绘制与已有直线相平行的线段。

例 2-8 绘制平行线。

参见网盘 网盘\视频教学\第 2 章\绘制平行线 .MP4

操作步骤如下:

01 单击快速访问工具栏中的"打开"按钮,在弹出的"打开"对话框中选择"源文件\原始文件\第 2 章\例 2-8"。单击"线框"选项卡"绘线"面板中的"平行线"按钮 ，系统弹出"平行线"对话框。

02 选中对话框中的"相切"单选按钮。

03 系统提示"选择直线",选择图 2-18 中的直线。

04 系统提示"选择与平行线相切的圆弧",选择图 2-18 中的圆。

05 由于与被选中直线相平行且与圆相切的线段有两条,系统会根据所选的圆的位置自动选择并生成一条直线。

绘制的平行线长度相等,以上绘制步骤如图 2-18 所示。

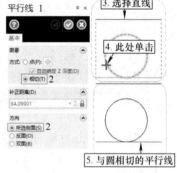

图 2-18 "平行线"绘制操作步骤

提示

在"平行线"对话框"补正距离"文本框中输入两平行线间的距离,再利用"方向"选项组中的单选按钮来选择平行线在被选择直线的哪一侧或两侧都绘制的方法,也可绘制平行线。

2.2.6 绘制通过点相切线

"通过点相切线"命令用于绘制已有圆弧或圆上一点并与该圆弧或圆相切的线段。

例 2-9 绘制通过点相切线。

参见网盘 网盘\视频教学\第 2 章\绘制通过点相切线 .MP4

操作步骤如下:

01 单击快速访问工具栏中的"打开"按钮,在弹出的"打开"对话框中选择"源文件\原始文件\第 2 章\例 2-9"。单击"线框"选项卡"绘线"面板"近距线"下拉菜单中的"通过点相切线"按钮 ，系统弹出"通过点相切"对话框。

02 系统提示"选择圆弧或曲线"，然后选择图 2-19 中的圆。

03 系统提示"选择圆弧或者曲线上的相切点"，选取圆上的一点。

04 系统提示"选择切线的第二个端点或者输入长度"，在绘图区域单击一点，绘制切线。

05 单击对话框中的"确定" ✓ 按钮，完成操作。

以上绘制步骤如图 2-19 所示。

2.2.7 绘制法线

"法线"命令用于绘制通过已有圆弧或平面上一点并与该圆弧或平面垂直的线段。

例 2-10 绘制法线。

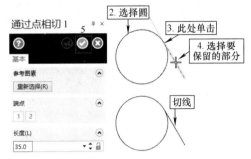

图 2-19 绘制"通过点相切线"操作步骤

参见网盘 网盘 \ 视频教学 \ 第 2 章 \ 绘制法线 .MP4

操作步骤如下：

01 单击快速访问工具栏中的"打开"按钮 ，在弹出的"打开"对话框中选择"源文件 \ 原始文件 \ 第 2 章 \ 例 2-10"。单击"线框"选项卡"绘线"面板"近距线"下拉菜单中的"线垂直于点"按钮 ，系统弹出"线垂直于点"对话框。

02 系统提示"选择曲面、面、圆弧或边缘"，然后选择图 2-20 中的曲面，此时出现一个箭头，箭头的方向为绘制法线的方向。

03 系统提示"选择曲面或面"，然后在上步选择的曲面上单击，选取一点。

04 在对话框中的"长度"文本框中输入"25.0"。

05 单击对话框中的"确定" ✓ 按钮，完成操作。

以上绘制步骤如图 2-20 所示。

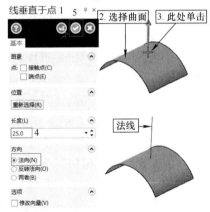

图 2-20 绘制"法线"操作步骤

2.3 圆弧的绘制

圆弧也是几何图形的基本图素，掌握绘制圆弧的技巧，对快速完成几何图形的绘制有关键性作用。Mastercam 2023 拥有 7 种绘制圆和弧的方法。要启动圆弧绘制功能，单击"线框"选项卡"圆弧"面板中的不同命令（见图 2-21），即可完成圆弧绘制。其中，每一个命令均代表一种方法。

2.3.1　已知边界点画圆

"已知边界点画圆"指的是通过不在同一条直线上的三点绘制一个圆，它具有两点、两点相切、三点及三点相切 4 种方式。除了绘制圆，若勾选"创建附加图形"复选框，还可以用这 4 种方式绘制曲面、薄片实体和网格。单击"线框"选项卡"圆弧"面板中的"已知边界点画圆"按钮，系统弹出"已知边界点画圆"对话框，如图 2-22 所示。

图 2-21　圆弧绘制子菜单

图 2-22　"已知边界点画圆"对话框

有 4 种方式可供选择，分别是：

1）选择"两点"单选按钮后，可在绘图区中选择两点绘制一个圆，圆的直径就等于所选两点之间的距离。

2）选择"两点相切"单选按钮后，可在绘图区中连续选择两个图素（直线、圆弧、曲线），接着在"半径"文本框或"直径"文本框中输入所绘圆的半径值或直径值，系统将绘制出与所选图素相切且半径值或直径值等于所输入值的圆。

3）选择"三点"单选按钮后，可连续在绘图区中选择不在同一直线上的三点来绘制一个圆。此法经常用于正多边形外接圆的绘制。

4）选择"三点相切"单选按钮后，可在绘图区中连续选择三个图素（直线、圆弧、曲线），接着再在"半径"文本框或"直径"文本框中输入所绘圆的半径值或直径值，系统将绘制出与所选图素相切且半径值或直径值等于所输入值的圆。

最后，单击"确定"按钮，完成操作。

2.3.2　已知点画圆

"已知点画圆"是利用确定圆心和圆上一点的方法绘制圆。单击"线框"选项卡"圆弧"面板中的"已知点画圆"按钮，系统弹出"已知点画圆"对话框，如图 2-23 所示。

该方法有两种途径可供选择，分别是：

1）在绘图区中连续选择圆心和圆上一点，或者选择圆心

图 2-23　"已知点画圆"对话框

后，在"半径"或"直径"文本框中输入数值，即可绘制出所要求的圆。

2）选择"相切"单选按钮后，系统提示"请输入圆心点"，在绘图区中选定一点，接着系统提示"选择圆弧或直线"，选择所需图素后，系统将绘制出一个圆。所绘制的圆与所选的圆弧或直线相切，并且圆心位于所选点处。

单击"确定"按钮✅，完成操作。

除了绘制圆，若勾选"创建附加图形"复选框，该命令还可以用于绘制曲面、薄片实体和网格。

2.3.3 极坐标画弧

图 2-24 "极坐标画弧"对话框

"极坐标画弧"命令是通过确定圆心、半径、起始和终止角度来绘制一段弧。单击"线框"选项卡"圆弧"面板"已知边界点画圆"下拉菜单中的"极坐标画弧"按钮，系统弹出"极坐标画弧"对话框，如图 2-24 所示。

具体操作步骤如下：

01 在绘图区中选择一点作为圆心。

02 在"尺寸"选项组中的"半径"或"直径"文本框中输入所绘圆弧的半径值或直径值。

03 在"角度"选项组中的"起始"文本框中输入所绘圆弧第一端点的极角。

04 在"角度"选项组中的"结束"文本框中输入所绘圆弧第二端点的极角。

05 选择"方向"选项组中的"反转圆弧"单选按钮，选择所绘圆弧的绘制方向。

06 单击"确定"按钮✅，完成操作。

> **提示**
>
> 选择"方式"选项组中的"相切"单选按钮，可绘制一条与选定图素相切的圆弧。圆弧的起点是两图素相切的切点，弧的结束角度输入后，即可绘制出圆弧。

2.3.4 极坐标端点画弧

极坐标端点画弧绘制命令是通过确定圆弧起点或终点，并给出圆弧半径或直径、开始角度和结束角度的方法来绘制一段弧。单击"线框"选项卡"圆弧"面板"已知边界点画圆"下拉菜单中的"极坐标端点"按钮，系统弹出"极坐标端点"对话框，如图 2-25 所示。

"极坐标端点"有两种途径绘制圆弧，分别是：

1）选择"方式"选项组中的"起始点"单选按钮，在绘图区中指定一点作为圆弧的起点，接着在"半径"或"直径"文本框中输入所绘圆弧的半径值或直径值，在"角度"选项组中的"起始"和"终止"文本框中分别输入圆弧的开始角度和结束角度。

2）选择"方式"选项组中的"端点"单选按钮，在绘图区中指定一点作为圆弧的终点，接着在"半径"或"直径"文本框中输入所绘圆弧的半径值或直径值，在"角度"选项组中的"起始"和"终止"文本框中分别输入圆弧的开始角度和结束角度。

 提示

对极坐标端点画弧，选择弧的起始点和端点的绘制方法所绘出的圆弧虽然几何图形相同，但弧的方向不同。

2.3.5　端点画弧

单击"线框"选项卡"圆弧"面板"已知边界点画圆"下拉菜单中的"端点画弧"按钮 ，系统弹出"端点画弧"对话框，如图 2-26 所示。

图 2-25　"极坐标端点"对话框

图 2-26　"端点画弧"对话框

"端点画弧"有两种途径绘制圆弧，分别是：

1）选择"方式"选项组中的"手动"单选按钮，在绘图区中连续指定两点。指定的第一点作为圆弧的起点，第二点作为圆弧的终点，接着在对话框中的"半径"或"直径"文本框中输入圆弧的半径值或直径值。

2）选择"方式"选项组中的"相切"单选按钮，在绘图区中连续指定两点。指定的第一点作为圆弧的起点，第二点作为圆弧的终点，接着在绘图区中指定与所绘圆弧相切的图素。

2.3.6　三点画弧

"三点画弧"命令是通过指定圆弧上的任意 3 个点来绘制一段弧。单击"线框"选项卡"圆弧"面板"已知边界点画圆"下拉菜单中的"三点画弧"按钮 ，系统弹出"三点画弧"对话框，如图 2-27 所示。

"三点画弧"有两种途径绘制圆弧，分别是：

1）选择"方式"选项组中的"点"单选按钮，在绘图区中连续指定三点，则系统绘制出一圆弧。这三点分别是圆弧的起点、圆弧上的任意一点、圆弧的终点。

2）选择"方式"选项组中的"相切"单选按钮，连续选择绘图区中的三个图素（图素必须是直线或圆弧），则系统绘制出与所选图素都相切的圆弧。

2.3.7　切弧绘制

"切弧"命令是通过指定绘图区中已有的一图素与所绘制弧相切的方法来绘制弧。单击"线框"选项卡"圆弧"面板中的"切弧"按钮，系统弹出"切弧"对话框，如图 2-28 所示。

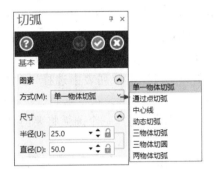

图 2-27　"三点画弧"对话框　　　　　图 2-28　"切弧"对话框

该方法有七种途径绘制圆弧，分别是：

1）在"方式"下拉列表中选择"单一物体切弧"选项，在"半径"或"直径"文本框中输入所绘圆弧的半径值或直径值，系统提示"选择一个圆弧将要与其相切的圆弧"。选择相切的图素，系统提示"指定相切点位置"。在图素上选择切点，选定后，系统绘制出多个符合要求的圆弧。系统提示"选择圆弧"，选择所需圆弧。

2）在"方式"下拉列表中选择"通过点切弧"选项，在"半径"或"直径"文本框中输入所绘圆弧的半径值或直径值，系统提示"选择一个圆弧将要与其相切的圆弧"。选择相切的图素，系统提示"指定经过点"。在绘图区域选择一点，选定后，系统提示"选择圆弧"，选择所需圆弧。

3）在"方式"下拉列表中选择"中心线"选项，在"半径"或"直径"文本框中输入所绘圆弧的半径值或直径值，系统提示"选择一个直线将要与其相切的圆弧"。选择相切的直线图素，系统提示"请指定要让圆心经过的线"。在绘图区域选择另一条线，系统绘制出所有符合条件的圆弧。系统提示"选择圆弧"，选下拉列表所需圆。

4）在"方式"下拉列表中选择"动态切弧"选项，系统提示"选择一个圆弧将要与其相切的圆弧"。选择相切的图素，系统提示"将箭头移动到相切位置—按 <S> 键使用自动捕捉功能"，将箭头移动到适当位置，接下来利用光标动态地在绘图区中选择圆弧的终点。

5）在"方式"下拉列表中选择"三物体切弧"选项，系统提示"选择一个圆弧将要与其相切的圆弧"，一次选择与其相切的三个图素，则系统绘制出所需圆弧。圆弧的起点位于所选的第一个图素上，圆弧的终点位于所选的第三个图素上。

6）在"方式"下拉列表中选择"三物体切圆"选项，系统提示"选择一个圆弧将要与其相切的圆弧"。一次选择与其相切的三个图素，则系统绘制出所需圆弧。

7）在"方式"下拉列表中选择"两物体切弧"选项，在"半径"或"直径"文本框中输入所绘圆弧的半径值或直径值，系统提示"选择一个圆弧将要与其相切的圆弧"。一次选择与其相切的两个图素，则系统绘制出所需圆弧。圆弧的起点位于所选的第一个图素上，圆弧的终点位于所选的第二个图素上。

例 2-11　绘制切弧。

 网盘 \ 视频教学 \ 第 2 章 \ 绘制切弧 .MP4

操作步骤如下：

01　打开源文件。单击"线框"选项卡"圆弧"面板中的"切弧"按钮 ，系统弹出"切弧"对话框。

02　在"方式"下拉列表中选择"动态切弧"选项。

03　系统提示"选择一个圆弧将要与其相切的圆弧"，此时应该选择圆。

04　通过光标选择一点，作为切弧的切点。

05　通过光标选择一点，作为切弧的终点。

06　单击"确定"按钮 ，完成切弧的绘制。

以上绘制步骤如图 2-29 所示。

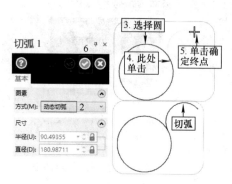

图 2-29　动态绘制切弧操作步骤

2.4　矩形的绘制

本节将介绍矩形的绘制方法。单击"线框"选项卡"形状"面板中的"矩形"按钮 ，启动矩形绘制操作，系统弹出如图 2-30 所示的"矩形"对话框。

有 3 种绘制矩形的方法，分别是：

1）在绘图区中直接选择一对矩形的对角点，则系统在绘图区中绘制出所需矩形。

2）在"尺寸"选项组中的"宽度"文本框中输入矩形的宽度值，在"高度"文本框中输入矩形的高度值，然后在绘图区中选择矩形的一个角点，再按 Enter 键，则系统绘制出所需矩形。宽度值与高度值都可为负数，这样可以确定矩形其他点相对于第一点的位置。

3）勾选"设置"中的"矩形中心点"，系统提示"选择基准点位置"，此基准点为矩形的中点。选定后，在"尺寸"选项组中的"宽度"文本框中输入矩形的宽度值，在"高度"文本框中输入矩形的高度值，再按 Enter 键，则系统绘制出所需矩形。

图 2-30　"矩形"对话框

 提示

如果在绘制矩形时，勾选了"创建附加图形"复选框，则系统将绘制出矩形曲面、薄片实体或网格。

2.5 圆角矩形的绘制

Mastercam 2023 系统不但提供了矩形的绘制功能，而且还提供了 4 种变形矩形的绘制方法，提高了制图的效率。单击"线框"选项卡"形状"面板"矩形"下拉菜单中的"圆角矩形"按钮 ，启动圆角矩形绘制功能。系统弹出"矩形形状"对话框，如图 2-31 所示。

由于变形矩形绘制功能在绘图中经常用到，而且十分方便，因此本节将详细介绍其中两种变形矩形的绘制方法：倒圆角的矩形和键槽变形矩形的绘制。

例 2-12 绘制底座。

 参见网盘　网盘 \ 视频教学 \ 第 2 章 \ 绘制底座 . MP4

操作步骤如下：

01 单击"线框"选项卡"形状"面板"矩形"下拉菜单中的"圆角矩形"按钮 ，系统弹出"矩形形状"对话框。

02 在对话框中设置选择"类型"为"矩形"，绘制"方式"为"基准点"，参数设置如图 2-32 所示。

03 单击对话框中的"确定并创建新操作"按钮 ，圆角矩形绘制完成。

04 在对话框中设置选择"类型"为"矩圆形"，绘制"方式"为"基准点"，参照图 2-32 所示的步骤设置基准点坐标为（60，0，0），矩形的"宽度"为 10，"高度"为 80。按照同样的方法，在基准点（-60，0，0）处创建键槽矩形，如图 2-33 所示。

图 2-31 "矩形形状"对话框

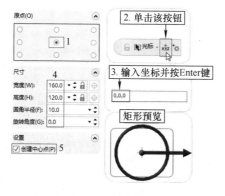

图 2-32 设置圆角矩形参数

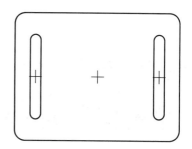

图 2-33 创建键槽矩形

2.6 绘制多边形

单击"线框"选项卡"形状"面板"矩形"下拉菜单中的"多边形"按钮 ⬡，启动多边形绘制功能，系统弹出"多边形"对话框。

例 2-13 绘制五边形。

 参见网盘　网盘 \ 视频教学 \ 第 2 章 \ 绘制五边形 . MP4

操作步骤如下：

01 单击"线框"选项卡"形状"面板"矩形"下拉菜单中的"多边形"按钮 ⬡，弹出"多边形"对话框。参数设置如图 2-34 所示。

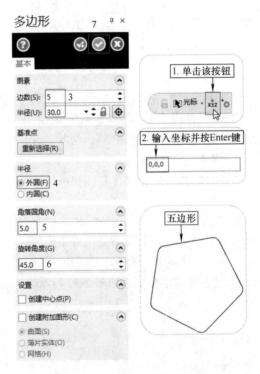

图 2-34　绘制五边形参数设置

02 单击对话框中的"确定" ✔ 按钮，完成五边形的绘制。

2.7 绘制椭圆

单击"线框"选项卡"形状"面板"矩形"下拉菜单中的"椭圆"按钮 ⬭，启动椭圆图形的绘制功能，系统弹出"Ellipse（椭圆）"对话框。

例 2-14　绘制洗脸盆。

网盘 \ 视频教学 \ 第 2 章 \ 绘制洗脸盆 . MP4

操作步骤如下：

01　单击"线框"选项卡"形状"面板"矩形"下拉菜单中的"椭圆"按钮⬭，弹出"椭圆"对话框。参数设置如图 2-35 所示。

02　单击对话框中的"确定并创建新操作"按钮，完成椭圆的绘制。按照同样的方法在原点处绘制长半轴为 100，短半轴为 70 的椭圆，如图 2-36 所示。

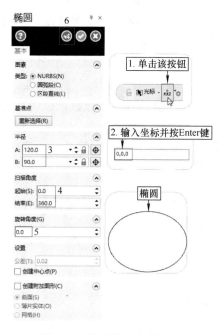

图 2-35　绘制椭圆参数设置

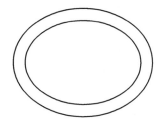

图 2-36　绘制椭圆

03　单击"线框"选项卡"绘线"面板中的"线端点"按钮，绘制一条水平线，并对椭圆进行修剪，如图 2-37 所示。

04　单击"线框"选项卡"圆弧"面板中的"已知点画圆"按钮⊕，分别在点（33，–61）和点（–33，–61）处绘制半径为 10 的圆，如图 2-38 所示。

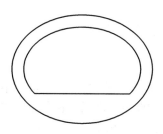

图 2-37　绘制直线

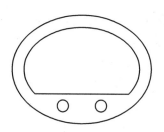

图 2-38　绘制圆

2.8 绘制曲线

在 Mastercam 2023 中，曲线是采用离散点的方式来生成的。选择不同的绘制方法，对离散点的处理也不同。Mastercam 2023 采用了两种类型的曲线——参数式曲线和 NURBS 曲线。参数式曲线是由二维和三维空间曲线用一套系数定义的，NURBS 曲线是由二维和三维空间曲线以节点和控制点定义的。一般 NURBS 曲线比参数式曲线要光滑且易于编辑。

2.8.1 手动绘制曲线

单击"线框"选项卡"曲线"面板下拉菜单中的"手动绘制曲线"按钮~，即进入手动绘制样条曲线状态。系统提示"选择一点。按 <Enter> 或 < 应用 > 键完成"，则在绘图区定义样条曲线经过的点（P0 ~ PN），按 Enter 键选点结束，完成样条曲线绘制。

2.8.2 自动生成曲线

单击"线框"选项卡"曲线"面板下拉菜单中的"自动生成曲线"按钮✓，即进入自动绘制样条曲线状态。

系统将顺序提示选取第一点 P0、第二点 P1 和最后一点 P2，如图 2-39a 所示。选择 3 点后，系统自动选择其他的点绘制出样条曲线，如图 2-39b 所示。

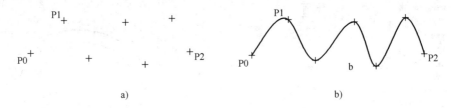

a)   b)

图 2-39   自动绘制曲线

2.8.3 转成单一曲线

单击"线框"选项卡"曲线"面板下拉菜单中的"转成单一曲线"按钮✂，即进入转成曲线状态。

例 2-15   绘制转成单一曲线。

 网盘 \ 视频教学 \ 第 2 章 \ 绘制转成曲线 . MP4

操作步骤如下：

01   单击快速访问工具栏中的"打开"按钮，在弹出的"打开"对话框中选择"源文件 \ 原始文件 \ 第 2 章 \ 例 2-15"。单击"线框"选项卡"曲线"面板下拉菜单中的"转成单一曲线"按钮✂，系统弹出"串连选择"对话框，选择方式为"串联"。

02   提示"选择串联 1"，在绘图区选择需要转换成曲线的连续线，具体操作步骤如

图 2-40 所示。

03 单击"线框串连"对话框中的"确定"按钮 ⊘ ，结束串连几何图形的选择。

04 在"转成单一曲线"对话框"公差"文本框中输入公差值。

05 在"原始曲线"选项组中选择"删除曲线"单选按钮。此设置表明几何图素转换成曲线后不再保留。

06 单击对话框中的"确定"按钮 ⊘ ，结束转成曲线操作。

原来的多条直线段被转成曲线后外观无任何变化，但它的属性已发生了改变，变为一条曲线。

2.8.4 曲线熔接

"曲线熔接"命令可以在两个对象（直线、线端点、圆弧、曲线）上给定的正切点处绘制一条样条曲线。

例 2-16 绘制熔接曲线。

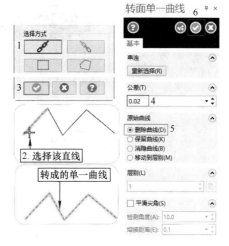

图 2-40 转成单一曲线操作步骤

 参见 网盘 ＼视频教学＼第 2 章＼绘制熔接曲线 . MP4

操作步骤如下：

01 单击快速访问工具栏中的"打开"按钮 ，在弹出的"打开"对话框中选择"源文件＼原始文件＼第 2 章＼例 2-16"。单击"线框"选项卡"曲线"面板下拉菜单中的"曲线熔接"按钮 ，弹出"曲线熔接"对话框。设置图素 1、图素 2 的"幅值"为 2。勾选"修剪／打断"复选框，选择修剪类型为"修剪"，方式为"两者修剪"。

02 系统区提示"选取曲线 1"，选择曲线 S1，曲线 S1 上显示出一个箭头。

03 移动曲线 S1 上箭头到曲线 P1 上的熔接位置（此位置以箭头尾部为准），再单击。

04 系统区提示"选取曲线 2"，选择曲线 S2，曲线 S2 上显示出一个箭头。

05 移动曲线 S2 上箭头到曲线 P2 上的熔接位置（此位置以箭头尾部为准），再单击，此时系统显示出按默认设置要生成的样条曲线。

06 单击对话框中的"确定"按钮 ⊘ ，退出曲线熔接操作。

绘制熔接曲线的操作步骤如图 2-41 所示。

"曲线熔接"对话框中有 5 个选项，各选项含义如下：

1）"图素 1"：用于重新设置第一个选择对象及其上的相切点。

2）"图素 2"：用于重新设置第二个选择对象及其上的相切点。

3）"类型""方式"：该选项指绘制熔接曲线后对原几何对象如何处理。可选择"修剪""打断""两者修剪""图素 1（1）""图素 2（2）"。选择"修剪"，表示熔接后对原几何图形做修剪处理；选择"打断"，表示熔接后对原几何图形做打断处理；选择"两者修剪"，表示熔接后对原来的两条曲线做修剪处理；选择"图素 1（1）"，表示熔接后仅修剪第一条曲线；选择"图素 2（2）"，表示熔接后仅修剪第二条曲线。

4）"幅值（M）"文本框：用于设置第一个选择对象的熔接值。

5）"幅值（A）"文本框：用于设置第二个选择对象的熔接值。

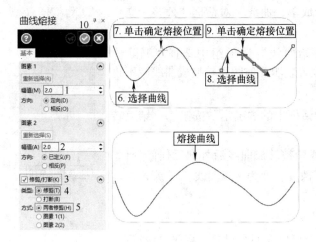

图 2-41　绘制熔接曲线的操作步骤

2.9　绘制螺旋

在 Mastecam 2023 中，螺旋的绘制常配合曲面绘制中的"扫描面"或实体中的"扫描体"命令来绘制螺旋。单击"线框"选项卡"形状"面板"矩形"下拉菜单中的"平面螺旋"按钮 ，启动螺旋的绘制。

启动"平面螺旋"绘制命令后，系统弹出"螺旋形"对话框。

> **提示**
>
> 　输入圈数后，系统根据第一圈的旋绕高度和最后一圈的旋绕高度就会自动计算给出螺旋线的总高度，反之亦然。

例 2-17　绘制变间距螺旋线。

 网盘 \ 视频教学 \ 第 2 章 \ 绘制变间距螺旋线 . MP4

操作步骤如下：

01　单击"线框"选项卡"形状"面板"矩形"下拉菜单中的"平面螺旋"按钮 ，系统弹出"螺旋形"对话框。

02　系统提示"请输入圆心点"，在绘图区中选择圆心点。

03　在"螺旋形"对话框中设置"垂直间距"的"初始"为 5，"最终"为 30，设置"水平间距"的"初始"为 1，"最终"为 15，设置"半径"为 20，旋绕"圈数"为 6。

04　单击"螺旋形"对话框中的"确定"按钮 ，完成变间距螺旋线的绘制。操作步骤如图 2-42 所示。

05 单击"视图"选项卡"图形检视"面板中的"等视图"按钮 ，观察所绘制的螺旋线。

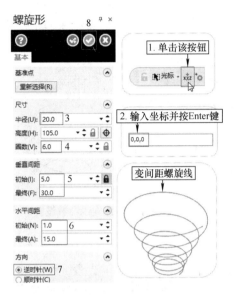

图 2-42　绘制变间距螺旋线操作步骤

2.10　绘制螺旋线（锥度）

在 Mastecam 2023 系统中，螺旋线（锥度）的绘制常配合曲面（Surface）绘制中的"扫描面"或实体中的"扫描实体"命令来绘制螺纹和标准等距弹簧。单击"线框"选项卡"形状"面板"矩形"下拉菜单中的"螺旋线（锥度）"按钮 ，系统弹出"螺旋"对话框。

例 2-18　绘制螺旋线。

 参见 网盘　网盘 \ 视频教学 \ 第 2 章 \ 绘制等间距螺旋线 . MP4

操作步骤如下：

01 单击"线框"选项卡"形状"面板"矩形"下拉菜单中的"螺旋线（锥度）"按钮 ，系统弹出"螺旋"对话框。

02 系统提示"请输入圆心点"，在绘图区中选择一点作为圆心点。

03 在"螺旋"对话框中设置"圈数"为 5，"旋转角度"为 0，"半径"为 15，"间距"为 9，"锥度角"为 10，如图 2-43 所示。

04 单击对话框中的"确定"按钮 ，具体操作步骤如图 2-43 所示。

05 单击"视图"选项卡"屏幕视图"面板中的"等视图"按钮 ，观察所绘制的螺旋线。

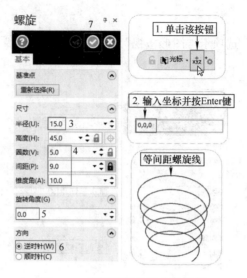

图 2-43　等间距螺旋线参数设置

2.11　其他图形的绘制

Mastercam 2023 还提供了一些特殊的图形，如门状形图、楼梯状图形和退刀槽，下面将介绍它们的绘制方法。

📖 2.11.1　门状图形的绘制

单击"线框"选项卡"形状"面板中的"门状图形"按钮▣，系统将弹出"画门状图形"对话框。该对话框用于指定门形的参数，各选项的含义如图 2-44 所示。

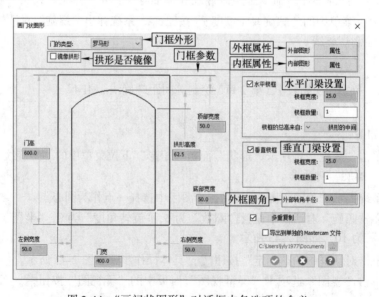

图 2-44　"画门状图形"对话框中各选项的含义

提示

"形状"面板是采用自定义功能区命令由编者自己定义的面板。因为默认的"线框"选项卡中没有"门状图形""画楼梯状图形"命令，所以通过定义功能区，根据需要用户可自己创建。

2.11.2 楼梯状图形的绘制

单击"线框"选项卡"形状"面板中的"画楼梯状图形"按钮，弹出"画楼梯状图形"对话框，如图 2-45 所示。

阶梯类型说明：

"开放式"：生成的阶梯为 Z 形的线串，只包含直线。

"封闭式"：生成的阶梯为中空的封闭线串，包含直线和弧。

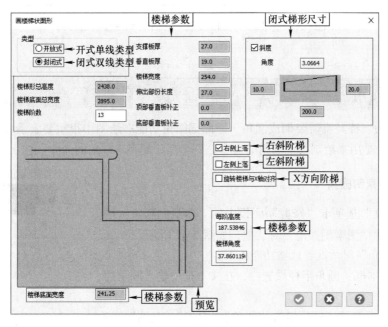

图 2-45 "画楼梯状图形"对话框

2.11.3 退刀槽的绘制

退刀槽是在车削加工中经常用到的一种工艺设计，Mastercam 2023 系统为此提供了方便的操作，使用户能快速地完成这类设计。单击"线框"选项卡"形状"面板中的"凹槽"按钮，系统将会弹出"标准环切凹槽参数"对话框。

系统提供了 4 种类型的退刀槽设计，基本上涵盖了车削加工中涉及的退刀槽类型。每种类型又根据具体尺寸的不同，提供了相应的退刀槽尺寸。

"标准环切凹槽参数"对话框中各选项的含义如图 2-46 所示。

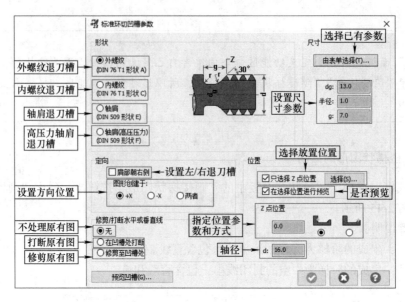

图 2-46 "标准环切凹槽参数"对话框中各选项的含义

<h1>2.12 倒圆角</h1>

机械零件边、棱经常需要倒成圆角,因此倒圆角功能在绘图中很重要。系统提供了两个倒圆角选项,一个是用来绘制单个圆角的命令,一个是绘制串连圆角的命令。

2.12.1 图素倒圆角

单击"线框"选项卡"修剪"面板中的"图素倒圆角"按钮，系统弹出"图素倒圆角"对话框,如图 2-47 所示。

"图素倒圆角"对话框各选项功能如下:

"半径"文本框:圆角半径设置栏,在文本框中输入圆角的半径数值。

"方式"选项组:该选项组有"圆角""内切""全圆""间隙""单切"5 种方式,每种方式的功能都有图标说明。图 2-48所示为这 5 种倒圆角方式对应的示例图。

图 2-47 "图素倒圆角"对话框

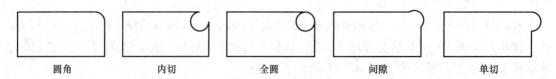

| 圆角 | 内切 | 全圆 | 间隙 | 单切 |

图 2-48 5 种倒圆角方式的示例图

取消勾选"设置"中的"修剪图素"复选框,则在绘制圆角后仍保留原交线。

2.12.2 绘制串连倒圆角

"串连倒圆角"命令能将选择的串连几何图形的所有锐角一次性倒圆角。单击"线框"选项卡"修剪"面板"图素倒圆角"下拉菜单中的"串连倒圆角"按钮，系统弹出"串连倒圆角"对话框，如图 2-49 所示，同时弹出的还有"串连选项"对话框。

"串连倒圆角"对话框中各选项的含义如下（与倒圆角功能相同的选项将不再阐述）：

重新选择(R)：重新选择串连图素。

"圆角"选项组：此项功能相当于一个过滤器，它将根据串连图素的方向来判断是否执行倒圆角操作，如图 2-50 所示。

"全部"单选按钮：系统无论所选串连图素是正向还是反向，所有的锐角都会创建圆角。

图 2-49 "串连倒圆角"对话框

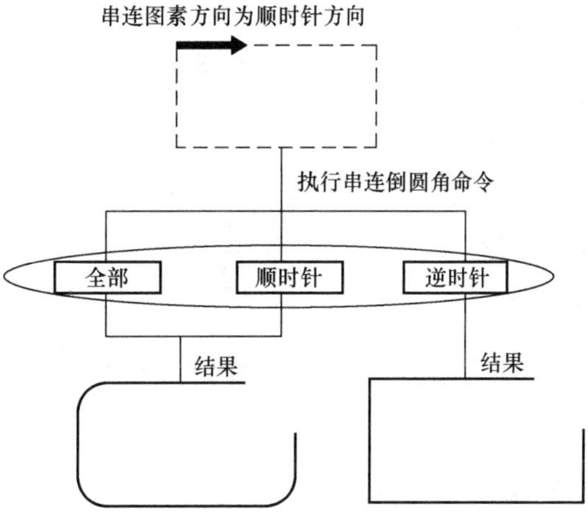

图 2-50 串连倒圆角的过滤器设置说明

"顺时针"单选按钮：仅在所选串连图素的方向是顺时针方向时绘制所有的锐角倒角。

"逆时针"单选按钮：仅在所选串连图素的方向是逆时针方向时绘制所有的锐角倒角。

2.13 倒角

系统提供了两个倒角选项，一个是用来绘制单个倒角的命令，一个是绘制串连倒角的命令。

2.13.1 绘制倒角

单击"线框"选项卡"修剪"面板中的"倒角"按钮，系统弹出"倒角"对话框，如图 2-51 所示。

"倒角"对话框中各选项的含义如下：

"方式"选项组：在此选项组中选择倒角的几何尺寸设定方法，这是倒角首先要操作的步骤，因为其他功能键将根据倒角方式的不同来决定是否激活，而且功能含义也有所变化。系统提供了 4 种倒角的方式，分别是：

1）"距离 1（D）"：根据一个尺寸进行倒角，此时只有"距离 1（1）" 5.0 文本框被激活，其中的数值代表图 2-52 所示图形中 D 的值。

2）"距离 2（S）"：根据两个尺寸倒角，此时"距离 1（1）" 5.0 文本框中的数值代表图 2-53 所示图形中 D1 的值，"距离 2（2）" 5.0 文本框中的数值代表图 2-53 所示图形中 D2 的值。

3）"距离和角度（G）"：根据距离和角度倒角，此时"距离 1（1）" 5.0 文本框中的数值代表图 2-54 所示图形中 D 的值，"角度（A）" 45.0 文本框中的数值代表图 2-54 所示图形中 A 的角度值。

4）"宽度（W）"：根据宽度倒角，此时"宽度（W）" 5.0 文本框中的数值代表图 2-55 所示图形中 W 的值。

取消勾选"设置"中的"修剪图素"复选框"修剪图素（T）"，则在绘制倒角后仍保留原交线。

图 2-51 "倒角"对话框

图 2-52 一个尺寸倒角　图 2-53 两个尺寸倒角　图 2-54 角度和尺寸倒角　图 2-55 宽度倒角

2.13.2 绘制串连倒角

"串连倒角"命令能将选择的串连几何图形的所有锐角一次性倒角。单击"线框"选项卡"修剪"面板"倒角"下拉菜单中的"串连倒角"按钮，系统弹"串连倒角"对话框，如图 2-56 所示，同时弹出"串连选项"对话框。

Mastercam 2023 系统提供了两种绘制串连倒角的方法，其含义与绘制单个倒角的相同。

图 2-56 "串连倒角"对话框

2.14 绘制边界框

边界框的绘制常用于加工操作，用户可以用"边界框"命令得到工件加工时所需材料的最小尺寸值，便于加工时的工件设定和装夹定位。由此命令创建的零件边界框，其大小由图形的尺寸加扩展距离的值决定。

单击"线框"选项卡"形状"面板中的"边界框"按钮 ，进入边界框绘制操作，系统弹出"边界框"对话框。"边界框"对话框内参数的设置分为 4 个部分：

第一部分为图素的选择，如图 2-57 所示。它含有两个选项：

：选择图素按钮，单击此按钮表明，仅选择绘图区内的一个几何图形来创建其边界框

（仅能选择某一个几何图形，不能选择几何体）。选定图形，再按 Enter 键，系统就会创建此几何图形的边界框。

　　○ **全部显示(A)**：选择此单选按钮，系统将以绘图区内的所有几何图形来创建边界框。

　　第二部分为边界框的构成图素，如图 2-58 所示。它含有 6 个选项：

　　☑ **线和圆弧(L)**：勾选此复选框，绘制的边界框以线段或弧显示（根据"边界框"对话框中的边界框形式不同而不同），如图 2-59 所示。

图 2-57　选取图素选项

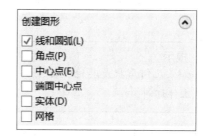

图 2-58　边界框的构成图素

　　☑ **角点(P)**：勾选此复选框，绘制出边界框的顶点，如图 2-60 所示。如果边界框形式选取的是圆柱形，则生成圆柱线框两个端面的圆心点。

图 2-59　以线或圆弧构建边界框

图 2-60　以角点构建边界框

　　☑ **中心点(E)**：勾选此复选框，绘制出边界框的中心点，如图 2-61 所示。

　　☑ **端面中心点**：勾选此复选框，绘制出边界框各个面的中心点，如图 2-62 所示。

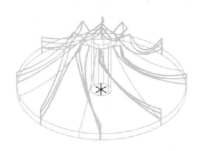

图 2-61　以中心点构建边界框

图 2-62　以端面中心点构建边界框

　　☑ **实体(D)**：勾选此复选框，绘制出边界框的实体，如图 2-63 所示。

　　☑ **网格**：勾选此复选框，绘制出边界框的网格，如图 2-64 所示。

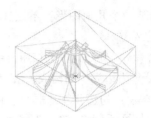

图 2-63　以实体构建边界框　　　　　　　　图 2-64　以网格构建边界框

 提示

　　如果几何形状是其他软件绘制的，导入 Mastercam 2023 之后，绘制边框线时不能直接产生工件坯料。

第三部分为边界框的形状，如图 2-65 所示。它含有 4 个选项：

◉ 立方体(R)：选择此单选按钮，绘制的边界框是矩形。

○ 圆柱体(C)：选择此单选按钮，绘制的边界框是圆柱形，如图 2-66 所示。此时圆柱体轴线方向单选按钮被激活，用户可以选择圆柱体的轴线方向为 X、Y、Z。

◉ 球形(S)：选择此单选按钮，绘制的边界框是球形，如图 2-67 所示。

○ 缠绕(W)：选择此单选按钮，创建紧密拟合选定图素的不规则形状边界。

图 2-65　边界框形状选项　　　　图 2-66　圆柱形边界框　　　　图 2-67　球形边界框

第四部分为边界框的延伸量，它含有三种选项：

当用户选择边界框的形状为立方体时，边界框的延伸是沿 X、Y、Z 方向，如图 2-68 所示。

当用户选择边界框的形状为圆柱体时，边界框的延伸是沿轴线和径向方向，如图 2-69 所示。

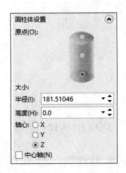

图 2-68　立方体边界框延伸选项　　　　　图 2-69　圆柱体边界框延伸选项

当用户选择边界框的形状为球形时，边界框的延伸是沿轴线和径向方向，如图 2-70 所示。

当用户选择边界框的形状为缠绕时，边界框的延伸是根据轮廓边界或最小体积确定的，如图 2-71 所示。

图 2-70　球形边界框延伸选项　　　　　　图 2-71　缠绕边界框延伸选项

2.15　创建文字

在 Mastercam 2023 中，"创建文字"命令创建的文字与图形标注创建的文字不同，前者创建的文字是由直线、圆弧等组合而成的组合对象，可直接应用于生成刀具路径；后者创建的文字是单一的几何对象，不能直接应用于生成刀具路径，只有经转换处理后才能应用于生成刀具路径。"创建文字"命令主要用于工件表面文字雕刻。

单击"线框"选项卡"形状"面板中的"文字"按钮 A，弹出"创建文字"对话框，如图 2-72 所示。

图 2-72　"创建文字"对话框

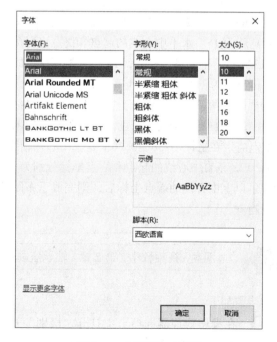

图 2-73　"字体"对话框

创建步骤如下：

01 单击"线框"选项卡"形状"面板中的"文字"按钮 **A**，系统弹出"创建文字"对话框。

02 单击对话框中的"字体"选项组"样式"选项右侧的"字体"按钮，弹出"字体"对话框，如图 2-73 所示。在该对话框中可以进行更多的设置。

03 在"字母"文本框中输入要绘制的文字。

04 在"尺寸"选项组中的"高度"文本框中输入参数，可设置绘制文字的大小。

05 在"尺寸"选项组中的"间距"文本框中输入参数，可设置绘制文字的间距。

06 在"对齐"选项组中可以设置文字的对齐方式，包括"水平"对齐、"垂直"对齐、"串连顶部"对齐、"圆弧"对齐等对齐方式。

07 选择对话框中的"高级"选项卡，在该选项卡中单击"注释文本"按钮，弹出"注释文本"对话框。在该对话框中可继续设置文字的参数。

2.16 综合实例——轴承座

图 2-74 所示为轴承座的平面图。此轴承座的表达需要三个视图，分别是主视图、俯视图和左剖视图。绘制前，先要对三个视图进行良好的布局，因此首先要确定几条中心线。

轴承座主视图上的最大半圆为 49，而圆心到底部的距离为 59，因此需要绘制一条从点（0,54,0）到（0,−64,0）的中心线，另一条中心线是（−50,0,0）到（50,0,0）。

俯视图由两条中心线定位，由于轴承座宽度为 104，所以俯视图的中心线交点定在（0，−122，0）处，则两个视图的距离就为 15。水平中心线的起点和终点坐标分别为（−74，−122，0）和（74，−122，0），垂直中心线的起点和终点坐标分别为（0，−65，0）和（0，−179，0）。

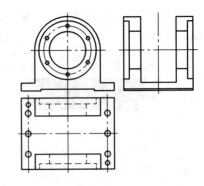

图 2-74 轴承座的平面图

左剖视图由两条中心线定位，一条是中心孔轴线，它和主视图中的中心线位于同一高度。另一中心线的确定要考虑到它和主视图的间距为 15，因此它们的交点应定在坐标（136，0，0）处。中心孔轴线的起点和终点坐标分别为（79，0，0）和（193，0，0），垂直中心线的起点和终点坐标分别为（136，54，0）和（136，−64，0）。

确定了以上中心线的端点坐标后，则完成了布图工作。现在启动 Mastercam 2023 系统，进入图形绘制。

网盘 \ 视频教学 \ 第 2 章 \ 轴承座 .MP4

具体步骤如下：

01 在操作管理器选项卡中打开"层别"管理器对话框，创建 4 个图层，分别为第 1 层、第 2 层、第 3 层和第 4 层，并分别命名为"实线""中心线""虚线"和"尺寸线"，接着在

"主页"选项卡"规划"面板中将图层 2 设置为当前图层，在"属性"面板中设置图层 2 的线型为点画线、线宽为第一种、颜色为红色等属性。

02 单击"线框"选项卡"绘线"面板中的"线端点"按钮，选择绘线方式为"两端点"，按照布图要求，输入各中心线坐标，完成如图 2-75 所示中心线的绘制。

03 单击"线框"选项卡"圆弧"面板中的"已知点画圆"按钮，以（0，0，0）点为圆心，以 70 为直径绘制出螺纹孔分布的中心圆，如图 2-76 所示。

图 2-75　绘制中心线　　　　　　　　图 2-76　绘制螺纹孔中心圆

04 在"主页"选项卡"规划"面板中设置当前图层为 1，在"属性"面板中设置线型为实线，线宽设置为第二种宽度，颜色设置为黑色，绘制轴承孔。单击"线框"选项卡"圆弧"面板中的"已知点画圆"按钮，以（0，0，0）点为圆心，分别以 55 和 85 为直径绘制圆，如图 2-77 所示。

05 绘制轴承座顶部外形。单击"线框"选项卡"圆弧"面板中的"极坐标画弧"按钮，弹出"极坐标画弧"对话框，操作步骤如图 2-78 所示。

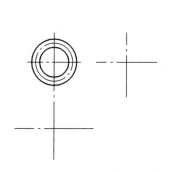

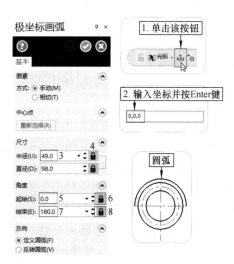

图 2-77　绘制轴承孔　　　　　　图 2-78　"极坐标画弧"操作步骤

06 绘制轴承座外形。单击"线框"选项卡"绘线"面板中的"线端点"按钮，选择"线端点"对话框中的"线端点"单选按钮，选择顶部圆弧左端为多段线的起点，接着在"线端点"对话框中选择"垂直线"单选按钮，在"尺寸"选项组的"长度"文本框中输入 48，按 Enter 键，用光标指定此竖线的方向，指定后单击，绘制出轴承座的一条竖直边线。接下来，选择"水平线"单选按钮,在"长度"文本框中输入20,绘制出一条长度为20的水平线。接着,按照上述方法依次绘制竖直线(长度11),水平线(长度29)、竖直线(长度2)、水平线(长度40),绘制过程中方向的指定很重要。绘制轴承座外形如图2-79所示。

07 镜像轴承座外形。单击"转换"选项卡"位置"面板中的"镜像"按钮,系统提示"选择图形"。选择第 **06** 步完成的轴承座外形,操作步骤如图2-80所示。

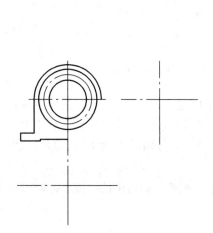

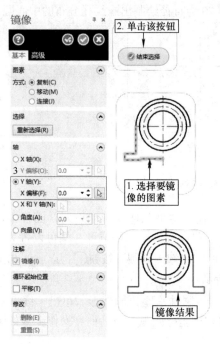

图2-79 绘制轴承座外形　　　　图2-80 镜像轴承座外形操作步骤

08 绘制轴承座上的螺纹孔。单击"线框"选项卡"圆弧"面板中的"极坐标画弧"按钮,在主视图竖直中心线和螺纹孔中心圆的上部交点处绘制一个半径为2,从0°到270°弧,作为螺纹孔的大径。

单击"线框"选项卡"圆弧"面板中的"已知点画圆"按钮,以1.8为半径,在该位置绘制出螺纹孔的小径,绘制螺纹孔如图2-81所示。

09 旋转复制出其他螺纹孔。单击"转换"选项卡"位置"面板中的"旋转"按钮,框选刚才绘制的螺纹孔,操作步骤如图2-82所示。

轴承座主视图的完善需要绘制出其他视图,下面进行俯视图的绘制。

10 绘制矩形。单击"线框"选项卡"形状"面板中的"矩形"按钮,在"矩形"对话框中勾选"矩形中心点"复选框,接着选择俯视图两中心线的交点,在"矩形"对话框"尺寸"选项组中的"宽度"和"高度"文本框中输入138和104,每个数据输入后都要单击Enter键,绘制矩形如图2-83所示。

11 根据轴承座主视图,绘制投影到俯视图上的边线。单击"线框"选项卡"绘线"面板中的"线端点"按钮,分别以图2-83所示的A点和B点为直线的第一端点,向L1绘制垂线,如图2-84所示。

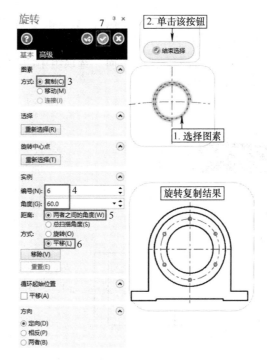

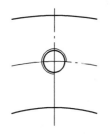

图 2-81　绘制螺纹孔　　　　　　　　图 2-82　旋转复制螺纹孔操作步骤

(12)　修剪线段。单击"线框"选项卡"修剪"面板中的"修剪到图素"按钮 🔪，修剪刚才绘制的两条投影线，如图 2-85 所示。注意，修剪线段时选择要保留的线段。

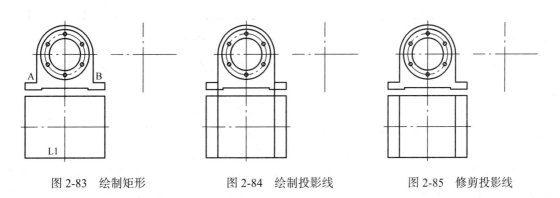

图 2-83　绘制矩形　　　　　　　图 2-84　绘制投影线　　　　　　　图 2-85　修剪投影线

(13)　绘制轴承座开档边线。

❶ 轴承座开档距离为 52，因此需要绘制两条与水平中心线相平行的线且距离为 52。单击"转换"选项卡"位置"面板中的"平移"按钮，选择俯视图水平中心线，接下来的操作步骤如图 2-86 所示。

❷ 单击"线框"选项卡"绘线"面板中的"线端点"按钮，第一个端点选择刚才绘制的平移线与其中一条投影线的交点，第二个端点选择另一个交点，绘制两交点的连线。

❸ 选择平移复制的点画线，按 Delete 键，删除此作图辅助线，再利用"修剪到图素"命令，打断图形并将其删除，如图 2-87 所示。

（14） 绘制轴承座固定孔的中心线。单击"转换"选项卡"位置"面板中的"平移"按钮 ，选择俯视图竖直中心线，接着按 Enter 键，再在"平移"对话框"直角坐标"中的"X"文本框中输入 59，接着勾选"方向"选项组中的"双向"复选框，单击"平移"对话框中的"确定"按钮 ，如图 2-88 所示。

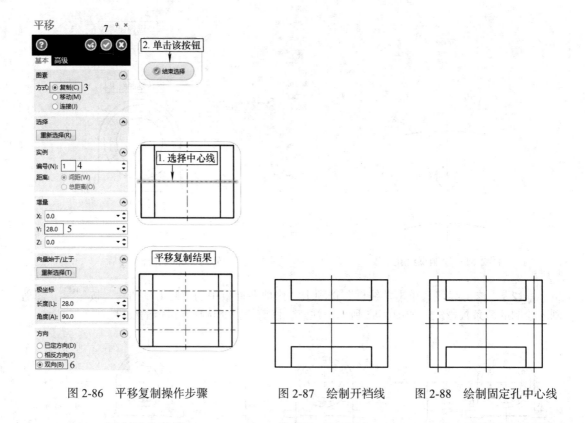

图 2-86　平移复制操作步骤　　　图 2-87　绘制开裆线　　　图 2-88　绘制固定孔中心线

（15） 以水平中心线与固定孔中心线的交点为圆心，绘制两个直径为 9 的圆，接着对两圆进行双向平移复制，在 Y 项文本框中输入 30，得到如图 2-89 所示的图形。

（16） 绘制直径为 7 的销钉孔。由轴承座设计图可知，销钉孔的中心在固定孔的中心连线上且离两边距离为 9。根据以上已知条件，则可绘制出图 2-90 所示的图形，接着利用平移移动功能（指在"平移"对话框中激活"移动"单选按钮）移动销钉孔到正确位置，结果如图 2-91 所示。

（17） 绘制俯视图中的轴承孔。主视图轴承孔已绘出，根据三视图的关系将主视图轴承孔向俯视图投影，则可确定轴承孔的部分尺寸，再结合设计图要求确定轴承孔的其他位置尺寸。

❶ 在"主页"选项卡"规划"面板中设置当前图层为图层 3，在"属性"面板中设置线型为虚线，线宽设定为第一种线宽，颜色设定为深蓝色（代号 251）。

❷ 单击"线框"选项卡"绘线"面板中的"线端点"按钮 ，分别以点 A、B、C、D 为端点向轴承座俯视图中的 L1 线绘制垂直线，如果所绘制的垂直线超过或离 L1 还有一段距离，则单击"线框"选项卡"修剪"面板中的"修剪到图素"按钮 ，修剪或延伸虚线。

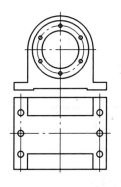

图 2-89　绘制固定孔

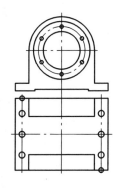

图 2-90　绘制销钉孔

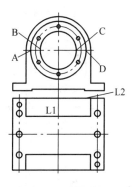

图 2-91　平移销钉孔

❸ 将直线 L2 向下平移复制 8.5，最终的结果图如图 2-92 所示。

（18） 单击"线框"选项卡"线端点"按钮中的"线端点"按钮 ，分别以图 2-92 所示的 A、B 两交点为端点绘制虚线。接下来，选择图 2-92 所示的 L3 直线，按 Delete 键删除 L3 直线，然后单击"线框"选项卡"修剪"面板中的"修剪到图素"按钮 ，修剪虚线，结果如图 2-93 所示。

（19） 镜像轴承孔。第（18）步操作完后，轴承座中一端的轴承孔就绘制出来了，接着以水平中心线为对称轴镜像轴承孔，得到图 2-94 所示的图形。

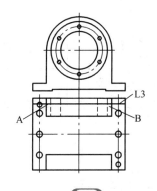

图 2-92　第（17）步的结果

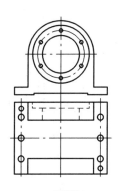

图 2-93　第（18）步的结果

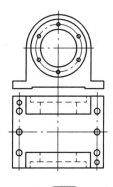

图 2-94　第（19）步的结果

（20） 开始绘制左剖视图。

❶ 利用绘图功能与编辑功能绘制出图 2-95 所示的四条辅助线，四条辅助线与竖直中心线的交点分别为 E、F、G 和 H。

❷ 在"主页"选项卡"规划"面板中设置当前图层为 1，线型设定为实线，线宽设定为第二种线宽，颜色设定为黑色（代号 0）。

❸ 以 E 点为端点，向左绘制一条长度为 52 的水平线，接着绘制一条垂直线直到顶部虚线，再绘制一条向右长度为 26 的水平线，再绘制一条向下的垂直线直到虚线 L4，再绘制一条水平线直到 G 点。

❹ 以 F 点为端点，向左绘制一条长度为 52 的水平线，接着删除图 2-95 所绘制的四条辅助虚线，结果如图 2-96 所示。

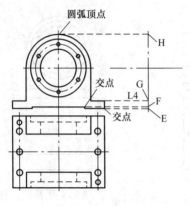

图 2-95　绘制作图辅助线

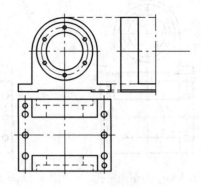

图 2-96　第 **20** 步的结果

21　根据三视图原理将轴承孔投影到左剖视图上，如图 2-97 所示。

22　镜像出轴承座的另一半。由于轴承座是对称的，因此利用镜像对称功能以竖直中心线为对称轴对称做出另一半，结果如图 2-98 所示。

23　投影轴承座螺纹孔。根据三视图原理，将主视图中的螺纹孔投影到左剖视图上，结果如图 2-99 所示。

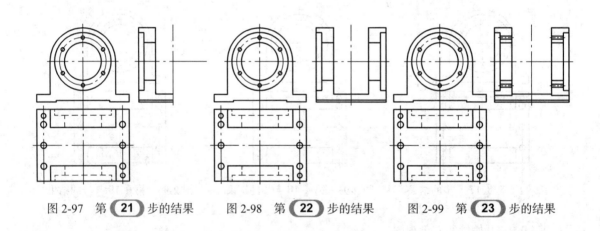

图 2-97　第 **21** 步的结果　　　　图 2-98　第 **22** 步的结果　　　　图 2-99　第 **23** 步的结果

2.17　思考与练习

1. 简述 Mastercam 2023 软件中绘制点的方式有哪几种？

2. 简述 Mastercam 2023 软件中绘制圆弧的方式有哪几种？

3. 矩形和变形矩形的绘制有什么区别？

4. 在 Mastercam 2023 中系统提供了几种文字类型，各有什么区别。

上机操作与指导

1. 应用不同的绘线方法绘制直线。

2. 绘制你熟悉的零件。

3. 绘制如图 2-100 所示的二维图形。

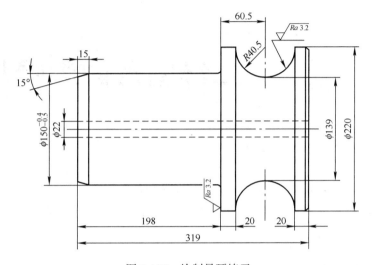

图 2-100　绘制吊耳练习

第3章

二维图形的编辑与标注

本章主要讲述各种二维图形的编辑及尺寸标注等知识。

通过本章的学习，可以帮助读者初步掌握 Mastercam 的二维绘图编辑和标注绘制功能。

知识重点

☑ 二维图形的编辑

☑ 二维图形的标注

3.1 二维图形的编辑

使用编辑工具可以对所绘制的二维图形做进一步加工，并且能提高绘图效率，确保设计结果准确完整。Mastercam 2023 的二维图形编辑命令集中在"主页""线框"与"转换"3 个选项卡中。

要对图形进行编辑，首先要选取几何对象，才能进一步对几何对象进行操作，所以在介绍各编辑命令之前，先介绍几何对象的选择方法。

Mastercam 2023 的选择功能集中在"选择工具栏"和"快速选择栏"，如图 3-1 所示。

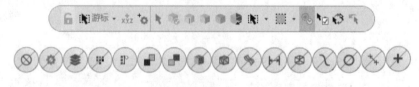

图 3-1 "选择工具栏"和"快速选择栏"

1. 直接选择几何对象

当系统提示选择几何对象时，可以直接使用鼠标依次单击要选择的几何对象，被选择的几何对象呈变色显示，表示对象被选中。

2. 条件选择

单击"快速选择栏"中的"限定选取"或"单一限定选取"按钮◉，弹出"选择所有 - - 单一选择"对话框，如图 3-2 所示。用户可以在这两个对话框中设置被选择图素需要符合的条件。单击前者，系统将会自动选出所有符合条件的图素；单击后者，仍要依靠用户自行选择，但仅能选择符合条件的图素。对于勾选图素条件，系统会激活图素选择条件设定栏，若选择"线框"，则系统自动勾选的图素类型将是选择几何对象的条件，凡是符合这些条件的选项，系统会自动选取作为操作对象。

图 3-2　条件选择

3. 窗口选择

窗口选择选项通过定义一个选取窗口来选择几何对象。在"选择工具栏"中单击"选取方式"下三角按钮，则弹出几种选择对象的方法，其中 ⬚ 窗选代表矩形窗口选择，⬭ 多边形代表多边形窗口选择，它们和范围选择按钮 ▦ 范围内配合使用，一起完成选择对象的操作。

4. 取消选择

单击"清除选择"按钮◉，取消所选择的对象。

3.1.1　主页中的编辑命令

主页中的编辑命令主要在"删除"面板中，如图 3-3 所示。

"删除"面板中各命令功能说明如下：

✕：执行此命令，选择绘图区中要删除的图素，再按 Enter 键，即可删除选择的几何体。

✕ 重复图形：此命令用于坐标值重复的图素，如两条重合的直线，执行此命令后，系统会自动删除重复图素的后者。

✕ 高级：执行此命令，系统提示选择图素，图素选定后，按 Enter 键，系统弹出如图 3-4 所示"删除重复图形"对话框，用户可以通过设定重复几何体的属性作为删除判定条件。

✕ 恢复图素：此命令可以按照被删除的次序重新生成已删除的对象。

图 3-3 "删除"面板　　　　　　图 3-4 "删除重复图形"对话框

3.1.2 线框中的编辑命令

线框中的编辑命令主要在"线框"选项卡中的"修剪"面板中，如图 3-5 所示。

"修剪"面板中各项命令的说明如下：

1. 修剪到图素

执行此命令，系统弹出"修剪到图素"对话框，如图 3-6 所示。同时，系统提示"选取图形去修剪或延伸"，则选择需要修剪或延伸的对象，光标选择对象时的位置决定保留端。接着系统提示"选择修剪/延伸的图素"，则选择修剪或延伸边界。具体操作步骤如图 3-7 所示。

系统根据选择的修剪或延伸对象是否超过所选的边界来判断是剪切还是延伸。

图 3-5 "修剪"面板　　　　　　图 3-6 "修剪到图素"对话框

"修剪到图素"对话框中的功能按钮说明如下：

1）⊙ 修剪(T)：选择"修剪"单选按钮，被剪切的部分将被删除。

2）⊙ 打断(B)：选择"打断"单选按钮，断开的图形分为两个几何体。

3）⊙ 自动(A)：选择该单选按钮，系统根据用户选择判断是"修剪单一物体"还是"修剪两物体"，此命令为默认设置。

4）**修剪单一物体(1)**：选择该单选按钮，表示对单个几何对象进行修剪或延伸。

5）**修剪两物体(2)**：选择该单选按钮，表示同时修剪或延伸两个相交的几何对象，操作步骤如图 3-8 所示。

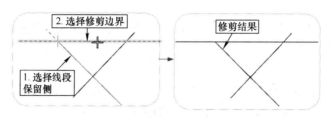

图 3-7　修剪边界操作步骤

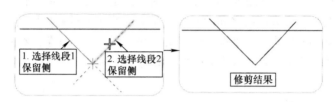

图 3-8　同时修剪两个几何对象操作

> **提示**
> 要修剪的两个对象必须要有交点，要延伸的两个对象必须有延伸交点，否则系统会提示错误。光标选择的一端为保留段。

6）**修剪三物体(3)**：选择该单选按钮，表示同时修剪或延伸三个依次相交的几何对象，操作步骤如图 3-9。

操作此功能时，注意在选择要修改的图素时，先选择线直线 1 和直线 2，再选择圆弧，因为 Mastercam 系统规定第三个对象必须和前两个对象有交点或延长交点。

2. **修剪到点**

该命令表示将几何图形在光标所指点处剪切。如果光标不是落在几何体上而是在几何体外部，则几何体延长到指定点，操作步骤如图 3-10 所示。

3. **修改长度**

该命令表示可以按指定距离修剪、打断或延伸所选图素。

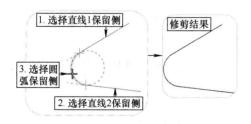

图 3-9　同时修剪三个几何对象操作步骤

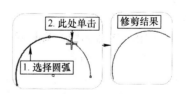

图 3-10　修剪到点操作步骤

4. ⚒ 多图素修剪

此命令用来一次剪切 / 延伸具有公共剪切 / 延伸边界的多个图素。图 3-11 所示为此命令的操作步骤。

5. ⚒ 在交点打断

执行此命令，可以将两个对象（线、圆弧、样条曲线）在其交点处同时打断，从而产生以交点为界的多个图素。

6. ⚒ 打断成多段

执行此命令，可以将几何对象分割打断成若干线段或弧段（可根据距离、分段数和弦高等参数来设定）。分段后，所选的原图形可保留也可删除。

7. ⚒ 连接图素

此命令可以将两个几何对象连接为一个几何对象。运用此功能必须注意，它只能进行线与线、弧与弧、样条曲线与样条曲线之间的操作；所选取的两个对象必须是相容的，即两直线必须共线，两圆弧必须同心同半径，两样条曲线必须来自同一原始样条曲线；当两个对象属性不相同时，以第一个选择的对象属性为连接后的对象属性。

8. ⚒ 两点打断

此命令将在指定点上打断图形。

9. ⚒ 打断至点

此命令将选定的图形在图形上的点处打断，执行此命令，选择的图形上必须包含用于打断的点。

10. ⚒ 打断全圆

此命令用于将一个选定的圆均匀分解成若干段，系统待用户选定要分段的圆后，会弹出一个对话框，询问用户将此圆分成几段。在对话框中输入分段数，接着按 Enter 键，则所选圆被分成指定的若干段。

11. ⚒ 封闭全圆

执行此命令，可以将任意圆弧修复为一个完整的圆，操作步骤如图 3-12 所示。

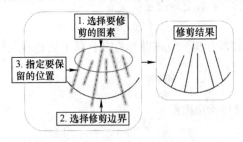

图 3-11　多图素修剪操作步骤

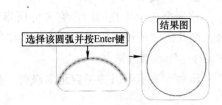

图 3-12　封闭全圆操作步骤

12. ⚒ 简化样条曲线

此命令用于将圆弧转换为与样条曲线相对应，用户也可以将圆弧状的样条曲线转换为圆弧，从而可以查找其圆心。

13. ⚒ 恢复修剪曲线

此命令用于恢复修剪全部选择的曲线和 NURBS 曲线到原始状态，返回先前修剪后受影响的操作。

14. 修复曲线

当曲线节点太多或由尖角形成的平滑曲线节点较小时，执行该命令，可重新定义曲线，减少节点。

3.1.3 转换中的编辑命令

编辑图形除了用编辑菜单中的命令外，转换菜单中的功能主要对图形进行平移、镜像、偏置、缩放、阵列、投影等操作，这些功能主要是用来改变几何对象的位置、方向和大小尺寸等，这些命令对三维操作同样有效。

"转换"选项卡如图3-13所示。

图3-13 "转换"选项卡

"转换"选项卡中各命令的功能说明如下：

1. 动态转换

使用交互式指针操作图形的定向和位置。用户可以在一个功能中实现平移、平移到平面及旋转操作。

操作步骤如下：

1）单击"转换"选项卡"位置"面板中的"动态转换"按钮 ，系统提示"选择图素移动/复制"，选择要移动/复制的图素。

2）单击【结束选择】按钮 ，系统提示"拾取指针的放置位置"，在绘图区单击一点放置坐标系，该点为移动/旋转的基准点。此时，可以拖动坐标系的X轴/Y轴移动图形，也可以拖动旋转轴进行旋转。

操作步骤如图3-14所示。

2. 平移

该命令指将选择的图素沿某一方向进行平行移动的操作，平移的方向可以通过相对直角坐标、极坐标，或者通过两点来指定。通过平移，可以得到一个或多个与所选择图素相同的图形。

操作步骤如下：

1）单击"转换"选项卡"位置"面板中的"平移"按钮 ，系统提示"平移/数组：选择要平移/数组的图形"，则选择要平移的几何图形。

2）按Enter键，系统弹出"平移"对话框，如图3-15所示。选择"复制"单选按钮，

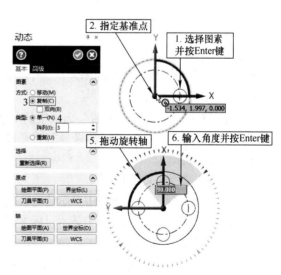

图3-14 动态转换操作步骤

71

在"实例"组中的"编号"文本框中输入 1，在"增量"选项组中的"X"文本框中输入 20，在"极坐标"选项组中的"长度"文本框中输入 20。

3）预览结果，如果移动的方向反了，或者需要两端平移，则通过选择"方向"选项组中的单选按钮来调节，结果比较如图 3-16 所示。

4）单击"确定"按钮✅，完成操作。

图 3-15 "平移"对话框

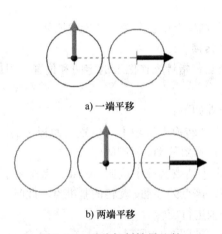

a) 一端平移

b) 两端平移

图 3-16 平移复制结果比较

3. 平移到平面

"平移到平面"指将选择的图素从一个平面移动、复制、连接到另一个平面，这不会改变此图素的方向、大小或形状。

单击"转换"选项卡"位置"面板中的"平移到平面"按钮🏴，系统弹出提示"平移 / 阵列：选择要平移 / 阵列的图素"，选择需要平移操作的图素，接着按 Enter 键，系统弹出"平移到平面"对话框。

其中部分选项含义如下：

1）来源平面：在该列表框中显示选定的要平移的图素所在平面的名称。

2）目标平面：在该列表框中显示目标平面的名称。

3）X/Y/Z：设置平面为 X/Y/Z 轴，指所选的来源平面 / 目标平面与 X/Y/Z 轴垂直。

4）🎯动态：返回图形窗口，以使用动态指针创建新平面。

5）✏线：返回图形窗口，在绘图平面中选择一条线，通过选择的线定义平面。

6）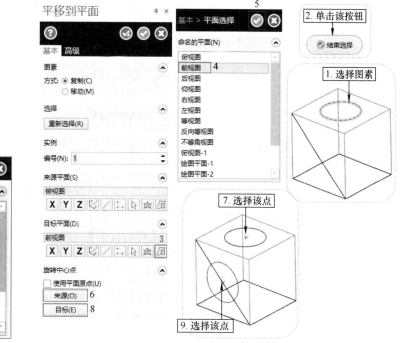三点：返回图形窗口，通过选择三点定义平面。

7）图素：返回图形窗口，通过选择平面图素定义平面。

8）法向：返回图形窗口，定义垂直于选定图素的平面。

9）命名的平面：单击该按钮，打开"平面选择"对话框，如图 3-17 所示。可以从中选择标准视图或保存的自定义平面。

10）使用平面原点：将图形保持与源平面相同的定向和距离，如同来自该源平面。

11）来源：单击该按钮，则需在源图形所在视图上选择一点，这一点将和目标视图的参考点对应。

12）目标：单击该按钮，则需选择目标视图参考点，该点是用来确定平移图形的位置。

操作步骤如图 3-18 所示。

图 3-17　"平面选择"对话框　　　　图 3-18　平移到平面操作步骤

4. 旋转

"旋转"命令用于将选择的对象绕任意选取点进行旋转。单击"转换"选项卡"位置"面板中的"旋转"按钮，系统弹出提示"选择图形"，选择需要旋转操作的图素，接着按 Enter 键，系统弹出"旋转"对话框，如图 3-19 所示。

其中新图形随旋转中心旋转是与新图形转换相对应，新图形旋转是图形绕自身中心旋转一角度。图 3-20 更好地解释了此问题。

在旋转产生的多个新图形中，可以直接删除其中的某个或几个新图形，利用移除新图形功能即可。单击"移除"按钮，接着选择要删除的新图形，再按 Enter 键。单击"重置"按钮，还原新图形，即可还原删除的图形。

图 3-19 "旋转"对话框

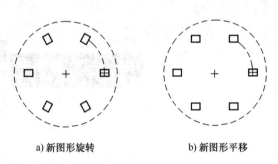

a) 新图形旋转 b) 新图形平移

图 3-20 不同旋转方式设置对比

5. 投影

"投影"命令用于将选定的对象投影到一个指定的平面上。单击"转换"选项卡"位置"面板中的"投影"按钮 ，系统弹出提示"选择图素去投影"，选择需要投影操作的图形，接着按 Enter 键，系统弹出"投影"对话框。该对话框中各选项的含义如图 3-21 所示。

"投影"命令具有三种投影方式可供选择：

（1）深度 选择该方式，需要设定投影深度。

（2）平面 选择投影到平面，需要选择及设定平面选项；单击【选择平面】按钮 ，弹出"平面选择"对话框，如图 3-22 所示。该对话框用于选择投影目标面及其参数设置。对话框中部分选项含义如下：

1） 动态：使用动态坐标系创建一个新的平面，在图形窗口中进行选择。当使用动态坐标系创建平面时，新平面的 Z 轴指向从实体计算出来的法线。此外，X 轴沿线框实体的切线方向。

2） 选择直线：基于选择的直线创建一个新的平面。

3） 三个光标点：基于选择的三个点创建一个新的平面。

4） 选择图素：选择平直的图素，可以是两条直线，也可以是三个点。

5） 选择法向：选择一条法线创建一个新的平面，该平面垂直于法线。

6） 选择视图：在图形窗口中创建一个基于当前视图的新平面。

7） 方向切换：单击该按钮，切换法向。

8） 工作深度：单击该按钮，将在视图坐标中显示从主系统原点开始的平面原点。每个轴上的坐标都是相对于平面轴的。

图 3-21 "投影"对话框中各选项的含义

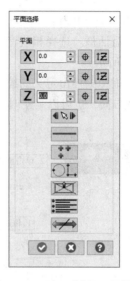

图 3-22 "平面选择"对话框

（3）曲面/实体 选择该选项，系统会返回图形窗口以选择投影面或实体。投影到曲面/实体又分为沿构图面方向投影和沿曲面法向投影。当相连图素投影到曲面时，不再相连，此时就需要通过设定连接公差使其相连。

投影操作步骤如图 3-23 所示。

6. 镜像

镜像是将选择的图素沿某一直线进行对称复制的操作。该直线可以是通过参照点的水平线、竖直线或倾斜线，也可以是已绘制好的直线或通过两点来指定。

单击"转换"选项卡"位置"面板中的"镜像"按钮，系统弹出提示"选取图形"，选择需要镜像操作的图形，接着按 Enter 键，系统弹出"镜像"对话框。

镜像的结果有移动、复制、连接三种方式。当选用水平线、竖直线或倾斜线作为对称轴时，用户可以在对应的文本框中输入该线的 Y 坐标、X 坐标或角度值，也可以单击对应的按钮，在图形区单击或捕捉一点作为参照点。

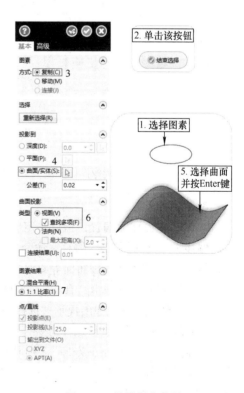

图 3-23 投影操作步骤

操作步骤如图 3-24 所示。

7. 缠绕

缠绕是将选择的直线、圆弧、曲线盘绕于一圆柱面上，该命令还可以把一缠绕的图形展开成线，但与原图形有区别。

单击"转换"选项卡"位置"面板中的"缠绕"按钮◯↔|，系统弹出提示"缠绕：选取串连 1"，选择需要缠绕操作的图形，接着单击"串连选项"对话框中的"确定"按钮 ◯ ，系统弹出"缠绕"对话框。选择相应参数后，系统显示虚拟缠绕圆柱面，并且显示缠绕结果，操作步骤如图 3-25 所示。

缠绕时的虚拟圆柱由定义的缠绕半径、构图平面内的轴线（本例为 Y 轴）决定。旋转方向可以是顺时针方向，也可以是逆时针方向。

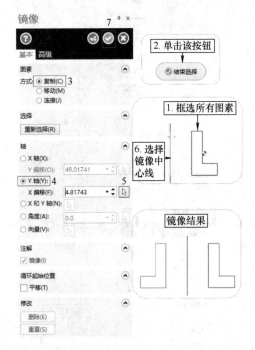

图 3-24 镜像操作步骤

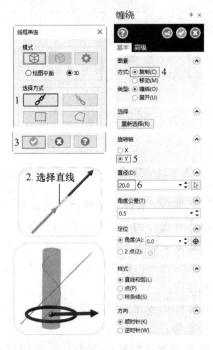

图 3-25 缠绕操作步骤

8. 单体补正

单体补正也称为偏置，指以一定的距离来等距离偏移所选择的图素。"偏移"命令只适用于直线、圆弧、SP 样条曲线和曲面等图素。

单击"转换"选项卡"补正"面板中的"单体补正"按钮→|，系统弹出提示"选择补正、线、圆弧、曲线或曲面曲线"，选择需要补正操作的图形。系统提示"指定补正方向"，则利用光标在绘图区中选择补正方向，接着在系统弹出的"偏移图素"对话框中设置各项参数，操作步骤如图 3-26 所示。

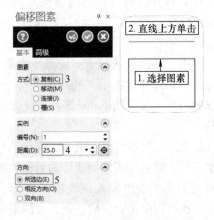

图 3-26 单体补正操作步骤

在命令执行过程中，每次仅能选择一个几何图形去补正，补正完毕后，系统提示"选择补正线、圆弧、曲线或曲面曲线"，则接着选择下一个要补正的对象。操作完毕后，按 Esc 键，结束补正操作。

9. 串连补正

串连补正是对串连图素进行偏置。

具体操作步骤如图 3-27 所示。

1）单击"转换"选项卡"补正"面板中的"串连补正"按钮。系统弹出提示"补正：选择串连 1"，并且弹出"线框串连"对话框。

2）选择串连图素，单击"线框串连"对话框中的"确定"按钮 。

3）系统弹出提示"指定补正方向"，利用光标在矩形内部单击确定补正方向。

4）系统弹出"串连补正"对话框，勾选"方向"组中的"复制"复选框，在"阵列"组中的"距离"文本框中输入 10，其他参数采用默认值，如图 3-27 所示，系统显示预览图形。

5）单击"串连补正"对话框中的"确定"按钮 。

在该对话框中，偏置深度指新图形相对于原图形沿 Z 轴方向（构图深度）的变化。偏置角度由偏置深度决定。如果选择绝对坐标，则偏置深度为新图形的 Z 坐标值。若选中增量坐标，则偏置深度为新图形相对于原图形沿 Z 轴方向的变化大小。在图 3-27 图中，设定了增量坐标，则原图与新生成的图在 Z 轴方向相差 10mm。

由于在串连对话框中设置了偏置后，新生图形的拐角处用圆弧代替，所以原来的矩形尖角经过偏置后变成了圆角。

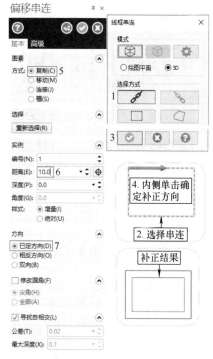

图 3-27 串连补正操作步骤

10. 直角阵列

阵列是绘图中经常用到的工具，它是将选择的图形沿两个方向进行平移并复制的操作。

单击"转换"选项卡"布局"面板中的"直角阵列"按钮，系统弹出提示"选择图素"，选择需要阵列操作的图素，接着按 Enter 键，系统弹出"直角阵列"对话框。

直角阵列操作步骤如图 3-28 所示。

11. 拉伸

拉伸是将选择的对象进行平移、旋转操作。单击"转换"选项卡"比例"面板中的"拉伸"按钮 ，系统弹出提示"拉伸：窗选相交的图形拉伸"，选择需要拉伸操作的图形，接着按 Enter 键，系统弹出"拉伸"对话框，如图 3-29 所示。在"方式"组中选择"移动"，在"增量"选项组中的"X"文本框中设置 X 轴的拉伸距离，在"极坐标"选项组中的"长度"文本框中设置拉伸长度，在"角度"文本框中设置拉伸角度，单击"确定"按钮，完成拉伸。

拉伸功能与平移、旋转功能相比操作简便，但在绘图区中随光标的位置来定位，因此图形的定位不如平移、旋转功能准确。

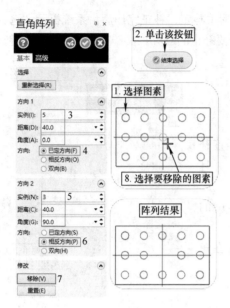

图 3-28　直角阵列操作步骤

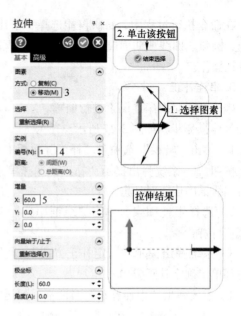

图 3-29　"拉伸"对话框

12. 比例

比例是将选择对象按指定的比例系数进行缩小或放大。单击"转换"选项卡"比例"面板中的"比例"按钮 ，系统弹出提示"选择图形"，选择需要比例缩放操作的图形，接着按 Enter 键，系统弹出"比例"对话框。等比例缩放操作步骤如图 3-30 所示。

不等比例缩放需要指定沿 X、Y、Z 轴各方向缩放的比例因子或缩放百分比，操作步骤如图 3-31 所示。

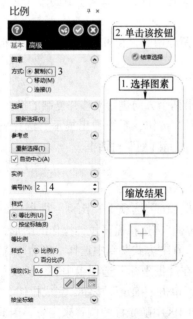

图 3-30　等比例缩放操作步骤

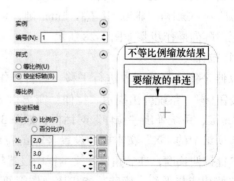

图 3-31　不等比例缩放操作步骤

3.2 二维图形的标注

图形标注是绘图设计工作中的一项重要任务，主要包括标注各类尺寸、注释文字和剖面线等。由于 Mastercam 系统的最终目的是为了生成加工用的 NC 程序，所以本书仅简单介绍这方面的功能。

📖 3.2.1 尺寸标注

一个完整的尺寸标注由一条尺寸线、两条尺寸界线、标注文本和两个尺寸箭头 4 个部分组成，如图 3-32 所示。它们的大小、位置、方向、属性、显示情况都可以通过"文件"菜单中的"配置"命令来设定，也可以通过单击"标注"选项卡"尺寸标注"面板右下角的"启动"按钮，系统弹出"自定义选项"对话框，如图 3-33 所示。用户可对其中的参数进行设定，每进行一项参数的设定，对话框中的预览都会根据设定而改变，在此不再赘述。

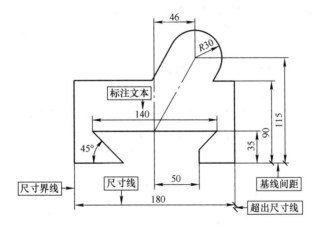

图 3-32 尺寸标注组成

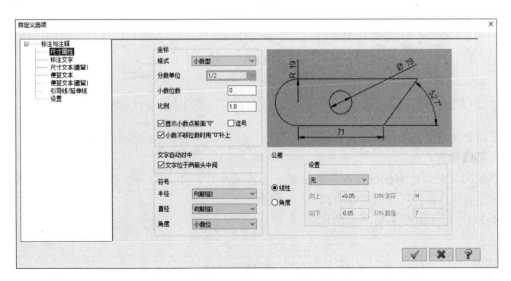

图 3-33 "自定义选项"对话框

对于已经完成的标注，用户可以通过单击"标注"选项卡"修剪"面板中的"多重编辑"按钮⇄，再选择需要编辑的标注，进行属性编辑。

下面对组成尺寸标注的各部分加以说明。

1）尺寸线：用于标明标注的范围。Mastercam 通常将尺寸线放置在测量区域中，如果空间不足，则将尺寸线或文字移到测量区域的外部，这取决于标注尺寸样式的旋转规则。尺寸线一般分为两段，可以分别控制它们的显示。对于角度标注，尺寸线是一段圆弧。尺寸线应使用细线进行绘制。

2）尺寸界线：从标注起点引出的标明标注范围的直线．它可以从图形的轮廓线、轴线、对称中心线引出，而且轮廓线、轴线及对称中心线也可以作为尺寸界限。尺寸界线也应使用细线进行绘制。

3）标注文本：用于标明图形的真实测量值。标注文本可以只反映基本尺寸，也可以带尺寸公差。标注文本应按标准字体进行书写，同一个图形上的字高一致；在图中遇到图线时，须将图线断开；若尺寸界线断开影响图形表达，则应调整尺寸标注的位置。

4）箭头：箭头显示在尺寸线的末端，用于指出测量的开始和结束位置。

5）起点：尺寸标注的起点是尺寸标注对象的定义点，系统测量的数据均以起点为计算点，起点通常是尺寸界线的引出点。

Mastercam 2023 系统为用户提供了 10 种尺寸标注方法，这 10 种尺寸标注方法主要集中在"标注"选项卡"尺寸标注"面板上，如图 3-34 所示。

水平标注、垂直标注、角度标注、直径标注、平行标注的示例如图 3-35 所示。这几种标注操作比较简单，执行标注命令后，按照系统提示的步骤操作即可。

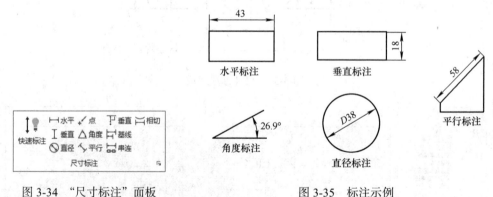

图 3-34　"尺寸标注"面板　　　　　图 3-35　标注示例

下面介绍其他的几种标注方法：

1. 基线标注

基线标注是以已有的线性标注（水平、垂直或平行标注）为基准对一系列点进行线性标注，标注的特点是各尺寸为并联形式。

例 3-1　标注如图 3-36 所示的尺寸。

参见网盘　　网盘 \ 视频教学 \ 第 3 章 \ 基线标注 . MP4

操作步骤如下：

01 单击快速访问工具栏中的"打开"按钮，在弹出的"打开"对话框中选择"源文件\原始文件\第3章\例3-1"。单击"标注"选项卡"尺寸标注"面板中的"基线标注"按钮，系统提示"选取一线性尺寸"。

02 选择已有的线性尺寸，本例选择尺寸"30"。

03 系统提示"指定第二个端点"，选择第二个尺寸标注端点P1，因为P1与A1的距离大于P1与A2的距离，点A1即作为尺寸标注的基准。系统自动完成A1与P1间的水平标注。

04 依次选择点P2、P3，即可绘制出相应的水平标注，如图3-36所示。

05 按Esc键返回。

2. 点位标注

点位标注用来标注图素上某个位置的坐标值。

操作步骤如下：

01 单击快速访问工具栏中的"打开"按钮，在弹出的"打开"对话框中选择"源文件\原始文件\第3章\点位标注"。单击"标注"选项卡"尺寸标注"面板中的"点"按钮，系统提示"绘制尺寸标注（点）：选择点以绘制点位标注"，选择要标注坐标的点。

02 选择图素上一点，如图3-37所示。

03 移动光标把注释文字放置于图中合适的位置。

04 重复步骤 **02**、**03**，标注图素上的其他点。

05 按Esc键返回。

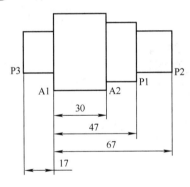

图3-36 基线标注

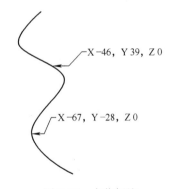

图3-37 点位标注

3. 相切标注

相切标注用来标注圆弧与点、直线或圆弧等分点间水平或垂直方向的距离。

例3-2 标注如图3-37所示的图形。

参见网盘 ▷ 网盘\视频教学\第3章\相切标注.MP4

操作步骤如下：

01 单击快速访问工具栏中的"打开"按钮，在弹出的"打开"对话框中选择"源文件\原始文件\第3章\例3-2"。单击"标注"选项卡"尺寸标注"面板中的"相切"按钮。

02 选择直线 L1。

03 选择圆 A1。

04 用鼠标拖动标注至合适位置，单击，完成相切标注"20"。

05 继续选择直线、圆弧或点，可完成如图 3-38 所示的相切标注"20"和"35"，标注完成后按 Esc 键返回。

在圆弧上的端点为圆弧所在圆的 4 个等分点之一（水平相切标注为 0° 或 180° 四等分点，垂直相切标注为 90° 或 270° 四等分点）。相切标注在直线上的端点为直线的一个端点。对于点，选择点即为相切标注的一个端点。

Mastercam 系统提供了一种智能标注方法，称作快速标注。单击"标注"选项卡"尺寸标注"面板中的"快速标注"按钮 ，则系统根据选取的图素自动选择标注方法。当系统不能完全识别时，用户可利用"尺寸标注"对话框（见图 3-39）帮助系统完成标注。

3.2.2 图形标注

1. 注释

单击"标注"选项卡"注释"面板中的"注释"按钮 ，系统弹出"注释"对话框，如图 3-40 所示。用户在此对话框中可加入文字及设置参数。完成后，在图形指定位置加上注释。

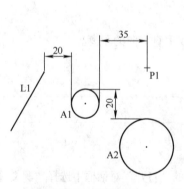

图 3-38 相切标注

图 3-39 "尺寸标注"对话框

图 3-40 "注释"对话框

2. 延伸线

延伸线指的是在图素和相应注释文字之间的一条直线。单击"标注"选项卡"注释"面板中的"延伸线"按钮，系统提示"标注：绘制尺寸界线：指定第一个端点"，在绘图区选择一点；接着系统提示"标注：绘制尺寸界线：指定第二个端点"，在绘图区选择第二个点，延伸线就绘制出来了。当然，第一点的选择要靠近说明的图素，第二点靠近文本。图 3-41 所示为延伸线的示例。

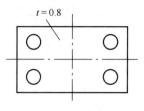

图 3-41　延伸线示例

3. 引导线

引导线与延伸线相比，差别在于引导线带箭头且是折线，它也是连接图素与相应注释文字之间的一种图形。单击"标注"选项卡"注释"面板中的"引导线"按钮，系统提示"绘制引导线：显示引导线箭头位置"，在需要注释的图素上放置箭头；接着系统提示"显示引导线尾部位置"，指定后，系统再次提示"绘制引导线：显示引导线箭头位置"，按 Esc 键退出，则在绘图区中指定引导线尾部的第二个端点。系统继续会提示确定尾部的其他各点，完成后按 Esc 键，退出引导线绘制操作。

3.2.3　图案填充

在机械工程图中，图案填充用于表达一个剖切的区域，而且不同的图案填充表达不同的零部件或材料。Mastercam 系统提供了图案填充的功能。具体操作步骤是：

1）单击"标注"选项卡"注释"面板中的"剖面线"按钮，弹出"线框串联"对话框。
2）系统提示"相交填充：选取串连 1"，选择剖面线的外边界。
3）系统接着提示"选择图素以开始新串连（2）"，接着选择其他剖面线边界。
4）选择完毕后，单击"串连选项"对话框中的"确定"按钮。
5）系统弹出如图 3-42 所示的"交叉剖面线"对话框，用户可根据绘图要求选择所需的剖面线试样。

如果在该对话框中未找到所需的剖面线，则可在"高级"选项卡中单击"定义"按钮，进入图 3-43 所示的"自定义剖面线图案"对话框，在对话框中定制新的图案样式。选定剖面线样式，设定好剖面线参数后，单击"交叉剖面线"对话框中的"确定"按钮。

操作完以上步骤后，系统绘制出剖面线，如图 3-44 所示。

  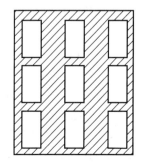

图 3-42　"交叉剖面线"对话框　　图 3-43　"自定义剖面线图案"对话框　　图 3-44　剖面线示例

3.3 综合实例——轴承座

本例在图 2-74 的基础上进行图案填充和尺寸标注，如图 3-45 所示。

网盘 \ 视频教学 \ 第 3 章 \3.3 综合实例 - 轴承座 . MP4

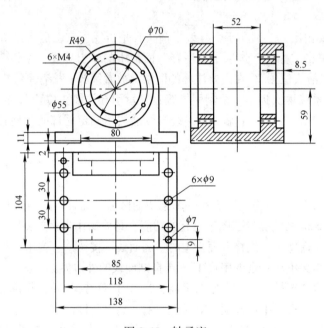

图 3-45　轴承座

操作步骤如下：

01 绘制剖面线准备工作。由于 Mastercam 只能对首尾相接的封闭空间进行填充，此时需将绘制剖面线的空间提取出来，因此需要删去部分线。单击"线框"选项卡"修剪"面板中的"分割"按钮✕，在"划分修剪"对话框中勾选"修剪"复选框，接着选择需要删去的线。注意光标放到的位置即是要删除的一段，修剪完的图形如图 3-46 所示。

02 绘制剖面线。设置当前图层为 4，线型设定为实线，线宽设定为第一种线宽，颜色设定为蓝色（代号 9）。单击"标注"选项卡"注释"面板中的"剖面线"按钮▨，系统弹出"串连选项"对话框和"交叉剖面线"对话框，如图 3-47 所示，并且系统提示"相交填充：选择串连 1"，则按照图 3-48 所示，依次选择串连图素后，单击"串连选项"对话框中的"确定"按钮 ✅ ；在"交叉剖面线"对话框中设置"间距"为 3.0，"角度"为 45.0，单击"交叉剖面线"对话框中的"确定"按钮✅，绘制剖面线，如图 3-49 所示。

03 把步骤 **01** 修剪的图素利用绘图命令全部补齐。

04 根据三视图原理，把各视图中缺少的线补齐，添全所有的中心线，完成整个轴承座的绘制，如图 3-50 所示。

05 标注尺寸。

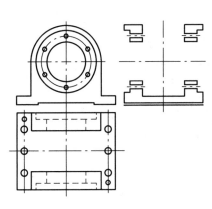

图 3-46　修剪完的图形　　　　　　图 3-47　"交叉剖面线"对话框

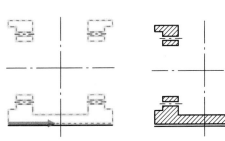

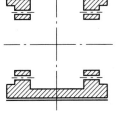

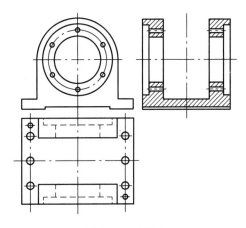

图 3-48　选择串连图素　　图 3-49　绘制剖面线　　　　图 3-50　轴承座

❶ 单击"标注"选项卡"尺寸标注"面板中的"水平"按钮├─水平▼，根据系统提示指定第一个端点和第二个端点，用鼠标拖动标注至合适位置并单击，完成水平标注"85"；同理，标注其他水平尺寸。

❷ 单击"标注"选项卡"尺寸标注"面板中的"直径"按钮⊘直径，根据系统提示选择要标注的圆弧和圆，用鼠标拖动标注至合适位置并单击，完成圆弧标注。

最后完成轴承座的绘制，结果如图 3-45 所示。

3.4　思考与练习

1. 尺寸标注通常包括哪几部分？
2. 复制图形可以采用哪些方法？
3. 绘制边界盒的目的是什么？

3.5 上机操作与指导

绘制并标注如图 3-51 所示的心形图形。

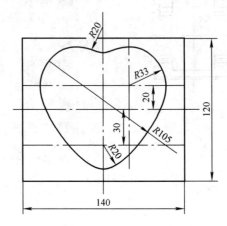

图 3-51 绘制心形图形

第4章

三维实体的创建与编辑

实体造型是目前比较成熟的造型技术，因其操作简单、过程直观、效果逼真，而被广泛应用。

Mastercam 2023 提供了强大的三维实体造型功能，它不仅可以创建最基本的三维实体，而且还可以通过挤出、扫描、旋转等操作创建复杂的三维实体，同时它还提供了强大的实体编辑功能。本章着重讲述了实体的创建与编辑基本概念及方法。

知识重点

☑ 三维实体的创建
☑ 三维实体的编辑

4.1 实体绘图概述

📖 4.1.1 三维形体的表示

在计算机中常用的形体表示方法有线框模型、边框着色模型和图形着色模型。

1. 线框模型

线框模型是计算机图形学和 CAD/CAM 领域中最早用来表达形体的模型，至今仍在广泛应用。20 世纪 60 年代初期的线框模型是二维的，用户需要逐点、逐线地构建模型。随着图形几何变换理论的发展，人们认识到加上第三维信息再投影变换成平面视图是很容易的事，因此三维绘图系统迅速发展起来，但它同样仅限于点、线和曲线的组成。图 4-1 所示为线框模型在计算机中存储的数据结构原理。图中有两个表，一个为顶点表，它记录各顶点的坐标值；另一为棱线表，记录每条棱线所连接的两顶点。由此可见，三维物体是用它的全部顶点及边的集合来描述的，线框一词也由此而得名。

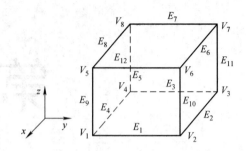

棱线号	顶点号	
1	1	2
2	2	3
3	3	4
4	4	1
5	5	6
6	6	7
7	7	8
8	8	5
9	1	5
10	2	6
11	3	7
12	4	8

顶点号	坐标值		
	x	y	z
1	1	0	0
2	1	1	0
3	0	1	0
4	0	0	0
5	1	0	1
6	1	1	1
7	0	1	1
8	0	0	1

图 4-1 线框模型在计算机中存储的数据结构原理

线框模型的优点如下：

1）由于有了物体的三维数据，可以产生任意视图，而且视图间能保持正确的投影关系，这为生成多视图的工程图带来了很大方便。三维数据还能生成任意视点或视向的透视图及轴测图，这在二维绘图系统中是做不到的。

2）构造模型时操作简便，CPU 运算时间及存储方面占用资源少。

3）用户几乎无须培训，使用系统就好像是人工绘图的自然延伸。

缺点如下：

1）线框模型的解释不唯一。因为所有棱线全都显示出来，物体的真实形状需由人脑的解释才能理解，因此会出现二义性理解。此外，当形状复杂时，棱线过多，也会引起模糊理解。

2）缺少曲面轮廓线。

3）由于在数据结构中缺少边与面、面与体之间关系的信息，即所谓的拓扑信息，因此不能构成实体，无法识别面与体，更谈不上区别体内与体外。因此从原理上讲，此种模型不能消除隐藏线，不能做任意剖切，不能计算物性，不能进行两个面的求交，无法生成 NC 加工刀具轨迹，不能自动划分有限元网格，不能检查物体间的碰撞、干涉等，但目前有些系统从内部建立了边与面的拓扑关系，因此具有消隐功能。

尽管这种模型有许多缺点，但由于它能满足许多设计与制造的要求，同时还具有上面所提到的优点，因此在实际工作中使用很广泛，而且在许多 CAD/CAM 系统中仍将此种模型作为表面模型与实体模型的基础。线框模型系统一般具有丰富的交互功能，用于构图的图素是大家所熟知的点、线、圆、圆弧、二次曲线、Bezier 曲线等。

2. 边框着色模型

与线框模型相比，边框着色模型多了一个面表，它记录了边与面的拓扑关系，图 4-2 所示为以立方体为例的边框着色模型的数据结构原理图，但它仍旧缺乏面与体之间的拓扑关系，无法区别面的哪一侧是体内还是体外。

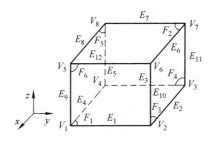

棱线号	顶点号	
1	1	2
2	2	3
3	3	4
4	4	1
5	5	6
6	6	7
7	7	8
8	8	5
9	1	5
10	2	6
11	3	7
12	4	8

顶点号	坐标值		
	x	y	z
1	1	0	0
2	1	1	0
3	0	1	0
4	0	0	0
5	1	0	1
6	1	1	1
7	0	1	1
8	0	0	1

表面	棱线号			
1	1	2	3	4
2	5	6	7	8
3	2	3	7	6
4	3	7	8	4
5	8	5	1	4
6	1	2	6	5

图 4-2 以立方体为例的表面模型的数据结构原理图

由于增加了有关面的信息，在提供三维实体信息的完整性、严密性方面，边框着色模型比线框模型进了一步。它克服了线框模型的许多缺点，能够比较完整地定义三维实体的表面。所能描述的零件范围广，特别是像汽车车身、飞机机翼等难于用简单的数学模型表达的物体，均可以采用边框着色建模的方法构造其模型，而且利用边框着色建模能在图形终端上生成逼真的彩色图像，以便用户直观地从事产品的外形设计，从而避免表面形状设计的缺陷。另外，边框着色建模可以为 CAD/CAM 中的其他场合提供数据，如有限元分析中的网格的划分，就可以直接利用边框着色建模构造的模型。

边框着色模型的缺点是只能表示物体的表面及其边界，它还不是实体模型，因此不能实行剖切，不能计算物性，也不能检查物体间的碰撞和干涉。

3. 图形着色模型

边框着色模型存在的不足本质在于无法确定面的哪一侧是实体，哪一侧不存在实体（即空的），因此实体模型要解决的根本问题在于标识出一个面的哪一侧是实体，哪一侧是空的。为此，对实体建模中采用的法向矢量进行约定，即面的法向矢量指向物体之外。对于一个面，法向矢量指向的一侧为空，矢量指向的反方向为实体，这样对构成的物体的每个表面进行这样的判断，最终即可标识出各个表面包围的空间为实体。为了使得计算机能识别出表面的矢量方向，将组成表面的封闭边定义为有向边，按每条边的方向顶点编号的大小确定，即编号小的顶点（边的起点）指向编号大的顶点（边的终点）为正，然后用有向棱边的右手法则确定所在面的外法线的方向，如图 4-3 所示。

图形着色模型的数据结构不仅记录了全部的几何信息，而且记录了全部点、线、面、体的拓扑信息，这是图形着色模型与边框着色模型的根本区别。正因为如此，图形着色模型成了设计与制造自动化及集成的基础。依靠计算机内完整的

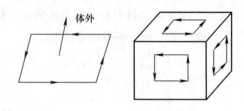

图 4-3　有向棱边决定外法线方向

几何和拓扑信息，所有前面提到的工作，从消隐、剖切、有限元网格划分直到数控刀具轨迹生成都能顺利实现，而且由于着色、光照及纹理处理等技术的运用使得物体有着出色的可视性，使得它在 CAD/CAM 领域外也有广泛应用，如计算机艺术、广告、动画等。

图形着色模型目前的缺点是尚不能与线框模型及表面模型间进行双向转化，因此还没能与系统中线框模型的功能及表面模型的功能融合在一起，图形着色造型模块还时常作为系统的一个单独的模块。但近年来情况有了很大改善，真正以图形着色模型为基础的、融 3 种模型于一体的 CAD 系统已经得到了应用。

4.1.2　Mastercam 的实体造型

三维实体造型是目前大多数 CAD/CAM 集成软件具有的一种基本功能，Mastercam 自 7.0 版本增加实体设计功能以来，目前已经发展成为一套完整成熟的造型技术。它采用 Parasolid 为几何造型核心，可以在熟悉的环境下非常方便直观地快速创建实体模型。它具有以下几个主要特色：

1）通过参数快捷地创建各种基本实体。

2）利用拉伸、旋转、扫描、举升等命令创建形状比较复杂的实体。

3）强大的倒圆、倒角、修剪、抽壳、布尔运算等实体编辑功能。

4）可以计算表面积、体积及重量等几何属性。

5）实体管理器使得实体创建、编辑等更加高效。

6）提供了与当前其他流行的造型软件的无缝接口。

4.1.3　实体管理器

实体管理器供用户观察并编辑实体的操作记录。它以阶层结构方式依产生顺序列出每个实体的操作记录。在实体管理器中，一个实体由一个或一个以上的操作组成，且每个操作分别有自己的参数和图形记录。

1. 图素关联的概念

图素关联指不同图素之间的关系。当第二个图素是利用第一图素来产生时，那么这两个图素之间就产生了关联的关系，也就是所谓的父子关系。由于第一个图素是产生者，因此称为父，第二个图素是被产生者，因此称为子。子图素是依存在父图素而存在的，因此当父图素被删除或被编辑时，子图素也会跟着被删除或被编辑。实体的图素关联会发生在以下的情形：

1）实体（子）和用于产生这个实体的串连外形（父）之间有图素关联关系。

2）以旋转操作产生的实体（子）和其旋转轴（父）之间有图素关联关系。

3）扫描实体（子）和其扫描路径（父）之间有图素关联关系。

如果对父图素做编辑，则实体成为待计算实体（系统会在实体和操作上用一红色"X"做标记）。如果试图删除一父图素，屏幕上会出现警告提示，选择"是"删除父图素时，系统会让实体成为无效实体，选择"否"则取消删除指令。

对于待计算实体，要看到编辑后的实体结果，必须要让系统重新计算。在实体管理器中选择"重建"按钮 ![icon]，让系统重新计算以生成编辑后的实体。

无效实体是因对实体做了某些改变，经过重新计算后仍然无法产生的实体。当让系统重新计算实体遭遇问题时，系统会回到重新计算之前的状态，并于实体管理器在有问题的实体和操作上以一红色的？号做标记，以便让用户对它进行修正。

2. 快捷菜单

在操作管理器中右击，弹出快捷菜单，但依光标所指位置不同快捷菜单的内容也有所不同。图 4-4 所示分别为实体、实体的某一操作和空白区域的快捷菜单。菜单的内容大同小异，下面对主要选项进行说明。

图 4-4　快捷菜单

1）删除：在列表中选取实体或实体操作，选择快捷菜单中的"删除"选项或直接按 Delete 键，可将选取的实体或操作删除。

值得注意的是，不能删除基本实体操作和工具实体。当删除了布尔操作时，其工具实体将不再与目标实体关联而成为一个单独的实体。

2）禁用：在列表中选取一个或多个操作，选择快捷菜单中的"禁用"选项后，系统将该操作隐藏起来，并在绘图区显示出隐藏了操作的实体。再次选择"禁用"选项可以重新恢复该操作。

3）重置停止操作：在实体管理器的所有实体操作列表中，都有一个结束标志。用户可以将结束标志拖动到该实体操作列表中允许的位置来隐藏后面的操作。

值得注意的是，实体的结束标志只能拖动到该实体的某个操作后，即至少前面有该实体的基本操作。同时也不能拖动到其他的实体操作列表中。

4）移动实体历史记录：在实体管理器中可以用拖拉的方式移动一操作到某一新的位置以改变实体操作的顺序，从而产生不同的结果。当移动一被选择的操作（按住鼠标左键不放）越过其他操作时，如果这项移动系统允许的话，光标会变成向下箭头，移动到合适位置松开鼠标左键就可以将这项操作插入到该位置。如果系统不允许，则光标会变成🚫。

4.2 三维实体的创建

Mastercam 自 7.0 版开始加入了实体绘图功能，它以 Parasolid 为几何造型核心。Mastercam 既可以利用参数创建一些具有规则的、固定形状的三维基本实体，包括圆柱体、圆锥体、长方体、球体和圆环体等，也可以利用拉伸、旋转、扫描、举升等创建功能再结合倒圆、倒角、抽壳、修剪、布尔运算等编辑功能创建复杂的实体。由于基本实体的创建与三维基本曲面的创建大同小异，所以本节不再介绍，读者可以参考三维基本曲面创建的相关内容。

📖 4.2.1 拉伸实体

拉伸实体功能可以将空间中共平面的 2D 串连外形截面沿着一直线方向拉伸为一个或多个实体，或者对已经存在的实体做切割（除料）或增加（填料）操作。

例 4-1 创建如图 4-5 所示的拉伸实体。

图 4-5 拉伸实体

参见网盘 　 网盘 \ 视频教学 \ 第 4 章 \ 拉伸实体 .MP4

操作步骤如下：

01 单击快速访问工具栏中的"打开"按钮📂，在弹出的"打开"对话框中选择"源文件 \ 原始文件 \ 第 4 章 \ 例 4-1"文件。单击"实体"选项卡"创建"面板中的"拉伸"按钮🔼，开始创建拉伸实体。

02 系统弹出"线框串连"对话框，设置相应的串连方式，在绘图区内选择要拉伸实体的图素对象，如图 4-6 所示，并单击该对话框中的"确定"按钮 ✅ 。

03 系统弹出"实体拉伸"对话框，如图 4-7 所示。"基本"选项卡设置如图 4-7 所示，"高级"选项卡设置如图 4-8 所示，最后单击该对话框中的"确定"按钮✅，结果如图 4-5 所示。

"实体拉伸"对话框包含"基本"和"高级"两个选项卡，分别用于设置拉伸基础操作及拔模壁厚的相关参数，具体含义如下。

1. "基本"选项卡参数设置

"基本"选项卡主要用于对拉伸相关参数进行设置，如图 4-7 所示。其主要选项的含义如下：

（1）"名称" 设置拉伸实体的名称，该名称可以方便后续操作中识别。

（2）"类型" 设置拉伸操作的类型，包括：创建主体，即创建一个新的实体；切割主体，即用创建的实体去切割原有的实体；添加凸台，即将创建的实体添加到原有的实体上。

（3）"串连" 用于选择创建拉伸实体的图形。

图 4-6　选择拉伸实体图素　　　图 4-7　"实体拉伸"对话框　　　图 4-8　"高级"选项卡设置

（4）"距离"　设置拉伸操作的距离拉伸方式。

1）"距离"文本框：按照给定的距离与方向生成拉伸实体，其中拉伸的距离值为"距离"文本框中值。

2）"全部贯通"：拉伸并修剪至目标体。

3）"两端同时延伸"：以设置的拉伸方向及反方向同时来拉伸实体。

4）"修剪到指定面"：将创建或切割所建立的实体修整到目标实体的面上，这样可以避免增加或切割实体时贯穿到目标实体的内部。只有选择建立实体或切割实体时才可以选择该参数。

2. "高级"选项卡参数设置

"高级"选项卡用于设置薄壁的相关参数，如图 4-8 所示，并且所有的参数只有在勾选"拔模"复选框和"壁厚"复选框时，系统才会允许设置。薄壁常用于创建加强筋或美工线。下面对该选项卡中的各选项含义进行介绍。

（1）"拔模"　勾选该复选框，可对拉伸的实体进行拔模设置。其中，朝外表示拔模角度方向向外（如图 4-9 所示），"角度"用于设置拔模斜度的角度值。

图 4-9　拔模角度的方向

1）"角度"：在该文本框中输入数值用以设置拔模角度。

2）"反向"：勾选该复选框，可以调整拔模反向。

（2）"壁厚"　勾选该复选框，可设置拉伸实体的壁厚。

1）"方向1"：以封闭式串连外形来创建薄壁实体时，厚度从串连选择的外形向内生成，且厚度值由"方向1（D）"文本框中输入。

2）"方向2"：以封闭式串连外形来创建薄壁实体时，厚度从串连选择的外形向外生成，且厚度值由"方向2（R）"文本框中输入。

3）"两端"：以封闭式串连外形来创建薄壁实体时，厚度从串连选择的外形向内和向外两个方向生成，且厚度值由"方向1（D）"文本框和"方向2（R）"文本框中分别输入。

值得注意的是：在进行拉伸实体操作时，可以选择多个串连图素，但这些图素必须在同一个平面内，而且还必须是首尾相连的封闭图素，否则无法完成拉伸操作。但是，在拉伸薄壁时，则允许选择开式串连。

📖 4.2.2 旋转实体

实体旋转功能可以将串连外形截面绕某一旋转轴并依照输入的起始角度和终止角度旋转成一个或多个新实体，或者对已经存在的实体做切割（除料）或增加（填料）操作。

例 4-2 创建如图 4-10 所示的旋转实体。

图 4-10　旋转实体

　网盘 \ 视频教学 \ 第 4 章 \ 旋转实体 . MP4

操作步骤如下：

01 单击快速访问工具栏中的"打开"按钮📂，在弹出的"打开"对话框中选择"源文件 \ 原始文件 \ 第 4 章 \ 例 4-2"文件。单击"实体"选项卡"创建"面板中的"旋转"按钮，开始创建旋转实体。

02 系统弹出"线框串连"对话框，设置相应的串连方式，在绘图区内选择要旋转实体的图素对象，并单击该对话框中的"确定"按钮 ☑。

03 在绘图区域选择旋转轴，并可利用系统弹出的"方向"对话框修改或确认刚选择的旋转轴。

04 系统弹出"旋转实体"对话框，在"角度"选项组中的"起始"文本框中输入 0.0，"结束"为 360.0，最后单击该对话框中的"确定"按钮☑，生成旋转实体。操作步骤如图 4-11 所示。

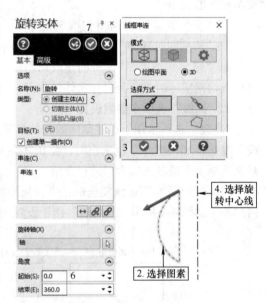

图 4-11　旋转实体操作步骤

"旋转实体"对话框"基本"选项卡中的"角度"选项组选项用于设置旋转操作的"起始"和"结束"；"高级"选项卡中的"壁厚"复选框与"拉伸实体"的对话框中的类似，这里不再赘述。

4.2.3 扫描实体

扫描实体功能可以将封闭且共平面的串连外形沿着某一路径扫描以创建一个或一个以上的新实体，或者对已经存在的实体做切割（除料）或增加（填料）的操作，在整个过程中，断面和路径之间的角度都会被保持着。

例 4-3 创建图 4-12 所示的扫描实体。

图 4-12　扫描实体

 网盘 \ 视频教学 \ 第 4 章 \ 扫描实体 . MP4

操作步骤如下：

01 单击快速访问工具栏中的"打开"按钮，在弹出的"打开"对话框中选择"源文件 \ 原始文件 \ 第 4 章 \ 例 4-3"文件。单击"实体"选项卡"创建"面板中的"扫描"按钮，开始创建扫描实体。

02 系统弹出"线框串连"对话框，设置相应的串连方式，在绘图区内选择圆为图素对象，并单击该对话框中的"确定"按钮。

03 在绘图区选择引导线作为扫描路径。

04 系统弹出"扫描"对话框。选择"类型"选项组中的"创建主体"单选按钮，最后单击该对话框中的"确定"按钮，生成扫描实体。操作步骤如图 4-13 所示。

由于"扫描"对话框选项的含义在上面都已经介绍过，这里不再叙述。

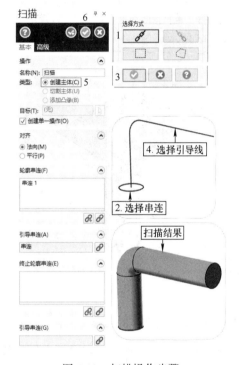

图 4-13　扫描操作步骤

4.2.4 举升实体

举升实体功能可以以几个作为断面的封闭外形来创建一个新的实体，或者对已经存在的实体做增加或切割操作。系统依选择串连外形的顺序以平滑或线性（直纹）方式将外形之间熔接而创建实体，如图 4-14 所示。要成功创建一个举升实体，选择串连外形必须符合以下原则：

1）每一串连外形中的图素必须是共平面，串连外形之间不必共平面。

2）每一串连外形必须形成一封闭式边界。

3）所有串连外形的串连方向必须相同。

4）在举升实体操作中，一串连外形不能被选择两次或两次以上。

5）串连外形不能自我相交。

6）串连外形如有不平顺的转角，必须设定（图素对应），以使每一串连外形的转角能相对应，后续处理倒角等编辑操作才能顺利执行。

例 4-4　创建如图 4-14 所示的举升实体。

参见
网盘 ＞ 网盘 \ 视频教学 \ 第 4 章 \ 举升实体 . MP4

操作步骤如下：

01　单击快速访问工具栏中的"打开"按钮，在弹出的"打开"对话框中选择"源文件 \ 原始文件 \ 第 4 章 \ 例 4-4"文件。单击"实体"选项卡"创建"面板中的"举升"按钮，开始创建举升实体。

02　系统弹出"线框串连"对话框，设置相应的串连方式，在绘图区内选择要举升实体的图素对象（此时应注意方向的一致性），并单击该对话框中的"确定"按钮。

03　系统弹出"举升"对话框，选择"类型"选项组中的"创建主体"单选按钮，然后选择"创建直纹实体"单选按钮，最后单击该对话框中的"确定"按钮。操作步骤如图 4-15 所示。

图 4-14　举升实体

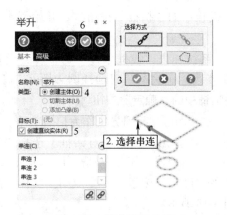

图 4-15　举升操作步骤

4.2.5　圆柱体的创建

例 4-5　创建如图 4-16 所示的圆柱体。

参见
网盘 ＞ 网盘 \ 视频教学 \ 第 4 章 \ 圆柱体 . MP4

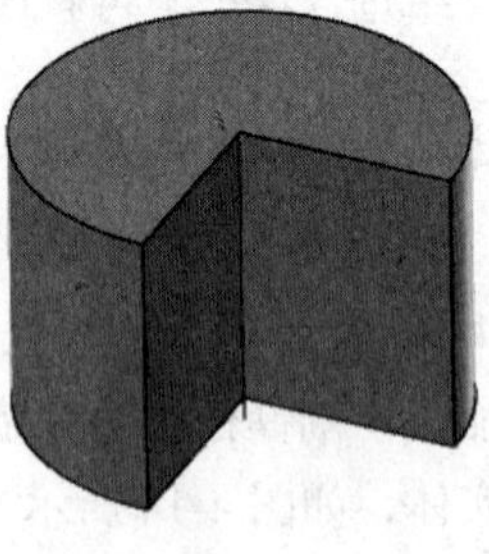

操作步骤如下：

图 4-16　圆柱体

01　单击"实体"选项卡"基本实体"面板中的"圆柱"按钮，系统弹出"基本圆柱体"对话框，如图 4-17 所示。该对话框用于定义圆柱体形状和位置的全部参数，系统同时提示"请输入圆心点"，则可以在绘图区选择一点，作为圆柱体底面的中心点，也可以输入圆心坐标值确定圆心位置。

02　在"尺寸"选项组中的"半径"和"高度"文本框中输入半径为 35.0，高度为 45.0，这是圆柱体的形状参数。

03 在"扫描角度"选项组中的"起始"和"结束"文本框中输入 0.0 和 300.0,设定圆柱体的起始角度和结束角度。

04 单击"轴向"选项组中的"X""Y""Z"单选按钮或指定一条直线,也可以指定两点作为圆柱体的轴线,以确定圆柱体位置的参数,本例设置轴向为 Z 轴。

05 所有参数设置完成后,单击"确定"按钮⊘,系统自动完成圆柱体的创建。操作步骤如图 4-17 所示。

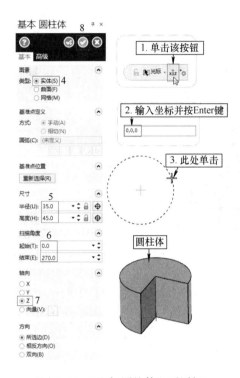

图 4-17 "基本 圆柱体"对话框

4.2.6 圆锥体的创建

例 4-6 创建如图 4-18 所示的圆锥体。

参见网盘 〉 网盘 \ 视频教学 \ 第 4 章 \ 圆锥体 . MP4

操作步骤如下:

01 单击"实体"选项卡"基本实体"面板中的"锥体"按钮▲,系统弹出"基本圆锥体"对话框,如图 4-19 所示。该对话框用于定义圆锥体形状和位置的全部参数,系统同时提示"选择圆锥体的基准点位置",则在绘图区选择一点,作为圆锥体底面的中心点。

02 在"基本半径"选项组和"高度"选项组中的文本框中输入 35.0 和 50.0,设置圆锥体的底圆半径和圆锥体高度,这是圆锥体的形状参数。

图 4-18　圆锥体　　　　　　　　　　图 4-19　"基本 圆锥体"对话框

03 "顶部"选项组用于激活夹角或顶圆半径中的一项来设定顶圆参数，这里的夹角指的是圆锥母线与底面的角度。确定此值后，由于底圆半径和高度已设置，因此顶圆半径自动可计算出。同理，设定顶圆半径后，由于底圆半径和高度已设置，所以母线与底面的夹角可自动计算出。本例中设置顶部半径为 5.0。

04 在"扫描角度"选项组中的"起始"和"结束"文本框中输入 0 和 360，设定圆锥体的起始角度和结束角度。

05 单击"轴向"选项组中的"X""Y""Z"单选按钮或指定一条直线，也可以指定两点作为圆锥体的轴线，以确定圆锥体位置的参数。本例设置轴向为 Z 轴，如图 4-19 所示。

06 所有参数设置完成后，单击"确定"按钮 ✅，系统自动完成圆锥体的创建。

4.2.7　立方体的创建

例 4-7　创建如图 4-20 所示的立方体。

网盘 \ 视频教学 \ 第 4 章 \ 立方体 . MP4

操作步骤如下：

01 单击"实体"选项卡"基本实体"面板中的"立方体"按钮 ◆，系统弹出"基本立方体"对话框，如图 4-21 所示。该对话框用于定义立方体形状和位置的全部参数，系统同时提示"选择立方体的基准点位置"，则在绘图区选择一点，作为立方体底面的基点。

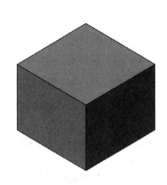

图 4-20　立方体

图 4-21　"基本 立方体"对话框

02　在"尺寸"选项组中的"长度""宽度"和"高度"文本框中输入 100.0、100.0 和 80.0，设置立方体的长、宽、高，这是立方体的形状参数。

03　"旋转角度"文本框可以设置立方体绕中心轴旋转的角度。

04　"基准点"用于选择定位方式。立方体底面为一矩形，此矩形有 9 个特征点，用户可以选择其中的一个作为立方体定位的基准点。本例设底面中心点为基准点。

05　"方向"选项组用于选择拉伸方向。本例设置轴向为 Z 轴，如图 4-21 所示。

06　单击"确定"按钮 ✔，系统自动完成立方体的创建。

4.2.8　球体的创建

例 4-8　创建如图 4-22 所示的球体。

参见
网盘

网盘 \ 视频教学 \ 第 4 章 \ 球体 . MP4

操作步骤如下：

01　单击"实体"选项卡"基本实体"面板中的"球体"按钮 ●，系统弹出"基本球体"对话框，如图 4-23 所示。该对话框用于定义球体形状和位置的全部参数。系统同时提示"选择球体的基准点位置"，则在绘图区选择一点，作为球体的中心。

02　在"半径"文本框中输入 30.0，设置球体的半径，这是球体的唯一形状参数。

图 4-22　球体　　　　　　　　图 4-23　"基本 球体"对话框

03 在"扫描角度"中的"起始"和"结束"文本框中输入 0.0 和 270.0，设置起始角度与结束角度。

04 确定旋转中心线。本例设置轴向为 Z 轴，如图 4-23 所示。

05 单击"确定"按钮 ●，系统自动完成球体的创建。

4.2.9 圆环体的创建

例 4-9 创建如图 4-24 所示的圆环体。

网盘 \ 视频教学 \ 第 4 章 \ 圆环体 . MP4

操作步骤如下：

01 单击"实体"选项卡"基本实体"面板中的"圆环"按钮 ●，系统弹出"基本圆环体"对话框，如图 4-25 所示。该对话框用于定义圆环体形状和位置的全部参数，系统同时提示"选择圆环体的基准点位置"，则在绘图区选择一点，作为圆环体的中心。

02 在"半径"选项组中的"大径"和"小径"文本框中输入 50.0 和 30.0，设置圆环体的圆环中心线半径和圆环截面圆的半径，这是圆环体的形状参数。

03 在"扫描角度"中的"起始"和"结束"文本框中输入 0 和 360，设置起始角度与结束角度。

04 确定旋转中心线。本例设置轴向为 Z 轴，如图 4-25 所示。

05 单击"确定"按钮 ●，系统自动完成圆环体的创建。

图 4-24　圆环体　　　　　　　　图 4-25　"基本 圆环体"对话框

4.3　三维实体的编辑

实体的编辑是在创建实体的基础上修改三维实体模型，它包括"实体倒圆角""实体倒角""实体修剪"及实体间的"布尔运算"等操作，如图 4-26 所示。

图 4-26　实体的编辑菜单

📖 4.3.1　实体倒圆角

实体倒圆角是在实体的两个相邻的边界之间生成圆滑的过渡。Mastercam 2023 可以用"固定半径倒圆角""面与面倒圆角"和"变化倒圆角"三种形式对实体边界进行倒圆角。实体倒圆的操作步骤如下：

1. 固定半径倒圆角

固定半径倒圆角指沿边缘、面或主体创建的圆角半径不变。

01　单击"实体"选项卡"修剪"面板中的"固定半径倒圆角"按钮■。

02　系统弹出"实体选择"对话框。该对话框中有三种选择方式，分别为"边缘"选择、"面"选择和"主体"选择，根据系统的提示在绘图区选择 3 条棱边作为创建倒圆角特征的对象，并单击对话框中的"确定"按钮 ✓ ，结束倒圆对象的选择。

03　系统弹出"固定圆角半径"对话框，设置半径为 12.0，勾选"沿切线边界扩展"

复选框，单击"确定并创建新操作"按钮 🔄，沿切线边界扩展的圆角创建完成。下面继续创建角落斜接的圆角。

04 在系统弹出的"实体选择"对话框中保持选项不变。根据系统的提示再次选择 3 条棱边作为创建倒圆角特征的对象，按 Enter 键结束选择。在"固定圆角半径"对话框中取消勾选"沿切线边界扩展"复选框，勾选"角落斜接"复选框，并单击该对话框中的"确定"按钮 ✓。角落斜接圆角完成。操作步骤如图 4-27 所示。

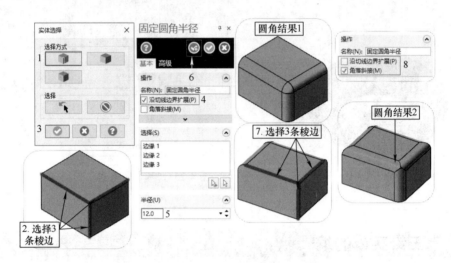

图 4-27　固定半径倒圆角操作步骤

"固定圆角半径"对话框中各选项的含义如下：

1)"名称"：实体倒圆角操作的名称。

2)"沿切线边界扩展"：选择该选项，倒圆角自动延长至棱边的相切处。

3)"角落斜接"：用于处理 3 个或 3 个以上棱边相交的顶点。选择该选项，顶点平滑处理；不选择该选项，顶点不平滑处理。

4)"半径"：在该文本框中输入数值，确定倒圆角的半径。

2. 面与面倒圆角

面与面倒圆角是在两组面集之间生成圆滑的过渡，面与面倒圆角的操作步骤如下：

01 单击"实体"选项卡"修剪"面板中的"面与面倒圆角"按钮 🔲。

02 系统弹出"实体选择"对话框。根据系统的提示在绘图区选择创建倒圆角特征的第一组面对象，单击对话框中的"确定"按钮 ✓；然后根据系统的提示在绘图区选择创建倒圆角特征的第二组面对象，单击对话框中的"确定"按钮 ✓，结束倒圆对象的选择。

03 系统弹出"面与面倒圆角"对话框，设置圆角"半径"为 20.0，并单击该对话框中的"确定"按钮 ✓。操作步骤如图 4-28 所示。

"面与面倒圆角"对话框中的选项和"固定半径倒圆角"对话框大同小异，所不同的是面倒圆角方式选项不同。面与面倒圆角有三种方式，即半径方式、宽度方式和控制线方式。

3. 变化倒圆角

变化倒圆角是圆角半径沿边缘、面或主体在所选点变化。变化倒圆角的操作步骤如下：

01 单击"实体"选项卡"修剪"面板中的"变化倒圆角"按钮 🔲。

02 系统弹出"实体选择"对话框。根据系统的提示在绘图区选择创建倒圆角特征的边界对象，然后单击对话框中的"确定"按钮 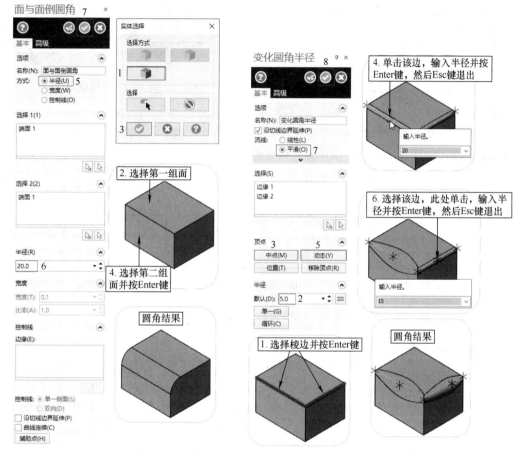，结束倒圆对象的选择。

03 系统弹出"变化圆角半径"对话框，设置相应的倒圆角参数，并单击该对话框中的"确定"按钮。操作步骤如图 4-29 所示。

图 4-28　面与面倒圆角操作步骤　　　　图 4-29　变化倒圆角操作步骤

"变化圆角半径"对话框中的各选项的含义：

1）"名称"：实体倒圆角操作的名称。

2）"沿切线边界延伸"：选择该选项，倒圆角自动延长至棱边的相切处。

3）"线性"：圆角半径采用线性变化。

4）"平滑"：圆角半径采用平滑变化。

5）"中点"：在选择边的中点插入半径点，并提示输入该点的半径值。

6）"动态"：在选择要倒角的边上移动光标来改变插入的位置。

7）"位置"：改变选择边上半径的位置，但不能改变端点和交点的位置。

8）"移除顶点"：移除端点间的半径点，但不能移除端点。

9）"单一"：在图形视窗中变更实体边界上单一半径值。

10）"循环"：循环显示各半径点，并可输入新的半径值以改变各半径点的半径。

4.3.2 实体倒角

实体倒角也是在实体的两个相邻的边界之间生成过渡，所不同的是，倒角过渡形式是直线过渡而不是圆滑过渡，如图 4-30 所示。

Mastercam 2023 提供了三种倒角的方法：

1）单一距离倒角：以单一距离的方式创建实体倒角，如图 4-31a 所示。

2）不同距离倒角：即以两种不同的距离的方式创建实体倒角，如图 4-31b 所示。单个距离倒角可以看作不同距离倒角方式两个距离值相同的特例。

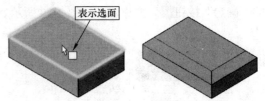

图 4-30　实体倒角

3）距离与角度倒角：即以一个距离和一个角度的方式创建一个倒角，如图 4-31c 所示。单个距离倒角可以看作距离 / 角度倒角方式角度为 45° 时特例。

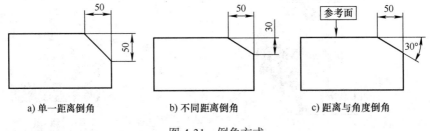

a) 单一距离倒角　　　　b) 不同距离倒角　　　　c) 距离与角度倒角

图 4-31　倒角方式

创建倒角的操作步骤如下：

01　根据需要，在"实体"选项卡"修剪"面板"单一距离倒角"下拉菜单中选择一种倒角类型。

02　系统弹出"实体选择"对话框。根据系统的提示在绘图区选择立方体的上表面（可以为整个实体、实体面或实体某些边），单击"实体选择"对话框中的"确定"按钮 ✅ 。

03　系统弹出"单一距离倒角"对话框，如图 4-32 所示。设置倒角"距离"为 15.0，并单击该对话框中的"确定"按钮 ✅ 。

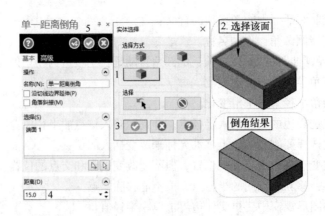

图 4-32　"单一距离倒角"对话框

4.3.3 实体抽壳

实体抽壳可以将实体内部挖空。如果选择实体上的一个或多个面，则将选择的面作为实体造型的开口，而没有被选择为开口的其他面则以指定值产生厚度；如果选择整个实体，则系统将实体内部挖空，不会产生开口。

图 4-33 实体抽壳

例 4-10 创建如图 4-33 所示的实体抽壳。

 网盘 \ 视频教学 \ 第 4 章 \ 实体抽壳 . MP4

操作步骤如下：

01 单击快速访问工具栏中的"打开"按钮，在弹出的"打开"对话框中选择"源文件 \ 原始文件 \ 第 4 章 \ 例 4-10"。单击"实体"选项卡"修剪"面板中的"抽壳"按钮。

02 弹出"实体选择"对话框。根据系统提示在绘图区选择实体的上表面为要开口的面，单击"实体选择"对话框中的"确定"按钮 。

03 系统弹出"抽壳"对话框。单击"方向"选项组中的"两端"单选按钮，在"方向 1（1）"和"方向 2（2）"文本框中输入 10.0，然后单击该对话框中的"确定"按钮 。操作步骤如图 4-34 所示。

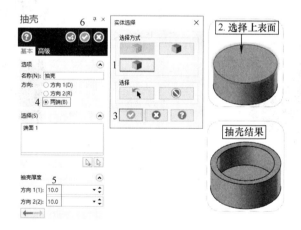

图 4-34 抽壳操作步骤

"抽壳"命令的选择对象可以是面或体。当选择面时，系统将面所在的实体进行抽壳处理，并在选择面的地方有开口；当选择实体时，系统将实体挖空且没有开口。选择面进行实体抽壳操作时，可以选择多个开口面，但抽壳厚度是相同的，不能单独定义不同的面具有不同的抽壳厚度。

4.3.4 修剪到曲面 / 薄片

修剪到曲面 / 薄片是使用平面、曲面或薄壁实体对实体进行切割，从而将实体一分为二。既可以保留切割实体的一部分，也可以两部分都保留。

例 4-11　创建如图 4-35 所示的修剪实体。

网盘\视频教学\第 4 章\实体修剪.MP4

操作步骤如下：

01 单击快速访问工具栏中的"打开"按钮，在弹出的"打开"对话框中选择"源文件\原始文件\第 4 章\例 4-11"。单击"实体"选项卡"修剪"面板中的"修剪到曲面/薄片"按钮 。

02 根据系统的提示在绘图区选择圆柱体为要修剪的主体，如果绘图区只有一个实体则可不用选择，直接按 Enter 键即可。

03 然后在绘图区选择曲面为修剪平面（曲面或薄壁实体）。

04 系统弹出"修剪到曲面/薄片"对话框，并单击该对话框中的"确定"按钮 。操作步骤如图 4-36 所示。

图 4-35　修剪实体

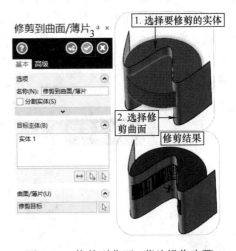

图 4-36　修剪到曲面/薄片操作步骤

4.3.5　薄片加厚

薄片是没有厚度的实体，该功能可以将薄片赋予一定的厚度。

例 4-12　创建如图 4-37 所示的薄片加厚。

图 4-37　薄片加厚

网盘\视频教学\第 4 章\薄片加厚.MP4

操作步骤如下：

01 单击快速访问工具栏中的"打开"按钮 ，在弹出的"打开"对话框中选择"源文件\原始文件\第 4 章\例 4-12"文件。单击"实体"选项卡"修剪"面板中的"薄片加厚"按钮 ，选择要加厚的薄片。

02 系统弹出"加厚"对话框，在对话框中选择加厚方向为"方向2"，输入加厚尺寸为4.0。

03 单击"加厚"对话框中的"确定"按钮，操作步骤如图4-38所示。

📖 4.3.6 移除实体面

移除实体面可以将实体或薄片上的一个面删除。被删除实体面的实体会转换为薄片，该功能常用于将有问题或需要设计变更的面删除。

例 4-13 移除实体面。

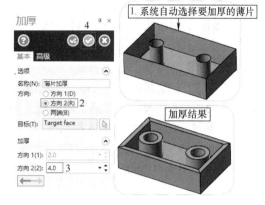

图 4-38 薄片加厚操作步骤

网盘 \ 视频教学 \ 第 4 章 \ 移除实体面 . MP4

操作步骤如下：

01 单击快速访问工具栏中的"打开"按钮📂，在弹出的"打开"对话框中选择"源文件\原始文件\第4章\例4-13"文件。单击"模型准备"选项卡"修剪"面板中的"移除实体面"按钮📦。

02 系统弹出"实体选择"对话框。根据系统提示在绘图区选择实体上表面为需要移除的面，然后单击"实体选择"对话框中的"确定"按钮 ✓。

03 系统弹出"发现实体历史记录"对话框，单击"移除历史记录"按钮，系统弹出"移除实体面"对话框。单击"原始实体"选项组中的"删除"单选按钮，单击对话框中的"确定"按钮✓，完成操作，如图4-39所示。

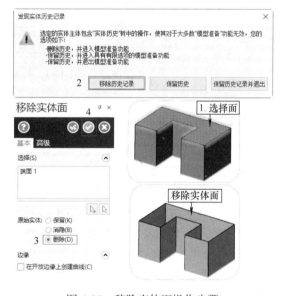

图 4-39 移除实体面操作步骤

📖 4.3.7 移动实体面

此命令与拔模操作相似，即将实体的某个面绕旋转轴旋转指定的角度，如图4-40所示。旋转轴可能是牵引面与表面(或平面)的交线，也可能是指定的边界。实体表面倾斜后，有利于实体脱模。

例 4-14 创建如图4-40所示的移动实体面。

图 4-40 移动实体面

网盘 \ 视频教学 \ 第 4 章 \ 牵引实体面 . MP4

操作步骤如下：

01 单击快速访问工具栏中的"打开"按钮 ，在弹出的"打开"对话框中选择"源文件 \ 原始文件 \ 第 4 章 \ 例 4-14"文件。单击"模型准备"选项卡"建模编辑"面板中的"移动"按钮 。

02 在绘图区选择实体的前侧面为要移动的实体表面，并按 Enter 键。

03 系统弹出"移动"对话框。单击对话框"类型"中的"移动"单选按钮，在绘图区拾取要移动的坐标轴，输入移动距离 30，并按 Enter 键；再在绘图区拾取要旋转的方向，输入旋转角度为 −15°，并按 Enter 键。单击"移动"对话框中的"确定"按钮 ，则系统完成移动操作，如图 4-41 所示。

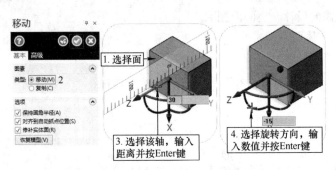

图 4-41　移动实体面操作步骤

4.3.8　布尔运算

布尔运算是利用两个或多个已有实体通过求和、求差和求交运算组合成新的实体并删除原有实体。

单击"实体"选项卡"创建"面板中的"布尔运算"按钮 ，系统弹出"布尔运算"对话框，如图 4-42 所示。

相关布尔操作主要包括 3 项，即结合（求和运算）、切割（求差运算）、交集（求交运算）。布尔求和运算是将工具实体的材料加入到目标实体中构建一个新实体，如图 4-43a 所示；布尔求差运算是在目标实体中减去与各工具实体公共部分的材料后构建一个新实体，如图 4-43b 所示；布尔求交运算是将目标实体与各工具实体的公共部分组合成新实体，如图 4-43c 所示。

图 4-42　"布尔运算"对话框

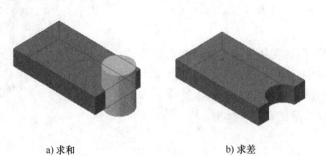

a）求和　　　　　　　　b）求差　　　　　　c）求交

图 4-43　布尔操作

4.4 综合实例——轴承盖

通过以上的学习，已经掌握了三维设计的基本方法，本节将通过轴承盖的三维建模操作来实际运用所学知识。

创建如图4-44所示的轴承盖。

参见网盘	网盘\视频教学\第4章\轴承盖.MP4

操作步骤如下：

01 创建矩形。单击"视图"选项卡"屏幕视图"面板中的"俯视图"按钮，设置视图面为俯视图；然后在状态栏中设置"绘图平面"为"俯视图"，并以此面为绘图平面绘制矩形，矩形的宽度为200、高度为120，绘图中心点坐标为（0，0，0）。

02 拉伸实体。单击"实体"选项卡"创建"面板中的"拉伸"按钮，将绘制的矩形拉伸20，创建长方体。

03 着色面。单击"视图"选项卡"屏幕视图"面板中的"等视图"按钮，然后框选拉伸的长方体。单击"主页"选项卡"属性"面板中的"实体颜色"下三角按钮，在弹出的调色板中选择合适的颜色，着色后如图4-45所示。

图4-44 轴承盖

图4-45 拉伸创建长方体

04 设置第2层为当前图层。打开"层别"管理器对话框，单击"新建层"按钮，创建层别2，并将其设为当前图层。

05 创建圆柱体。单击"实体"选项卡"基本实体"面板中的"圆柱"按钮，圆柱体的中心基点放在长方体底面后方的中点（即矩形后侧长边的中点），设置"轴心"方向为"Y"，设置圆柱形的高度为120，半径为55创建大圆柱体，如图4-46所示。

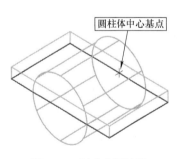

图4-46 创建大圆柱体

06 创建另一小圆柱体。单击"实体"选项卡"基本实体"面板中的"圆柱"按钮，小圆柱体的中心基点与大圆柱体的中心基点相同。圆柱体的高度为150，半径为45，创建小圆柱体，如图4-47所示。创建小圆柱体的目的是通过实体布尔移除运算来创建轴承孔。

07 合并实体。单击"实体"选项卡"创建"面板中的"布尔运算"按钮，弹出"布尔运算"对话框。选择大圆柱体为目标主体，然后单击"工具主体"选项组中的"选择"按钮 ，弹出"实体选择"对话框。选择长方体为工具主体，单击"实体选择"对话框中的"确定"按钮 。在"类型"组中单击"结合"单选按钮，将两者结合。必须先选择圆柱体，再选择长方体，因为实体要在图层 2 上。

08 切割实体。同理，对大圆柱体和小圆柱体执行"布尔运算"→"切割"命令，创建轴承孔，如图 4-48 所示。

图 4-47 创建小圆柱体

图 4-48 创建轴承孔

09 修剪实体，利用平面修剪下半边圆柱。单击"实体"选项卡"修剪"面板中的"修剪到平面"按钮 ，系统弹出"修剪到平面"对话框。根据系统提示选择模型为要修建的主体。单击"平面"选项组中的"选择命名平面"按钮 ，弹出"平面选择"对话框，如图 4-49 所示。在该对话框中选择"俯视图"选项，这时在视图中出现坐标轴，如图 4-50 所示。单击"平面选择"对话框中的"确定"按钮 ，此时应注意箭头向上，最后单击"修剪到平面"对话框中的"确定"按钮 ，完成修剪，如图 4-51 所示。

图 4-49 "平面选择"对话框

图 4-50 修剪坐标轴

10 重新计算实体。由于轴承座壁厚显得略为单薄，所以打开"实体"管理器，对小圆柱体的半径进行修改，修改后的半径为 40.0。接下来单击"实体"管理器中的"重新生成"按钮 ，重新生成实体，操作步骤如图 4-52 所示。

11 绘制螺栓孔。螺栓孔是通过布尔移除得到的，因此先在轴承盖原矩形底面绘制圆形。圆形的中心点坐标为（-80，-40，0），半径为 10，如图 4-53 所示；然后单击"转换"选项卡"位置"面板中的"平移"按钮 ，将绘制的圆平移，

图 4-51 修剪轴承盖

平移方向为 Y 向，距离 80，如图 4-54 所示。单击"转换"选项卡"位置"面板中的"镜像"按钮，镜像出另外两个圆形（镜像轴为 Y 轴），如图 4-55 所示。单击"实体"选项卡"创建"面板中的"拉伸"按钮，选择刚建立的 4 个圆形，设置拉伸高度为 50，方向为 Z 向，如图 4-56 所示。

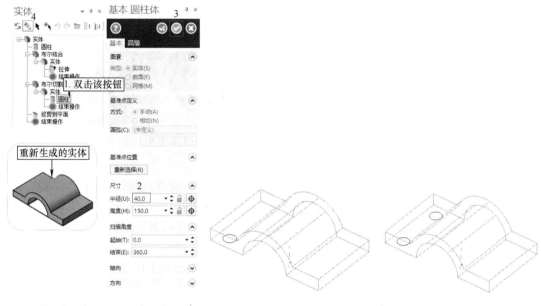

图 4-52　修改内壁厚度操作步骤　　　图 4-53　绘制圆形　　　图 4-54　平移复制圆形

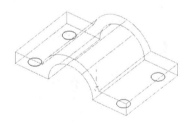

图 4-55　镜像圆形　　　　　图 4-56　拉伸创建圆柱体

（12）　移除实体。将轴承盖整体与 4 个小圆柱体进行布尔移除运算，创建螺栓孔，如图 4-57 所示。

（13）　倒圆角。单击"实体"选项卡"修剪"面板中的"固定半径倒圆角"按钮，对轴承盖的 4 个棱边倒圆角，圆角的半径为 20，得到的图形如图 4-58 所示。

图 4-57　创建螺栓孔　　　　　图 4-58　棱边倒圆角

14 倒斜角。单击"实体"选项卡"修剪"面板中的"单一距离倒角"按钮🔩，对轴承孔内孔倒 2×2 的斜角，得到的图形如图 4-59 所示。

15 创建顶部凸台。顶部凸台为一圆柱体，单击"实体"选项卡"基本实体"面板中的"圆柱"按钮，设置圆柱体中心基点坐标为（0，0，0），半径为 20，高度为 65，轴向为 Z 向，绘制出的图形如图 4-60 所示。

图 4-59　轴承孔内孔倒角　　　　　　　图 4-60　创建顶部凸台

16 修剪轴承孔内部的凸台。新建图层 3 并将当前图层设置为图层 3。单击"曲面"选项卡"创建"面板中的"由实体生成曲面"按钮📦，将轴承孔内表面生成曲面，接着单击"实体"选项卡"修剪"面板"依照平面修剪"下拉菜单中的"修剪到曲面/薄片"按钮🗑️，以轴承内表面曲面为边界修剪凸台伸入轴承孔中的部分，如图 4-61 所示。

17 合并实体。将当前图层设置为图层 2，对凸台与轴承盖主体进行布尔结合运算。

18 创建凸台圆孔。单击"实体"选项卡"基本实体"面板中的"圆柱"按钮🗑️，设置圆柱体中心基点坐标为（0，0，0），半径为 10.1，高度为 80，轴向为 Z 向，结果如图 4-62 所示，接着利用布尔切割运算创建出凸台上的圆孔，如图 4-63 所示。

图 4-61　修剪凸台　　　　　　　　　　图 4-62　创建圆柱体

19 创建凸台螺纹孔。轴承盖上的凸台是用来注油润滑的，因此凸台内孔要有螺塞或油杯的螺纹配合，所以内孔要绘制螺纹。螺纹用扫描的方法绘制，螺纹参数为普通粗牙螺纹、公称直径为 24、螺距为 3，牙形角为 60°。

❶ 将当前图层设置为图层 1。单击"视图"选项卡"屏幕视图"面板中的"前视图"按钮🗑️，设置视图面为前视图；然后在状态栏中设置"绘图平面"为"前视图"，并以此面为绘图平面绘制图形，在任意位置绘制边长为 3 的等边三角形，如图 4-64 所示。

❷ 将"绘图平面"改为"俯视图"，将视角平面改为等角视图，创建螺旋线。单击"线框"选项卡"形状"面板中"矩形"下拉菜单中的"螺旋（锥度）"按钮，弹出"螺旋"对话框。设置螺旋线的"半径"为 10.0，"间距"为 3.0，"圈数"为 23.0，螺旋线的中心位置坐标为（0，0，0），如图 4-65 所示。

图 4-63 创建凸台上的圆孔　　　　　　　　　　图 4-64 绘制等边三角形

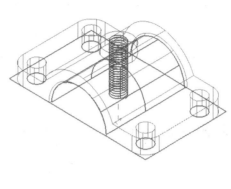

图 4-65 绘制螺旋线

❸ 将当前图层设置为图层 2。将等边三角形竖直边的中点移至上螺旋线起点，如图 4-66 所示。

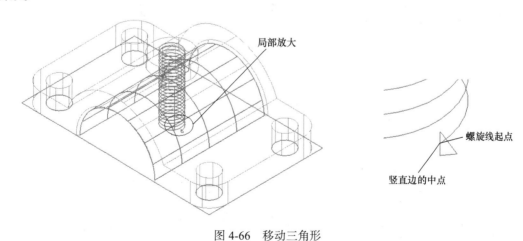

图 4-66 移动三角形

❹ 单击"实体"选项卡"创建"面板中的"扫描"按钮，扫描绘制螺纹实体，如图 4-67 所示。

❺对轴承盖主体与螺纹进行布尔移除运算。勾选"布尔运算"对话框中的"非关联实体"复选框，然后取消勾选"保留原始工件实体"和"保留原始目标实体"复选框，表示不保留原实体，进行布尔运算。经剖切后，绘制出的内螺纹如图 4-68 所示。

图 4-67　扫描绘制螺纹实体

图 4-68　绘制出的内螺纹

> **提示**
>
> 本例绘制的螺纹是简化螺纹，如牙尖、牙根都未经过修整。但是，这主要是为了图形表达而已，在 Mastercam 2023 加工中，仅选取刀具和刀具轨迹就可加工出实际的螺纹。

4.5　思考与练习

1. Mastercam 2023 操作系统中 7 种常用的构图面是什么？
2. 创建实体的方法有哪些？
3. 实体管理器中有哪些功能？修改实体参数后，如何生成新图形？
4. 实体抽壳和移动实体表面两个命令的操作结果是否相同，请通过操作，说出不同点。
5. 创建举升实体时，可能会发生扭曲现象，如何避免？

4.6　上机操作与指导

1. 根据图 4-69 所示，在 Mastercam 2023 软件中创建活塞三维实体（提示：利用旋转实体命令）。

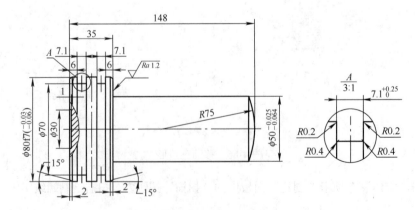

图 4-69　创建活塞三维实体

2. 根据图 4-70 所示，创建止动垫圈三维实体，要求通过一个命令创建出 8 个孔。

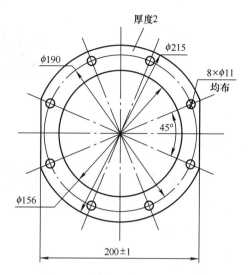

图 4-70 创建止动垫圈三维实体

第5章

曲面、曲线的创建与编辑

曲面、曲线是构成模型的重要手段和工具。Mastercam 软件的曲面、曲线功能灵活多样，不仅可以生成基本的曲面，而且能创建复杂的曲线、曲面。本章重点讲解了基本三维曲面的创建；通过对二维图素进行拉伸、旋转、扫描等操作来创建曲面；空间曲线的创建及曲面的编辑。

知识重点

☑ 曲面的创建 ☑ 曲面与实体的转换
☑ 曲面的编辑 ☑ 空间曲线的创建

5.1 基本曲面的创建

所谓曲面，是以数学方程式来表达物体的形状。通常一个曲面包含许多断面（sections）和缀面（patches），将它们熔接在一起即可形成完整曲面。因为现代计算机计算能力的迅速增强及新曲面模型技术的应用开发，现在已经能够精确完整地描述复杂工件的外形。另外，也可以看到较复杂的工件外形是由多个曲面相互结合而构成的，这样的曲面模型一般称为"复合曲面"。

目前，可以用数学方程式计算得到的常用曲面有以下几种。

1. 网格曲面

网格曲面也常被称为昆氏缀面，单一网格缀面是以 4 个高阶曲线为边界所熔接而成的曲面缀面。至于多个网格所构成的昆氏曲面则是由数个独立的缀面很平顺地熔接在一起而得到的。其优点是穿过线结构曲线或数字化的点数据而能够形成精确的平滑化曲面，也就是说，曲面必须穿过全部的控制点。缺点则是当要修改曲面的外形时，就需要修改控制的高阶边界曲线。

2. Bezier 曲面

Bezier 曲面是通过熔接全部相连的直线和网状的控制点所形成的缀面而创建出来的。多个缀面的 Bezier 曲面的成形方式与昆氏曲面类似，它可以把个别独立的 Bezier 曲面很平滑地熔接在一起。

使用 Bezier 曲面的优点是可以操控调整曲面上的控制点来改变曲面的形状，缺点是整个曲面会因为使用者拉动某一个控制点而改变。这种情况下将会使用户依照断面外形去创建近似的曲面变得相当困难。

3. B-spline 曲面

B-spline 曲面具有昆氏曲面和 Bezier 曲面的重要特性，它类似于昆氏曲面。B-spline 曲面可以由一组断面曲线来形成，它有点像 Bezier 曲面，也具有控制点，并可以操控控制点来改变曲面的形状。B-spline 曲面可以拥有多个缀面，并且可以保证相邻缀面的连续性（没有控制点被移动）。

使用 B-spline 曲面的缺点是原始的基本曲面，如圆柱、球面体、圆锥等，都不能很精确地呈现，这些曲面仅能以近似的方式来显示，因此当这些曲面被加工时将会产生尺寸上的误差。

4. NURBS 曲面

NURBS 曲面是 non-uniform rational b-spline 的缩写。所谓有理化（rational）曲面是曲面上的每一个点都有权重的考虑。NURBS 曲面属于 rational 曲面，并且具有 B-Spline 曲面所具有的全部特性，同时具有控制点权重的特性。当权重为一个常数时，NURBS 曲面就是一个 B-Spline 曲面。

NURBS 曲面克服了 B-Spline 曲面在基本曲面模型上所碰到的问题，如圆柱、球面体、圆锥等实体都能很精确地以 NURBS 曲面来显示，可以说 NURBS 曲面技术是现在最新的曲面数学化方程式。截止到目前，NURBS 曲面是 CAD/CAM 软件公认的最理想造型工具，许多软件都使用它来构造曲面模型。

图 5-1 "基本 圆柱体"对话框

5.1.1 圆柱曲面的创建

单击"曲面"选项卡"基本曲面"面板中的"圆柱"按钮，系统弹出"基本 圆柱体"对话框，如图 5-1 所示。设置相应的参数后，单击该对话框中的"确定"按钮，即可在绘图区创建圆柱曲面。"基本 圆柱体"对话框中各选项的含义如下：

1）"类型"选项组：选择该选项组中的"实体"单选按钮，则创建的是三维圆柱实体，而选择"曲面"单选按钮，则创建的是三维圆柱曲面。

2）"基准点定义 / 位置"选项组：用于设置圆柱的基准点，基准点指圆柱底部的圆心。

3）"尺寸"选项组：用于设置圆柱的半径和高度，在"半径"文本框中输入数值，设置半径；在"高度"文本框中输入数值，设置高度。

4）"扫描角度"选项组：用于设置圆柱的开始和结束角度，在"起始"文本框中输入数值，设置起始角度；在"结束"文本框中输入数值，设置"结束角度"，该选项可以创建不完整的圆柱面，如图 5-2 所示。

5）"轴向"选项组：用于设置圆柱的中心轴。既可以设置 X、Y 或 Z 轴为中心轴，也可以使用指定两点来创建中心轴。系统默认的是以 Z 轴方向为中心轴。

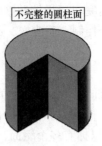

图 5-2 圆柱曲面

6）"方向"选项组：用于设置曲面的方向。

默认情况下，屏幕视角为"俯视图"，因此用户在屏幕上看到的只是一个圆，而不是圆柱。为了显示圆柱，可以将屏幕视角设置为"等视图"。

5.1.2 锥体曲面的创建

单击"曲面"选项卡"基本曲面"面板中的"锥体"按钮 ▲，系统弹出"基本 圆锥体"对话框，如图 5-3 所示。设置相应的参数后，单击该对话框中的"确定"按钮 ✓，即可在绘图区创建圆锥曲面。"基本 圆锥体"对话框中各选项的含义如下：

1）"基准点"选项组：用于设置圆锥体的基准点，基准点指圆锥体底部的圆心。

2）"基本半径"选项组：用于设置圆锥体底部半径。

3）"高度"选项组：用于设置圆锥曲面的高度。

4）"顶部"选项组：用于设置圆锥顶面的大小。既可以用指定锥角，也可以用指定顶面半径。锥角可以取正值、负值或零，对应的效果如图 5-4 所示，图中的底面半径、高度均相同。要得到顶尖的圆锥，可以将顶面半径设置为 0 即可。

5）"扫描角度"选项组：用于设置圆锥的起始和终止角度，在"起始"文本框中输入数值，设置开始角度；在"结束"文本框中输入数值，设置结束角度，该选项可以创建不完整的圆锥曲。

图 5-3 "基本 圆锥体"对话框

锥角为15°   锥角为-15°   锥角为0°

图 5-4 不同锥角的圆锥曲面

6）"轴向"选项组：用于设置圆锥的中心轴。既可以设置 X、Y 或 Z 轴为中心轴，也可以指定两点来创建中心轴。系统默认的是以 Z 轴方向为中心轴。

5.1.3 立方体曲面的创建

"单击"曲面选项卡"基本曲面"面板中的"立方体"按钮，系统会弹出"基本 立方体"对话框，如图 5-5 所示。设置相应的参数后，单击该对话框中的"确定"按钮，即可在绘图区创建立方体曲面。"基本 立方体"对话框中各选项的含义如下：

1）"基准点"选项组：用于设置立方体基准点，即立方体的特征点，具体位置由"原点"选项组设置。用户可以单击其中的"重新选择"按钮修改该基准点。

2）"尺寸"选项组：用于设置立方体的长度、宽度和高度，在"长度"文本框中输入数值，用于设置立方体的长度；在"宽度"文本框中输入数值，用于设置立方体的宽度；在"高度"文本框中输入数值，用于设置立方体的高。

3）"旋转角度"选项组：利用该文本框可以设置立方体绕中心轴旋转的角度。

4）"轴向"选项组：用于设置立方体的中心轴。既可以设置 X、Y 或 Z 轴为中心轴，也可以指定两点来创建中心轴。系统默认的是以 Z 轴方向为中心轴。

5.1.4 球面的创建

"单击"曲面选项卡"基本曲面"面板中的"球体"按钮，系统会弹出"基本 球体"对话框，如图 5-6 所示。设置相应的参数后，单击该对话框中的"确定"按钮，即可在绘图区创建球面。"基本 球体"对话框中各选项的含义如下：

"基准点"选项组和"半径"选项组：用于设置球面的基准点、半径，其中球面的基准点指球面的球心，如图 5-7a 所示。用户既可以单击其中的"重新选择"按钮或按钮，在绘图区手工设置球面的基准点、半径，也可以通过文本框直接输入半径的数值。

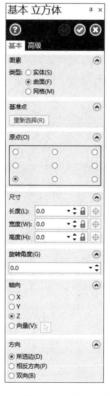

图 5-5 "基本 立方体"对话框 图 5-6 "基本 球体"对话框

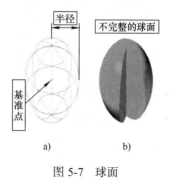

a) b)

图 5-7 球面

同圆柱曲面、锥体曲面类似，可以通过"扫描角度"组创建不完整的球面，如图 5-7b 所示。

5.1.5 圆环面的创建

单击"曲面"选项卡"基本曲面"面板中的"圆环体"按钮 ，系统弹出"基本 圆环体"对话框，如图 5-8 所示。设置相应的参数后，单击该对话框中的"确定"按钮 ✓，即可在绘图区创建圆环曲面。"基本 圆环体"对话框中各选项的含义如下：

"基准点"选项组和"半径"选项组：分别用于设置圆环曲面的基准点、圆环半径、圆管半径，其中圆环的基准点指圆环底部的圆心。

同样，通过"扫描角度"组可以设置圆环的起始和结束角度，从而创建不完整的圆环曲面，如图 5-9 所示。

图 5-8 "基本 圆环体"对话框

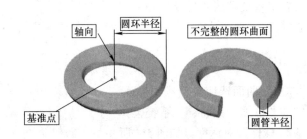

图 5-9 圆环曲面

5.2 高级曲面的创建

Mastercam 不仅提供了创建基本曲面的功能，而且还允许由基本图素构成的一个封闭或开放的二维实体通过拉伸、旋转、举升等命令创建复杂曲面。

5.2.1 直纹 / 举升曲面的创建

用户可以将多个截面按照一定的算法顺序连接起来形成曲面，如图 5-10a 所示；若每个截面外形之间用曲线相连，则称为举升曲面，如图 5-10b 所示；若每个截面外形之间用直线相连，则称为直纹曲面，如图 5-10c 所示。

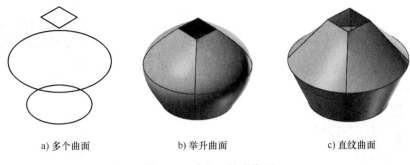

a) 多个曲面　　　　　　b) 举升曲面　　　　　　c) 直纹曲面

图 5-10　直纹 / 举升曲面

在 Mastercam 2023 中，创建直纹曲面和举升曲面由同一命令来执行，其操作步骤如下。

01　单击"曲面"选项卡"创建"面板中的"举升"按钮。

02　弹出"线框串连"对话框，在绘图区选择作为截面外形的数个串连。

03　系统弹出"直纹 / 举升曲面"对话框，如图 5-11 所示。在该对话框中设置相应的参数后，单击"确定"按钮。

值得注意的是，无论是直纹曲面还是举升曲面，创建时必须注意图素的外形起始点是否相对，否则会产生扭曲的曲面，同时全部外形的串连方向必须朝向一致，否则容易产生错误的曲面。

5.2.2　旋转曲面的创建

创建旋转曲面是将外形曲线沿着一条旋转轴旋转而产生的曲面，外形曲线的构成图素可以是直线、圆弧等图素串连而成的。在创建该类曲面时，必须保证在生成曲面之前首先分别绘制出母线和轴线。

例 5-1　创建如图 5-12 所示的旋转曲面。

图 5-11　"直纹 / 举升曲面"对话框

 参见网盘　网盘 \ 视频教学 \ 第 5 章 \ 创建旋转曲面 . MP4

操作步骤如下：

01　单击快速访问工具栏中的"打开"按钮，在弹出的"打开"对话框中选择"源文件 \ 原始文件 \ 第 5 章 \ 例 5-1。单击"曲面"选项卡"创建"面板中的"旋转"按钮。

02　系统弹出"线框串连"对话框，同时系统提示"选择轮廓曲线 1"，然后在绘图区选择轮廓曲线，单击对话框中的"确定"按钮，系统提示"选择旋转轴"，在绘图区选择图 5-13 所示的直线作为旋转轴。

03　系统弹出"旋转曲面"对话框，如图 5-13 所示。设置"起始"为 0.0，"结束"为 360.0，单击"确定"按钮，创建的旋转曲面如图 5-12 所示。

如果不需要旋转一周，可以在"起始"和"结束"文本框输入指定的值，并在旋转时指定旋转方向即可。

图 5-12 旋转曲面

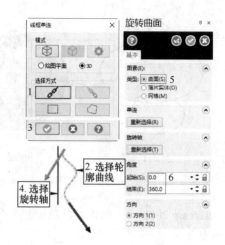

图 5-13 "旋转曲面"对话框

5.2.3 补正曲面的创建

补正曲面是将选定的曲面沿着其法线方向移动一定距离。与平面图形的偏置一样，"补正"命令在移动曲面的同时，也可以复制曲面。

例 5-2 创建补正曲面。

 网盘 \ 视频教学 \ 第 5 章 \ 创建补正曲面 . MP4

操作步骤如下：

01 单击快速访问工具栏中的"打开"按钮，在弹出的"打开"对话框中选择"源文件 \ 原始文件 \ 第 5 章\例5-2。单击"曲面"选项卡"创建"面板中的"补正"按钮，系统提示"选择要补正的曲面"。

02 在绘图区选择曲面为要补正的曲面，单击"结束选择"按钮。

03 系统弹出"曲面补正"对话框，设置"补正距离"为 20.0，单击"确定"按钮，创建补正曲面。操作步骤如图 5-14 所示。

5.2.4 扫描曲面的创建

扫描曲面是用一条截面线沿着轨迹移动所产生的曲面。截面和线框既可以是封闭的，也可以是开式的。

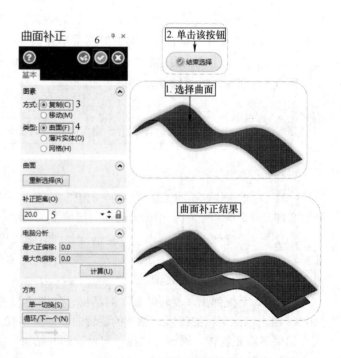

图 5-14 曲面补正操作步骤

按照截面外形和轨迹的数量，扫描操作可以分为两种情形，第一种是轨迹线为一条，而截面外形为一条或多条，系统会自动进行平滑的过渡处理；另一种是截面外形为一条，而轨迹线为一条或两条。

例 5-3　创建扫描曲面。

 网盘 \ 视频教学 \ 第 5 章 \ 创建扫描曲面 . MP4

操作步骤如下：

01　单击快速访问工具栏中的"打开"按钮，在弹出的"打开"对话框中选择"源文件 \ 原始文件 \ 第 5 章 \ 例 5-3。单击"曲面"选项卡"创建"面板中的"扫描"按钮✎，系统弹出"线框串连"对话框，同时系统提示"扫描曲面：定义 截断外形"。

02　在绘图区选择圆弧为扫描轮廓线，单击对话框中的"确定"按钮 ☑ 。系统提示"扫描曲面：定义 截面方向串连 2"，选择两直线为扫描轨迹线，如图 5-15 所示，然后单击对话框中的"确定"按钮 ☑ 。

03　系统弹出"扫描曲面"对话框。在该对话框中选择"两条导轨线"选项，单击"确定"按钮 ☑，完成扫描曲面的创建。

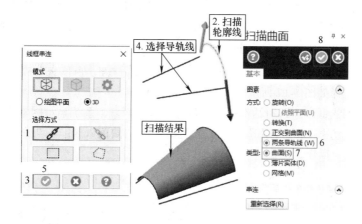

图 5-15　扫描曲面操作步骤

5.2.5　网格曲面的创建

网格曲面是直接利用封闭的图素生成的曲面。如图 5-16a 所示，可以将 *AD* 曲线看作是起始图素，*BC* 曲线看作是终止图素，*AB*、*DC* 曲线看作是轨迹图素，即可得到如图 5-16b 所示的网格曲面。

构成网格曲面的图素可以是点、线或截面外形。由多个单位网格曲面按行列式排列可以组成多单位的高级网格曲面。构建网格曲面有三种方式：

1）引导方向：将曲面的 Z 深度设置为引导曲线的 Z 深度。

2）截断方向：将曲面的 Z 深度设置为轮廓曲线的 Z 深度。

3）平均：将曲面的 Z 深度设置为引导曲线的 Z 深度和轮廓曲线的 Z 深度的平均值。

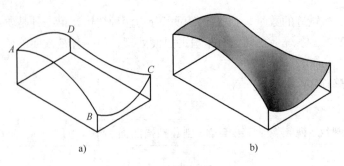

图 5-16　网格曲面

例 5-4　创建网格曲面。

 参见 网盘

> 网盘 \ 视频教学 \ 第 5 章 \ 创建网格曲面 . MP4

操作步骤如下：

01　单击快速访问工具栏中的"打开"按钮，在弹出的"打开"对话框中选择"源文件 \ 原始文件 \ 第 5 章 \ 例 5-4"。单击"曲面"选项卡"创建"面板中的"网格"按钮，系统弹出"平面修剪"对话框及"线框串连"对话框。此时"平面修剪"对话框中的选择项为"引导方向"，也称为走刀方向，表示曲面的深度由引导线来确定。也就是说，曲面通过所有的引导线，也可以由截断方向或平均值来确定曲线的深度。

02　单击"线框串连"对话框中的"单体"按钮，再依次选择引导方向的曲线。

03　依次选择如图 5-17 所示的截断曲线。

04　单击"线框串连"对话框中的"确定"按钮，系统显示网格曲面。

05　选择"方式"为"引导方向"，"类型"为"曲面"。单击"平面修剪"面板中的"确定"按钮，完成操作，操作步骤如图 5-17 所示。

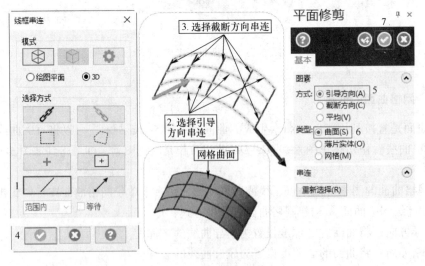

图 5-17　创建网格曲面

5.2.6 围篱曲面的创建

围篱曲面是通过曲面上的某一条曲线，生成与原曲面垂直或呈给定角度的直纹面。

操作步骤如下：

01 单击"曲面"选项卡"创建"面板中的"围篱"按钮，系统提示"选择曲面"，在绘图区选择曲面。

02 系统弹出"线框串连"对话框。在绘图区依次选择基面中的曲线，然后单击"线框串连"对话框中的"确定"按钮。

03 系统弹出"围篱曲面"对话框，如图 5-18 所示。设置相应的参数后，单击"确定"按钮，生成围篱曲面。

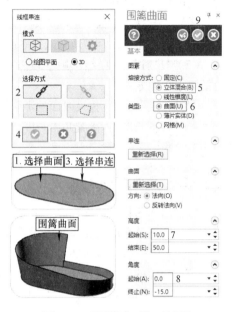

图 5-18 "围篱曲面"对话框

"围篱曲面"对话框中各选项的含义如下：

（1）"熔接方式"选项组 用于设置围篱曲面的熔接方式，包括以下三种方式：

1）"固定"：所有扫描线的高度和角度均一致，以起点数据为准。

2）"立体混合"：根据一种立方体的混合方式生成。

3）"线性锥度"：扫描线的高度和角度方向呈线性变化。

（2）"串连"选项组 用于选择交线。

（3）"曲面"选项组 用于选择曲面。

（4）"高度"选项组 用于分别设置曲面的开始和结束的高度。

（5）"角度"选项组 用于分别设置曲面的开始和结束的角度。

5.2.7 拔模曲面的创建

拔模曲面是将一串连的图素沿着指定方向拉出拔模曲面。该命令常用于构建截面形状一致或带起模斜度的模型。

例 5-5 创建拔模曲面。

 参见 网盘 网盘 \ 视频教学 \ 第 5 章 \ 拔模曲面 . MP4

操作步骤如下：

01 单击快速访问工具栏中的"打开"按钮，在弹出的"打开"对话框中选择"源文件 \ 原始文件 \ 第 5 章 \ 例 5-5。单击"曲面"选项卡"创建"面板中的"拔模"按钮。

02 弹出"线框串连"对话框。在绘图区选择圆为串连，单击该对话框中的"确定"按钮。

03 系统弹出"拔模曲面"对话框。在"尺寸"选项组中的"长度"文本框中设置长度为 50.0，在"角度"文本框中设置倾斜"角度"为 30.0，"方向"选择"两者"，勾选"分离拔模"复选框；然后单击"确定"按钮，结束拔模曲面的创建操作。操作步骤如图 5-19 所示。

"拔模曲面"对话框中各选项的含义如下：

（1）"图素"选项组　选择"长度"选项，则牵引的距离由牵引长度给出，此时长度、倾斜角度和锥角选项被激活；选择"平面"选项，则表示生成延伸至指定平面的牵引平面，此时锥角和选择平面选项被激活。

（2）"尺寸"选项组　用于设置拔模曲面的参数，包括以下 3 种方式：

1）"长度"：设置拔模曲面的牵引长度。

2）"行程长度"：设置倾斜长度。

3）"角度"：设置牵引角度。

5.2.8　拉伸曲面的创建

拉伸曲面与拔模曲面类似，也是将一个截面外形沿着指定方向移动而形成曲面，不同的是拉伸曲面增加了上下两个封闭平面。图 5-20 所示为拉伸曲面。

拉伸曲面的创建流程和拔模曲面大同小异，下面对"拉伸曲面"对话框（见图 5-21）中各选项的含义进行介绍。

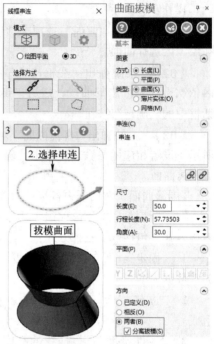

图 5-19　拔模曲面操作步骤

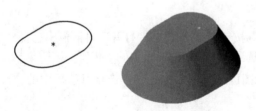

图 5-20　拉伸曲面　　　　　图 5-21　"拉伸曲面"对话框

（1）"串连"选项组　用于设置串连图素，重新定义拉伸曲面的曲线。

（2）"基准点"选项组　用于确定基准点。

（3）"尺寸"选项组　用于设置拉伸曲面的参数，包括以下 5 个参数：

1）"高度"：用于设置曲面高度。

2）"比例"：按照给定的条件对拉伸曲面整体进行缩放。

3）"旋转角度"：对生成的拉伸面进行旋转。

4）"偏移距离"：将拉伸曲面沿挤压垂直的方向进行偏置。

5）"拔模角度"：用于设置曲面锥度，改变锥度方向。

5.3 曲面的编辑

Mastercam 提供强大的曲面创建功能的同时也提供了灵活多样的曲面编辑功能，用户可以利用这些功能非常方便地完成曲面的编辑工作。图 5-22 所示为"修剪"面板。

图 5-22　"修剪"面板

5.3.1　曲面倒圆

曲面倒圆是在两组曲面之间产生平滑的圆弧过渡结构，从而将比较尖锐的交线变得圆滑平顺。曲面倒圆角包括 3 种操作，分别为在曲面与曲面、曲面与平面及曲线与曲面之间倒圆角。

1. 曲面与曲面倒圆角

曲面与曲面倒圆角是在两个曲面之间创建一个光滑过渡的曲面。

例 5-6　创建曲面与曲面倒圆角。

| 参见网盘 | 网盘 \ 视频教学 \ 第 5 章 \ 曲面与曲面倒圆角 .MP4 |

操作步骤如下：

01　单击快速访问工具栏中的"打开"按钮，在弹出的"打开"对话框中选择"源文件 \ 原始文件 \ 第 5 章 \ 例 5-6。单击"曲面"选项卡"修剪"面板中的"圆角到曲面"按钮。

02　根据系统的提示，依次选择第一曲面、第二曲面。

03　系统弹出"曲面圆角到曲面"对话框。在该对话框中设置倒圆"半径"为 10.0，系统显示曲面之间的倒圆曲面，单击"确定"按钮，结束倒圆角操作。操作步骤如图 5-23 所示。

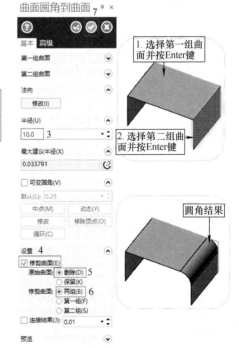

图 5-23　曲面与曲面倒圆角操作步骤

2. 曲面与平面倒圆角

曲面与平面倒圆角是在一个曲面与平面之间创建一个光滑过渡的曲面。

例 5-7 创建曲面与平面倒圆角。

> 参见
> 网盘
>
> 网盘\视频教学\第 5 章\曲面与
> 平面倒圆角 . MP4

操作步骤如下：

01 单击快速访问工具栏中的"打开"按钮，在弹出的"打开"对话框中选择"源文件\原始文件\第 5 章\例 5-7。单击"曲面"选项卡"修剪"面板"圆角到曲面"下拉菜单中的"圆角到平面"按钮。

02 根据系统的提示，选择曲面，按 Enter 键；然后弹出"曲面圆角到平面"对话框，单击"图素"按钮，在绘图区选择平面。

03 系统弹出"曲面圆角到平面"对话框。设置圆角"半径"为 8.0，系统显示过渡曲面，单击"确定"按钮，结束倒圆角操作。操作步骤如图 5-24 所示。

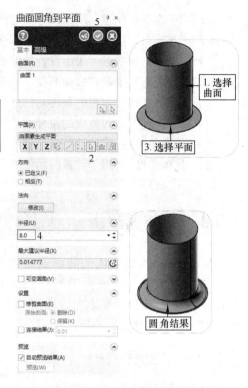

图 5-24　曲面与平面倒圆角操作步骤

对曲面进行倒圆角时，需要注意各曲面法线方向的指向，只有法线方向正确才可能得到正确的圆角。一般而言，曲面的法线方向是向各曲面完成倒圆角后的圆心方向。

3. 曲线与曲面倒圆角

曲线与曲面倒圆角是在一条曲线与曲面之间创建一个光滑过渡的曲面。

例 5-8 创建曲线与曲面倒圆角。

> 参见
> 网盘
>
> 网盘\视频教学\第 5 章\曲线与
> 曲面倒圆角 . MP4

操作步骤如下：

01 单击快速访问工具栏中的"打开"按钮，在弹出的"打开"对话框中选择"源文件\原始文件\第 5 章\例 5-8。单击"曲面"选项卡"修剪"面板"圆角到曲面"下拉菜单中的"圆角到曲线"按钮。

02 根据系统的提示，依次选择曲面、曲线。

03 系统弹出"曲面圆角到曲线"对话框。设置圆角"半径"为 50.0，系统显示过渡曲面，最后单击"确定"按钮，结束倒圆角操作。操作步骤如图 5-25 所示。

图 5-25　曲线与曲面倒圆角操作步骤

5.3.2 修剪曲面

修剪曲面可以将所指定的曲面沿着选定边界进行修剪操作，从而生成新的曲面。这个边界可以是曲面、曲线或平面。

通常原始曲面被修剪成两个部分，用户可以选择其中一个，作为修剪后的新曲面。用户还可以保留、隐藏或删除原始曲面。

修剪曲面包括 3 种操作，分别为修剪到曲面、修剪到曲线及修剪到平面。

1. 修剪到曲面

例 5-9 修剪曲面到曲面。

参见网盘 网盘 \ 视频教学 \ 第 5 章 \ 修剪到曲面 . MP4

操作步骤如下：

01 单击快速访问工具栏中的"打开"按钮，在弹出的"打开"对话框中选择"源文件 \ 原始文件 \ 第 5 章 \ 例 5-9。单击"曲面"选项卡"修剪"面板"修剪到曲线"下拉菜单中的"修剪到曲面"按钮。

02 根据系统提示依次选择第一个曲面为球面，第二个曲面为半圆柱面。

03 根据系统提示指定保留的曲面，单击球的下表面，此时系统显示一带箭头的光标，滑动箭头到修剪后需要保留的位置上，再单击，然后选择圆柱面的外侧为第二个要保留的曲面。

04 系统显示球面被修剪后的图形，用户还可以利用"修剪到曲面"对话框来设置参数，从而改变修剪效果，最后单击"确定"按钮，结束曲面修剪。操作步骤如图 5-26 所示。

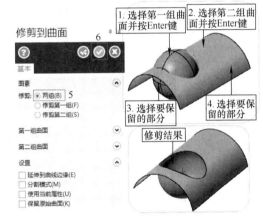

图 5-26 修剪到曲面操作步骤

2. 修剪到曲线

修剪到曲线实际上就是从曲面上剪去封闭曲线在曲面上的投影部分，因此需要通过对话框选择投影方向。

利用曲线修剪曲面时，曲线可以在曲面上，也可以在曲面外。当曲线在曲面外时，系统自动将曲线投影到曲面上，并利用投影曲线修剪曲面。曲线投影在曲面上有两种方式：一种是对绘图平面正交投影，另一种是对曲面法向正交投影。操作步骤如图 5-27 所示。

3. 修剪到平面

修剪到平面实际上就是曲面以平面为界，去除或分割部分曲面的操作。其操作步骤和曲面与平面倒圆角类似，这里不再赘述。

5.3.3 曲面延伸

曲面延伸是将选定的曲面延伸指定的长度或延伸到指定的曲面。

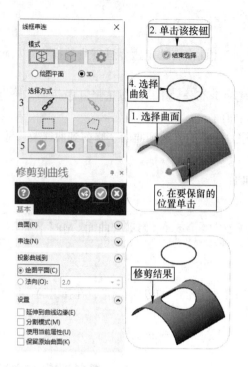

图 5-27 修剪到曲线操作步骤

例 5-10 曲面延伸。

 网盘 \ 视频教学 \ 第 5 章 \ 曲面延伸 . MP4

操作步骤如下:

01 单击快速访问工具栏中的"打开"按钮，在弹出的"打开"对话框中选择"源文件 \ 原始文件 \ 第 5 章 \ 例 5-10。单击"曲面"选项卡"修剪"面板中的"延伸"按钮 。

02 根据系统的提示选择要延伸的曲面。

03 系统显示带箭头的移动光标，根据系统的提示选择要延伸的边界。

04 系统显示默认延伸曲面，利用"曲面延伸"对话框设定"依照距离"为 20.0，最后单击"确定"按钮 ，结束曲面延伸操作。操作步骤如图 5-28 所示。

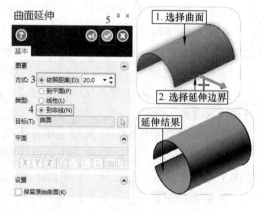

图 5-28 曲面延伸操作步骤

"曲面延伸"对话框中主要选项的含义如下：

（1）"类型"选项组 用于设置曲面延伸的类型。

1）"线性"：沿当前构图面的法线按指定距离进行线性延伸，或者以线性方式延伸到指定平面。

2）"到非线"：按原曲面的曲率变化进行指定距离非线性延伸，或者以非线性方式延伸到指定平面。

（2）"到平面"：选择此选项，弹出"选择平面"对话框。在对话框中设定或选择所需的平面。

5.3.4 填补内孔

此命令可以在曲面的孔洞处创建一个新的曲面。

例 5-11 填补内孔。

参见
网盘 ＞ 网盘 \ 视频教学 \ 第 5 章 \ 填补内孔 . MP4

操作步骤如下：

01 单击快速访问工具栏中的"打开"按钮，在弹出的"打开"对话框中选择"源文件 \ 原始文件 \ 第 5 章 \ 例 5-11。单击"曲面"选项卡"修剪"面板中的"填补内孔"按钮 。

02 选择需要填补洞孔的修剪曲面，曲面表面有一临时的箭头。

03 移动箭头的尾部到需要填补的洞孔的边缘并单击，此时洞孔被填补。

04 在系统弹出的"填补内孔"对话框中勾选"填补所有内孔"复选框，单击"确定"按钮 完成填补内孔操作，操作步骤如图 5-29 所示。

值得注意的是，如果选择的曲面上有多个孔，则选择孔洞的同时系统还会弹出"警告"对话框，利用该对话框可以选择是填补曲面内所有内孔，还是只填补选择的内孔。

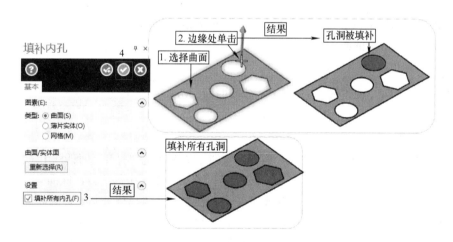

图 5-29　填补内孔操作步骤

5.3.5 恢复到修剪边界

恢复到修剪边界是将曲面的边界曲线移除，它和填补内孔有点类似，只是填补的洞孔是以选择的边缘为边界的新建曲面，修剪曲面仍存在洞孔的边界，而恢复到修剪边界则没有产生新的曲面。

例 5-12   移除孔边界。

网盘 \ 视频教学 \ 第 5 章 \ 移除边界 . MP4

操作步骤如下：

01   单击快速访问工具栏中的"打开"按钮，在弹出的"打开"对话框中选择"源文件 \ 原始文件 \ 第 5 章 \ 例 5-12。单击"曲面"选项卡"修剪"面板中的"恢复到修剪边界"按钮 。

02   选择需要移除边界的修剪曲面，曲面表面有一临时的箭头。

03   系统弹出"警告"对话框，单击"是"按钮，选择移除所有的边界。单击"否"按钮，选择移除所选的边界，这里我们选择"是"。操作步骤如图 5-30 所示。

图 5-30   移除边界操作步骤

5.3.6   分割曲面

分割曲面是将曲面在指定的位置分割开，从而将曲面一分为二。

例 5-13   创建分割曲面。

网盘 \ 视频教学 \ 第 5 章 \ 分割曲面 . MP4

操作步骤如下：

01   单击快速访问工具栏中的"打开"按钮，在弹出的"打开"对话框中选择"源文件 \ 原始文件 \ 第 5 章 \ 例 5-13。单击"曲面"选项卡"修剪"面板中的"分割曲面"按钮 。

02   系统提示"选择曲面"，根据系统提示在绘图区选择待分割处理的曲面，曲面表面有一临时的箭头。

03   系统提示"请将箭头移至要拆分的位置"，根据系统的提示在待分割的曲面上选择分割点，利用"分割曲面"对话框"方向"选项组中的"U""V"单选按钮，设置拆分方向，最后单击"确定"按钮 ，完成曲面分割操作。操作步骤如图 5-31 所示。

5.3.7   平面修剪

在第 1 章的入门实例中就用过平面修剪功能，下面具体介绍一下这个命令的含义及操作步骤。

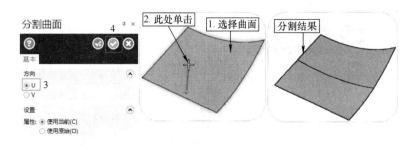

图 5-31　分割曲面操作步骤

平面修剪实际就是以位于同一构图平面的封闭曲线为边界生成带边界的平面。这项命令可以用矩形或任何具有封闭边界的平面形状快速生成平坦的曲面。

操作步骤如下：

01　单击"曲面"选项卡"创建"面板中的"平面修剪"按钮，系统弹出"线框串连"对话框并提示"选择要定义平面边界的串连 1"。

02　依次选择平面的边界，每次选择后系统都会提示"选择要定义平面边界的串连 2"。

03　单击"线框串连"对话框中的"确定"按钮，系统显示生成的平面。

04　单击"恢复到边界"对话框中的"确定"按钮。

图 5-32 所示为平面修剪操作步骤。

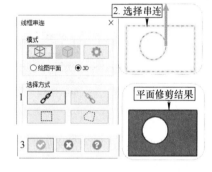

图 5-32　平面修剪操作步骤

5.3.8　曲面熔接

曲面熔接是将两个或三个曲面通过一定的方式连接起来。Mastercam 提供了 3 种熔接方式，即两曲面熔接、三曲面熔接、圆角三曲面熔接。

1. 两曲面熔接

两曲面熔接是在两个曲面之间产生与两曲面相切的平滑曲面。

例 5-14　创建两曲面熔接。

 参见网盘　〉　网盘 \ 视频教学 \ 第 5 章 \ 两曲面熔接 . MP4

操作步骤如下：

01　单击快速访问工具栏中的"打开"按钮，在弹出的"打开"对话框中选择"源文件 \ 原始文件 \ 第 5 章 \ 例 5-14。单击"曲面"选项卡"修剪"面板中的"两曲面熔接"按钮。

02　根据系统的提示在绘图区依次选择第一个曲面及其熔接位置，第二个曲面及其熔接位置。

03　弹出"两曲面熔接"对话框。设置"曲面 1"选项组中的"起始幅值"和"终止幅值"为"2.0"，"曲面 2"选项组中的"起始幅度"和"终止幅度"为"1.0"，单击"确定"按钮，结束两曲面的熔接操作。操作步骤如图 5-33 所示。

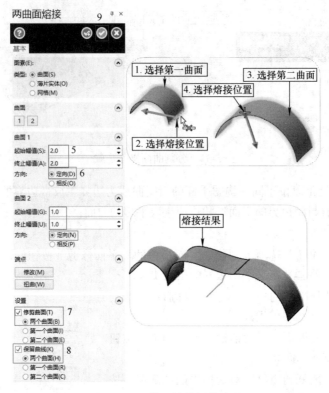

图 5-33　两曲面熔接操作步骤

对话框中各选项的含义如下：

1）$\boxed{1}$：用于重新选择第 1 个曲面。

2）$\boxed{2}$：用于重新选择第 2 个曲面。

3）"起始幅值"和"结束幅值"：用于设置第一个曲面和第二个曲面的起始和终止熔接值，默认为 1。

4）"方向"：用于调整曲面熔接的方向。

5）"修改"：用于修改曲线熔接位置。

6）"扭曲"：扭转熔接曲面。

7）"设置"选项组：用于设置第一个曲面和第二个曲面是否要修剪，它提供了几个选项：修剪"两个曲面"，即修剪或保留两个曲面；修剪"第一个曲面"，即只修剪或保留第一个曲面；修剪"第二个曲面"，即只修剪或保留第二个曲面。

2. 三曲面熔接

三曲面熔接是在三个曲面之间产生与三个曲面相切的平滑曲面。三曲面熔接与两曲面熔接的区别在于曲面个数的不同。三曲面熔接的结果是得到一个与三个曲面都相切的新曲面。其操作与两曲面熔接类似。

3. 圆角三曲面熔接

圆角三曲面熔接是生成一个或多个与被选的三个相交倒角曲面相切的新曲面。该项命令类似于三曲面熔接操作，但圆角曲面熔接能够自动计算出熔接曲面与倒角曲面的相切位置，这一点与三曲面熔接不同。

5.4 曲面与实体的转换

Mastercam 系统提供了曲面与实体造型相互转换的功能，使用实体造型方法创建的实体模型可以转换为曲面，也可以将编辑好的曲面转换为实体模型。由实体生成曲面，实际上就是提取实体的表面。

例 5-15 由实体生成曲面。

 网盘 \ 视频教学 \ 第 5 章 \ 由实体生成曲面 . MP4

操作步骤如下：

01 单击快速访问工具栏中的"打开"按钮，在弹出的"打开"对话框中选择"源文件 \ 原始文件 \ 第 5 章 \ 例 5-15。单击"曲面"选项卡"创建"面板中的"由实体生成曲面"按钮，根据系统提示选择曲面。

02 选择实体，则实体所有的表面都生成曲面；选择实体的指定面，则仅被选择的面生成曲面，这里我们选择所有实体。

03 单击"结束选择"按钮，弹出"由实体生成曲面"对话框。在该对话框中取消勾选"保留原始实体"复选框，单击"确定"按钮，生成曲面。

为了验证选定实体的表面已生成曲面，则删除一个曲面，操作步骤如图 5-34 所示。

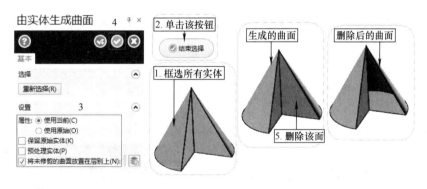

图 5-34 由实体生成曲面操作步骤

5.5 空间曲线的创建

创建空间曲线是在曲面或实体上创建曲线，绝大部分曲线是曲面上的曲线，如创建曲面上的单边缘曲线、所有曲线边缘等。

5.5.1 单边缘曲线的创建

"单边缘曲线"命令是沿被选曲面的边缘生成边界曲线。

例 5-16　创建单边缘曲线。

网盘 \ 视频教学 \ 第 5 章 \ 单一边界 . MP4

操作步骤如下：

01 单击快速访问工具栏中的"打开"按钮，在弹出的"打开"对话框中选择"源文件 \ 原始文件 \ 第 5 章 \ 例 5-16。单击"线框"选项卡"曲线"面板中的"单边缘曲线"按钮，系统提示"选择曲面"。

02 在绘图区选择要创建单边缘曲线的曲面，接着系统显示带箭头的光标，并且提示"移动箭头到所需的曲面边界处"。

03 移动光标到所需的曲面边界处，如图 5-35 所示，单击，系统弹出提示"设置选项，选择一个新的曲面，按 Enter 键，如果需要指定其他曲面的边界则再选择其他曲面。

04 系统弹出"单边缘曲线"对话框。采用默认设置，单击该对话框中的"确定"按钮，操作步骤如图 5-35 所示。

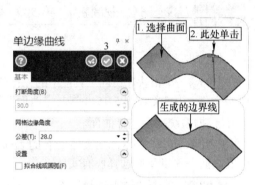

图 5-35　创建单边缘曲线操作步骤

5.5.2　所有曲线边缘的创建

"所有曲面边缘"命令是沿被选实体表面、曲面的所有边缘生成边界曲线。

例 5-17　创建曲面的所有边界。

网盘 \ 视频教学 \ 第 5 章 \ 所有曲线边缘 . MP4

01 单击快速访问工具栏中的"打开"按钮，在弹出的"打开"对话框中选择"源文件 \ 原始文件 \ 第 5 章 \ 例 5-17。单击"线框"选项卡"曲线"面板中的"所有曲线边缘"按钮，系统提示"选取曲面、实体和实体表面"。

02 选择曲面，按 Enter 键。

03 系统提示"设置选项，按 Enter 键或'确定'键"。

04 系统弹出"所有曲面边缘"对话框，在"公差"文本框中输入 0.075，将生成的曲面边界按设定的公差打断。

05 单击对话框中的"确定"按钮，曲线生成。操作步骤如图 5-36 所示。

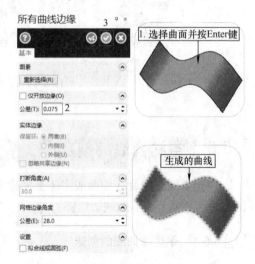

图 5-36　创建所有曲线边缘操作步骤

📖 5.5.3　切片的创建

切片方法分为按平面曲线切片和沿引导线切片两种。

按平面曲线切片是在曲面、实体和网格上创建曲线，或者用于在曲线上创建点。

沿引导线切片是通过曲面、实体和网格沿所选定串连创建线框切片。

例 5-18　切片

网盘 \ 视频教学 \ 第 5 章 \ 切片 . MP4

1. 按平面曲线切片

操作步骤如下：

01　单击快速访问工具栏中的"打开"按钮，在弹出的"打开"对话框中选择"源文件 \ 原始文件 \ 第 5 章 \ 例 5-18。单击"线框"选项卡"曲线"面板中的"按平面曲线切片"按钮，弹出"按平面曲线切片"对话框，同时系统提示选择曲面或曲线，选择所有实体，单击"结束选择"按钮。

02　在"按平面曲线切片"对话框中单击"Y"按钮，设置"间距"为 0，"补正"为 0。

03　单击对话框中的"确定"按钮⊘，生成曲线。操作步骤如图 5-37 所示。

2. 按引导曲线切片

操作步骤如下：

01　单击快速访问工具栏中的"打开"按钮，在弹出的"打开"对话框中选择"源文件 \ 原始文件 \ 第 5 章 \ 例 5-18（2）。单击"线框"选项卡"曲线"面板中的"沿引导曲线切片"按钮，弹出"沿引导曲线切片"对话框，同时系统提示"选择图素进行切片"，选择曲面，单击"结束选择"按钮。

02　系统弹出"线框串连"对话框，同时系统提示"选择串连 1"，选择直线，单击"确定"按钮 ⊘ 。

03　系统弹出"沿引导曲线切片"对话框，设置"编号"为 3，"边距 1"为 20.0，"边距 2"为 10.0，单击对话框中的"确定"按钮⊘，生成曲线。操作步骤如图 5-38 所示。

📖 5.5.4　曲面交线的创建

"曲面交线"命令用于创建曲面之间相交处的曲线。

例 5-19　创建曲面交线。

网盘 \ 视频教学 \ 第 5 章 \ 曲面交线 . MP4

操作步骤如下：

01　单击快速访问工具栏中的"打开"按钮，在弹出的"打开"对话框中选择"源文件 \ 原始文件 \ 第 5 章 \ 例 5-19。单击"线框"选项卡"曲线"面板"按平面曲线切片"下拉菜单中的"曲面交线"按钮。

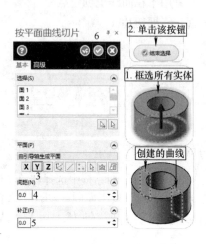

图 5-37　按平面曲线切片操作步骤　　　　图 5-38　按引导曲线切片操作步骤

02 根据提示选择第一个曲面，接着按 Enter 键。

03 接着选择第二个曲面，再按 Enter 键。

04 在"曲面交线"对话框中设置"弦高公差"为 0.02，第一曲面和第二曲面的"补正"距离都为 0。

05 单击对话框中的"确定"按钮 ，完成操作。操作步骤如图 5-39 所示。

5.5.5　曲线流线的创建

"曲线流线"命令用于沿一个完整曲面在常数参数方向上构建多条曲线。如果把曲面看作一块布料，则曲面流线就是纵横交织构成布料的纤维。

例 5-20　创建曲线流线。

网盘 \ 视频教学 \ 第 5 章 \ 曲线流线 . MP4

操作步骤如下：

01 单击快速访问工具栏中的"打开"按钮 ，在弹出的"打开"对话框中选择"源文件 \ 原始文件 \ 第 5 章 \ 例 5-20。单击"线框"选项卡"曲线"面板"按平面曲线切片"下拉菜单中的"曲线流线"按钮 ，系统提示"选取曲面"。

02 在弹出的"曲线流线"对话框中，设置"弦高公差"为 0.02，曲线的"距离"为 20.0。

03 选择曲面，系统显示曲线流线，如果不是所绘制方向，则通过选择"方向"选项组中的"U""V"或"两者"复选框改变方向。

04 单击"确定"按钮 ，退出操作。操作步骤如图 5-40 所示。

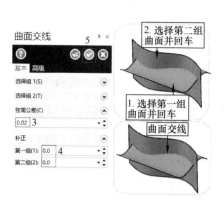

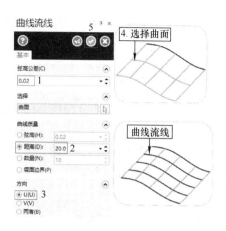

图 5-39　创建曲面交线操作步骤　　　　图 5-40　创建曲线流线操作步骤

 5.5.6　指定位置曲面曲线的创建

创建指定位置曲面曲线，是在曲面上沿着曲面的一个或两个常数参数方向的指定位置构建一曲线。

例 5-21　创建指定位置曲面曲线。

参见网盘　网盘 \ 视频教学 \ 第 5 章 \ 绘制指定位置曲面曲线 . MP4

操作步骤如下：

01　单击快速访问工具栏中的"打开"按钮，在弹出的"打开"对话框中选择"源文件 \ 原始文件 \ 第 5 章 \ 例 5-21。单击"线框"选项卡"曲线"面板"按平面曲线切片"下拉菜单中的"绘制指定位置曲面曲线"按钮，系统提示"选取曲面"。

02　选择绘制指定位置曲面曲线的曲面，系统显示带箭头的光标。

03　移动光标到创建曲线所需的位置并单击，确定生成空间曲线。操作步骤如图 5-41 所示。

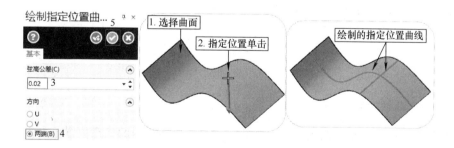

图 5-41　创建指定位置曲面曲线操作步骤

04　设置"弦高公差"为 0.02，弦高公差决定曲线从曲面的任意点可分离的最大距离。一个较小的弦高公差可生成与曲面实体曲面配合精密的曲线，但缺点是生成数据多，生成时间长。勾选"方向"选项组中的"两端"复选框。

05 单击对话框中的"确定"按钮✅，完成操作。

📖 5.5.7 分模线的创建

"分模线"命令用于制作分型模具的分模线，在曲面的分模线上构建一条曲线。分模线将曲面（零件）分成两部分，上模和下模的型腔分别按零件分模线两侧的形状进行设计。简单地说，分模线就是指定构图面上最大的投影线。

例 5-22 创建分模线。

 网盘 \ 视频教学 \ 第 5 章 \ 创建分模线 . MP4

操作步骤如下：

01 单击快速访问工具栏中的"打开"按钮，在弹出的"打开"对话框中选择"源文件 \ 原始文件 \ 第 5 章 \ 例 5-22。单击"线框"选项卡"曲线"面板"按平面曲线切片"下拉菜单中的"分模线"按钮🌀。

02 根据系统的提示，选择创建分模线的曲面并按 Enter 键。

03 在"分模线"对话框中设置"弦高"为0.02，分模线的倾斜"角度"为 0，角度指创建分模线的倾斜角度，它是曲面的法向矢量与构图平面间的夹角。

04 单击"确定"✅按钮，结束分模线的创建工作。操作步骤如图 5-42 所示。

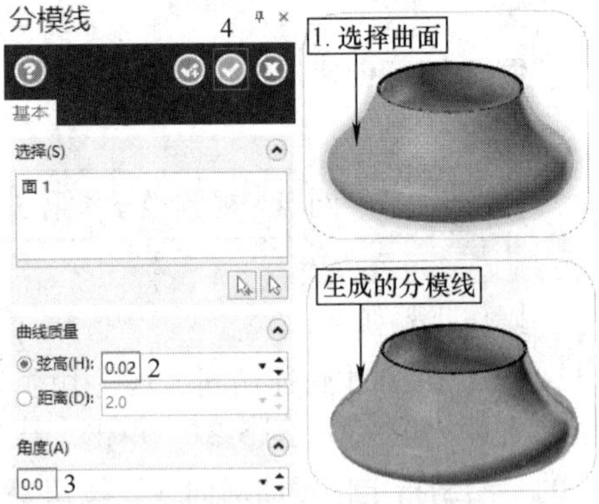

图 5-42 创建分模线操作步骤

📖 5.5.8 曲面曲线的创建

使用曲线构建曲面时，可以使用此命令将曲线转换成为曲面上的曲线。使用分析功能可以查看这条曲线是 Spline 曲线，还是曲面曲线。

曲线转换成曲面上的曲线的操作步骤如下：

01 单击"线框"选项卡"曲线"面板"按平面曲线切片"下拉菜单中的"曲面曲线"按钮🌀。

02 选择一条曲线，则该曲线转换成曲面曲线。

📖 5.5.9 动态曲线的创建

"动态曲线"命令用于在曲面上绘制曲线，用户可以在曲面的任意位置单击，系统根据这些单击的位置顺序依次连接构成一条曲线。

例 5-23 创建如图 5-43 所示的动态曲线。

 网盘 \ 视频教学 \ 第 5 章 \ 动态曲线 . MP4

操作步骤如下：

01 单击快速访问工具栏中的"打开"按钮 ，在弹出的"打开"对话框中选择"源文件\原始文件\第 5 章\例 5-23。单击"线框"选项卡"曲线"面板"按平面曲线切片"下拉菜单中的"动态曲线"按钮 ，系统提示"选取曲面"。

02 选择要绘制动态曲线的曲面，接着系统显示带箭头的光标。

03 在曲面上依次单击曲线要经过的位置，每单击一次，系统显示一个十字星。

04 单击完曲线需经过的最后一个位置后按 Enter 键，系统自动绘制出动态曲线。操作步骤如图 5-43 所示。

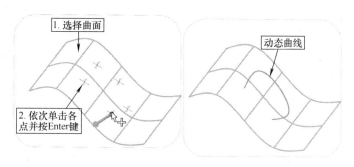

图 5-43　创建动态曲线操作步骤

05 单击"确定"按钮 ，完成操作。

5.6　综合实例——鼠标

本例以图 5-44 所示的鼠标外形为例介绍曲面的创建过程。在模型制作过程中，扫描曲面、曲面修剪等功能被使用。通过本例的学习，希望用户能更好地掌握曲面的创建功能。

图 5-44　鼠标

网盘\视频教学\第 5 章\鼠标 . MP4

操作步骤如下：

01 创建图层。打开"层别"管理器对话框。在该对话框的"编号"文本框中输入

1，在"名称"文本框中输入"中心线"；用同样的方法创建"实体"和"曲面"层，如图 5-45 所示。

02 设置绘图面及属性。

1）单击"视图"选项卡"屏幕视图"面板中的"俯视图"按钮 🗔，设置"屏幕视角"为"俯视图"；在状态栏中设置"绘图平面"为"俯视图"。

2）单击"主页"选项卡，选择"层别"为 1；在"规划"组中的"Z"文本框中输入 0，设置构图深度为 0；将"线型"设置为中心线，"线宽"为第一种。

3）单击"主页"选项卡"属性"面板"线框颜色"下拉按钮 🔻，设置颜色为"13"。

03 绘制辅助线。单击"线框"选项卡"绘线"面板中的"线端点"按钮 ✏️，然后单击"选择工具栏"中的"输入坐标点"按钮 🗲，在弹出的文本框依次输入直线的起点、终点坐标为（-200，0，0）、（200，0，0），最后单击"确定并创建新操作"按钮 🔄，创建水平辅助线 1。用同样的方法分别创建以（-155，0，0）、（-155，120，0)；(160，0，0)、（160，80，0）和（-155，0，0）、（160，0，0）为端点的三条辅助线 2、3、4。

继续利用输入坐标点文本框依次输入直线的起点、终点坐标为（0，0，0）、（0，300，0）。最后单击"线端点"对话框中的"确定"按钮 ✅，创建垂直辅助线 5。

04 绘制平行线。单击"线框"选项卡"绘线"面板中的"平行线"按钮 ⫽，选择辅助线 1，单击水平直线上方的任意位置指定偏置的方向，并在"平行线"对话框"补正距离"文本框中输入 80，最后单击"确定"按钮 ✅，完成辅助线 6 的创建。

05 绘制圆弧。单击"线框"选项卡"圆弧"面板"已知边界点画圆"下拉菜单中的"端点画弧"按钮 ⌒，然后单击"选择工具栏"中的"输入坐标点"按钮 🗲，在弹出的文本框中依次输入两点的坐标值，分别为（-155，120，0）、（160，80，0），在弹出的"端点画弧"对话框中的"直径"文本框中输入圆弧的直径为 480，接着选择图 5-46 所示的圆弧。最后单击"确定"按钮 ✅，结束圆弧的创建。

图 5-45 创建图层

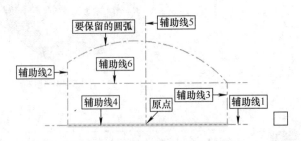

图 5-46 绘制辅助线、点及圆弧

06 设置绘图面及属性。单击"视图"选项卡"屏幕视图"面板中的"等视图"按钮 🗔；单击"主页"选项卡，在"规划"面板中的"层别"选项框中选择"层别"为"2"；设置"属性"面板中的"实体颜色"为 10。

07 旋转实体。单击"实体"选项卡"创建"面板中的"旋转"按钮，系统弹出
"线框串连"对话框。单击该对话框中的"串连"按钮 ![链条]，并选择图 5-47 所示的串连图素
及旋转轴。在系统弹出的"旋转实体"对话框中设置"起始"和"结束"分别为 0、180，最后
单击"确定"按钮，结束旋转实体的创建。图 5-48 所示为旋转曲面效果图。

08 设置绘图面及属性。单击"视图"选项卡"屏幕视图"面板中的"俯视图"按钮
；单击"主页"选项卡，在"规划"组中的"Z"文本框中输入 60，设置构图深度为 60，选
择"层别"为 3；单击"主页"选项卡"属性"面板"线框颜色"下拉按钮，设置颜色为 13，
设置曲面颜色为 75。

09 绘制矩形。单击"线框"选项卡"形状"面板中的"矩形"按钮□；然后单击"选
择工具栏"中的"输入坐标点"按钮，在弹出的文本框中依次输入矩形的两个角点的坐标为
（-230，190，60）（230，-190，60），勾选"创建附加图形"复选框，选择"曲面"选项；最
后单击"确定"按钮，结束矩形曲面的创建，如图 5-49 所示。

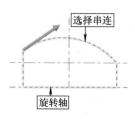

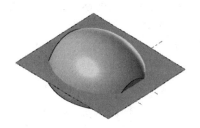

图 5-47　选择串连　　　　图 5-48　旋转曲面效果图　　　　图 5-49　创建矩形曲面

10 修剪实体。单击"实体"选项卡"修剪"面板中的"修剪到曲面/薄片"按钮，
系统提示"选择要修剪的主体"，选择半圆实体为要修建的主体，然后按 Enter 键，系统提示
"选择要修剪的曲面或薄片"，在绘图区中选择刚创建的矩形曲面（见图 5-50），系统弹出"修剪
到曲面/薄片"对话框。采用默认设置，单击对话框中的"确定"按钮，结束实体修剪操作。

11 设置绘图面及属性。单击"视图"选项卡"屏幕视图"面板中的"俯视图"按钮
；单击"主页"选项卡，在"规划"组中的"Z"文本框中输入 60，设置构图深度为 60，选
择层别为 1，线型设置为中心线，线宽为第一种；单击"主页"选项卡"属性"面板"线框颜
色"下拉按钮，设置颜色为 13。

12 绘制圆弧。单击"线框"选项卡"圆弧"面板"已知边界点画圆"下拉菜单中的
"端点画弧"按钮，然后单击"选择工具栏"中的"输入坐标点"按钮，在弹出的文本框
中依次输入两点的坐标值，分别为（-110，140，60）和（-82，-330，60）。在弹出的"端点画弧"
对话框"尺寸"选项组的"直径"文本框中输入 2600，接着选择图 5-51 所示的第 1 个扫描路径，
然后单击"对话框中的"确定并创建新操作"按钮。

单击"选择工具栏"中的"输入坐标点"按钮，在弹出的文本框中依次输入两点的坐标
值，分别为（75，210，60）和（75，-320，60），然后在弹出的"端点画弧"对话框"尺寸"
选项组的"直径"文本框中输入 2400，接着选择图 5-51 所示的第 2 个扫描路径，最后单击对
话框中的"确定"按钮，结束圆弧扫描路径创建。

13 设置绘图面及属性。单击"视图"选项卡"屏幕视图"面板中的"等视图"按钮
，设置视角为等视角；然后在状态栏中设置"绘图平面"为"前视图"。

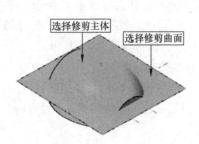

图 5-50　选择修剪曲面

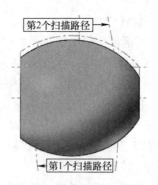

图 5-51　创建扫描路径

14 绘制直线。单击"线框"选项卡"绘线"面板中的"线端点"按钮／，选择图 5-52 所示的点为第 1 个端点，在"线端点"对话框"尺寸"选项组中的"长度"文本框中输入 200，并勾选"垂直"复选框，单击"确定并创建新操作"按钮，创建第 1 个扫描截面线；然后选择图 5-52 所示的点为第 2 个端点，在"尺寸"选项组中的"长度"文本框中输入 200，并选中"垂直线"选项；最后单击"确定"按钮，结束两个扫描截面线的创建。

15 设置绘图面及属性。单击"主页"选项卡，在"规划"组中选择层别为"3"；单击"主页"选项卡"属性"面板"曲面颜色"下拉按钮，设置颜色为 13。

16 扫描曲面。单击"曲面"选项卡"创建"面板中的"扫描"按钮，在"线框串连"对话框中选择"单体"按钮／，选择刚创建的直线为截面外形，再在"线框串连"对话框中选择／按钮，选择刚创建的圆弧为扫描路径，单击"确定并创建新操作"按钮。用同样的方法以第 2 个扫描截面线和扫描路径创建曲面，最后单击"确定"按钮，结束两个扫描曲面的创建。图 5-53 所示为扫描曲面效果图。

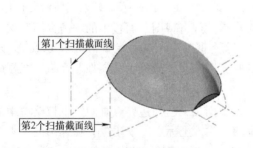

图 5-52　扫描截面线的创建

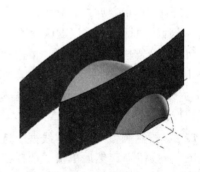

图 5-53　扫描曲面效果图

17 修剪实体。单击"实体"选项卡"修剪"面板中的"修剪到曲面/薄片"按钮，系统弹出"实体选择"对话框，同时系统提示"选择要修剪的主体"，在绘图区选择旋转生成的实体，然后系统提示"选择要修剪的曲面或薄片"，在绘图区选择刚刚创建的扫描曲面，如图 5-54 所示。采用同样的方法修剪另一侧的实体。

18 层别设置。打开"层别"管理器对话框，利用该对话框设置图层 2 为当前图层，并隐藏图层 1、3，此时绘图区实体如图 5-55 所示。

19 单击"视图"选项卡"外观"面板中的"线框"按钮，用线框表示模型。

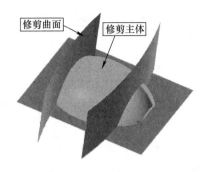

图 5-54　修剪参数设置

图 5-55　修剪并隐藏图层的实体

⑳　　创建倒圆角。单击"实体"选项卡"修剪"面板中的"变化倒圆角"按钮，系统弹出"实体选择"对话框。在对话框中选择"边缘"按钮，在绘图区中选择图 5-56 所示的第 1 条边，单击"实体选项"对话框中的"确定"按钮，系统弹出"变化圆角半径"对话框，如图 5-57 所示。选择"平滑"单选按钮，单击对话框中的"单一"按钮，然后选择图 5-56 所示的 R25 处的点，在弹出的"输入半径"文本框中输入 25，然后按 Enter 键。采用同样的方法，设置图 5-56 所示的 R80 的半径；按同样的方法创建第 2 条边的圆角。单击"视图"选项卡"外观"面板中的"边框着色"按钮，着色后的结果如图 5-44 所示。

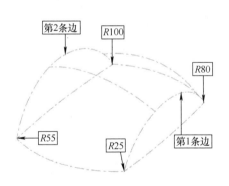

图 5-56　圆角尺寸

图 5-57　"变化圆角半径"对话框

5.7　思考与练习

1.扫描实体和扫描曲面有哪些相同之处，又有哪些不同之处？

2.创建举升曲面时，可能会发生扭曲现象，如何避免？

3. 什么是网格曲面，请用 Mastercam 2023 软件提供的网格曲面功能构建图 5-20 所示的曲面。

4. 创建空间曲线，共有哪几种方法？

5.8　上机操作与指导

1. 根据 5.2.1 的提示，结合图 5-10 练习举升命令。

2. 根据 5.3.8 的提示，结合图 5-33 练习曲面熔接功能。

3. 根据 5.4 的提示，结合图 5-34 练习由实体生成曲面。

第6章

二维加工

二维加工是所产生的刀具路径在切削深度方向是不变的，它是生产实践中使用得最多的一种加工方法。

在 Mastercam 中，二维刀具路径加工方法主要有 5 种，分别为外形铣削、挖槽、钻孔、平面铣削和圆弧铣削。本章将对这些方法及参数设置进行介绍。

知识重点

☑ 平面铣削　　　　☑ 钻孔加工
☑ 外形铣削　　　　☑ 圆弧铣削
☑ 挖槽加工　　　　☑ 文字雕刻加工

6.1 二维加工公用参数设置

进入二维加工，要进行一些参数设定。虽然不同的加工方法涉及的参数也不同，但有一些共同参数的设定方法是相同的，如毛坯设置、材料设置、安全区域设置等。

1. 毛坯设置

选择机床类型及加工群组后，系统在"刀路"管理器中生成机群组属性文件，如图 6-1 所示。单击"机床群组 -1"→"属性"→"毛坯设置"按钮，进入毛坯设置，如图 6-2 所示。用户可根据加工的零件选择毛坯的形状。毛坯的创建方法有 3 种，从边界框添加、从文件添加和选择实体或网格作为毛坯。

2. 刀具设置

刀具设置主要是刀具型号的选择及刀具进给计算原则的设置。单击"刀路"管理器中的"刀具设置"按钮，弹出"刀具"对话框，如图 6-3 所示。单击"打开刀具管理"按钮 📕，弹出"刀具管理"对话框，如图 6-4 所示。在该对话框中可以选择更多的刀具。

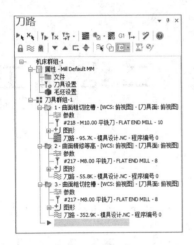

图 6-1 "刀路"管理器　　　　图 6-2 "毛坯设置"对话框　　　　图 6-3 "刀具"对话框

3.文件对话框

单击图 6-1 所示的"文件"按钮，打开"机床"对话框，如图 6-5 所示。在此对话框中，用户可以修改机床配置或重新选择机床，调用其他刀具库等。

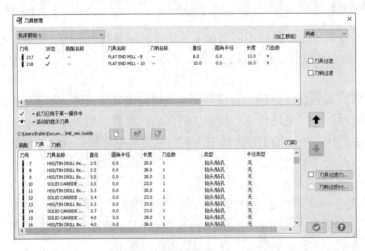

图 6-4 "刀具管理"对话框　　　　图 6-5 "机床"对话框

4. 创建刀具

在"机床"选项卡"机床类型"面板中选择一种加工方法后（此处选择铣床），在"刀路"管理器中生成机群组属性文件，同时弹出"刀具"选项卡。下面我们以面铣为例介绍刀具的创建。在"2D"面板中单击"面铣"按钮，选择加工边界后，系统弹出"2D 刀路 - 平面铣削"对话框，如图 6-6 所示；然后在刀具列表框的空白处右击，在弹出的快捷菜单中选择"创建刀具"命令，弹出"定义刀具"对话框，如图 6-7 所示。该对话框用于选择刀具类型，定义刀具形状参数及调整其他属性。

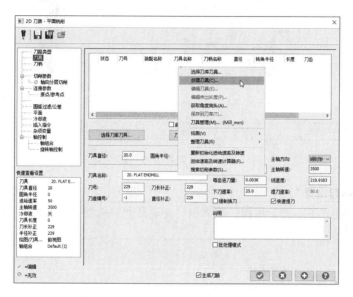

图 6-6 "2D 刀路 - 平面铣削"对话框

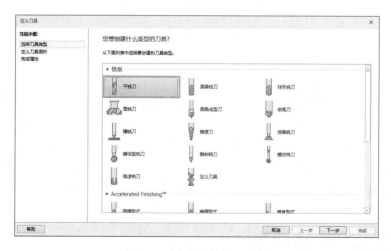

图 6-7 "定义刀具"对话框

5. 刀具参数设置

在"定义刀具"对话框中选择所需刀具，然后单击"下一步"按钮，弹出的选项卡如图 6-8 所示。用户可以根据自己所用的刀具设置尺寸及刀具的编号。

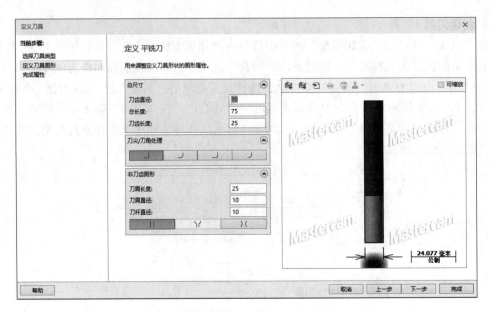

图 6-8 "定义刀具图形"选项卡

6. 刀具加工参数设置

单击图 6-8 中的"下一步"按钮，则弹出"完成属性"选项卡，如图 6-9 所示。

图 6-9 "完成属性"选项卡

该选项卡中部分参数设置说明如下：

"XY 轴粗切步进量（%）"：设定 XY 轴粗切步进量占刀具直径的百分比。

"Z 轴粗切深度（%）"：设定 Z 轴粗切深度占刀具直径的百分比。

"XY 轴精修步进量"：设定 XY 轴精切步进量占刀具直径的百分比。

"Z 轴精修深度（%）"：设定 Z 轴精切削深度占刀具直径的百分比。

"刀长补正""：刀具长度补偿寄存器号。

"半径补正"：刀具直径为补偿寄存器号。

"线速度"：依据系统参数预设的建议平面切削速度。

"每齿进刀量"：依据系统参数所预设的进刀量。

"材料"：单击此下三角按钮选择刀具的材质。

完成设置后，单击"完成"按钮，所用刀具的信息会反映在图 6-6 所示的对话框中，用户可以直接修改上面的参数。

7. 机床原点设置

机床原点在出厂时已经设定好了。一般 CNC 开机后，都需要使其先回归机床原点，使控制器知道目前所在的坐标点与加工程序坐标点间的运动方向及移动数值。除了机床原点，还有所谓的参考坐标。随着控制器的不同，参考坐标可分为第一参考坐标、第二参考坐标等。进行换刀或程序结束时都应该将刀具回归原点，或者为避免换刀撞刀，还必须对 Y 轴做第二原点复归。另外，适当地设置加工参考点可节省加工时间，因为刀具移动时，应该使其空切行程缩短，故一般都是将刀具快速移动到参考点位置处，才开始加工程序。选择图 6-6 中的"连接参数"→"原点 / 参考点"，打开"原点 / 参考点"选项卡，如图 6-10 所示，在其中可设置机床原点。

8. 参考点设置

参考点用来设置刀具的进刀位置与退刀位置，如图 6-10 所示。

9. 刀具面 / 构图面设置

打开图 6-6 中的"平面"选项卡，如图 6-11 所示。用户可以单击"选择 WCS 平面"按钮 ▦，以统一这些面的原点、视角、工作面。

其中，"刀具平面"指的是刀具工作平面，即刀具与工件接触的平面，通常垂直于刀具轴线。刀具平面包括 X-Y 平面（NC 代码 G17）、X-Z 平面（NC 代码为 G18）、Y-Z 平面（NC 代码为 G19）。"工作坐标系"指的是生成刀具路径时的坐标系。

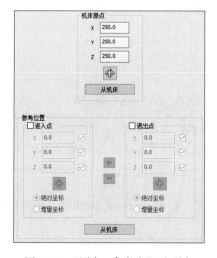

图 6-10 "原点 / 参考点"选项卡

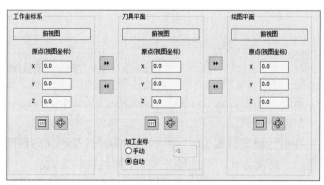

图 6-11 "平面"选项卡

6.2 **平面铣削**

工件一般都是毛坯，故顶面不是很平整，因此加工的第一步是要将顶面铣平，从而提高工件的平面度、平行度，以及降低毛坯顶部的表面粗糙度值。

面铣为快速移除毛坯顶部的一种加工方法，当所要加工的工件具有大面积时，使用该命令可以节省加工时间。使用时要注意刀具偏移量必须大于刀具直径的 50% 以上，才不会在工件边缘留下残料。

6.2.1 设置平面铣削参数

绘制好轮廓图形或打开已经存在的图形，单击"机床"选项卡"机床类型"面板中的"铣床"按钮，选择默认选项，在"刀路"管理器中生成机群组属性文件，同时弹出"刀路"选项卡。单击"刀路"选项卡"2D"面板"铣削"组中的"面铣"按钮，然后在绘图区采用串连方式对几何模型串连后单击"线框串连"对话框中的"确定"按钮 ，系统弹出"2D 刀路 - 平面铣削"对话框，如图 6-12 所示。

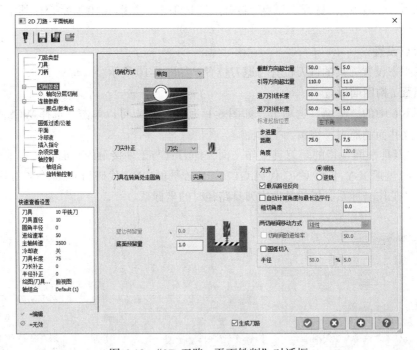

图 6-12 "2D 刀路 - 平面铣削"对话框

选择"切削参数"选项卡，各选项含义如下。

1. 切削方式

在进行面铣削加工时，可以根据需要选择不同的铣削方式。在 Mastercam 2023 中，用户可以通过"切削方式"下拉列表选择不同的铣削方式。

1)"双向"：刀具在加工中可以往复走刀，来回均进行铣削。

2)"单向"：刀具沿着一个方向走刀，进时切削，回时走空程。当选择"顺铣"时，切削加工中刀具旋转方向与刀具移动的方向相反；当选择"逆铣"时，切削加工中刀具旋转方向与刀具移动的方向相同。

3）"一刀式"：仅进行一次铣削，刀具路径的位置为几何模型的中心位置。采用这种方式，刀具的直径必须大于铣削毛坯顶部的宽度。

4）"动态"：刀具在加工中可以沿自定义路径自由走刀。

2. 刀具移动方式

当选择"切削方式"为"双向"时，可以设置刀具在两次铣削间的过渡方式。在"两切削间移动方式"下拉列表中系统提供了 3 种刀具的移动方式。

1）"高速环"：选择该选项时，刀具按照圆弧的方式移动到下一个铣削的起点。

2）"线性"：选择该选项时，刀具按照直线的方式移动到下一个铣削的起点。

3）"快速进给"：选择该选项时，刀具以直线的方式快速移动到下一次铣削的起点。

同时，如果勾选"切削间的进给率"复选框，则可以在相应的文本框中设定两切削间的位移进给率。

3. 粗切角度

粗切角度是刀具前进方向与 X 轴方向的夹角，它决定了刀具是平行于工件的某边切削还是倾斜一定角度切削，为了改善面加工的表面质量，通常编制两个加工角度互为 90° 的刀具路径。

在 Mastercam 2023 中，粗切角度有自动计算角度和手工输入两种设置方法，默认为手工输入方式，而使用自动方式时，则手工输入方式不起作用。

4. 开始和结束间隙

面铣削开始和结束间隙设置包括 4 项内容，分别为"截断方向超出量""引导方向超出量""进刀引线长度"和"退刀引线长度"，各选项的含义如图 6-13 所示。为了兼顾毛坯顶部质量和加工效率，进刀引线长度和退刀引线长度一般不宜太大。

其他参数的含义可以参考外形铣削、挖槽加工的内容，这里不再叙述。

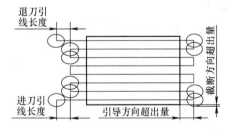

图 6-13 开始和结束间隙 4 项内容含义

📖 6.2.2 实例——标牌模具平面铣

图 6-14 所示为标牌模具的二维图形，用户可以直接从网盘中调入。

参见
网盘 ▷ 网盘 \ 视频教学 \ 第 6 章 \ 标牌模具平面铣 .MP4

操作步骤如下：

01 单击"机床"选项卡"机床类型"面板中的"铣床"按钮📐，选择"默认"选项，在"刀路"管理器中生成机群组属性文件，同时弹出"刀路"选项卡。单击"刀路"选项卡"2D"面板"2D 铣削"组中的"面铣"按钮📇，系统弹出"线框串连"对话框，同时提示"选择面铣串连 1"。则选择图 6-15 所示的外边框，选择完加工边界后，单击"线框串连"对话框中的"确定"按钮✓。

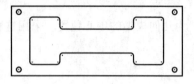

图 6-14　标牌模具的二维图形

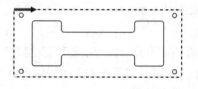

图 6-15　选择外边框

02 系统弹出"2D 刀路 - 平面铣削"对话框，选择该对话框中的"刀具"选项卡，在该选项卡中单击"选择刀库刀具"按钮，系统弹出如图 6-16 所示的"刀具管理"对话框。本例选取"MILL_mm.tooldb"刀具库，在此刀具库中选择直径为 50.0 的面铣刀，接着单击该对话框中的"确定"按钮 ⊘，返回"2D 刀路 - 平面铣削"对话框，可见到选择的面铣刀已进入该对话框中。

03 双击"面铣刀"图标，弹出"定义刀具"对话框，如图 6-17 所示。该对话框中显示的刀具就是面铣刀，可以看出，它比一般刀具铣削的面积大且效率高。设置面铣刀参数，如图 6-17 所示。

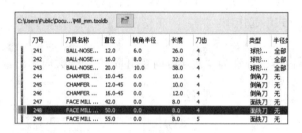

图 6-16　"刀具管理"对话框

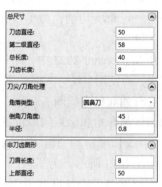

图 6-17　"定义刀具"对话框

04 设置完成后，在"面铣刀"选项卡中单击"下一步"按钮，其他参数采用默认值，如图 6-18 所示。设置"XY 轴粗切步进量（%）"为 75，"XY 轴精修步进量"为 60，"Z 轴粗切深度（%）"为 50，"Z 轴精修深度（%）"为 30。参数设置完后，单击"重新计算进给率和主轴转速"按钮 📊，再单击"完成"按钮。

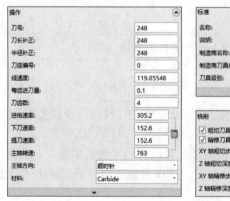
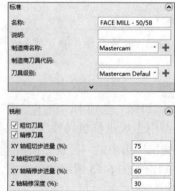

图 6-18　定义加工参数

05 选择"2D 刀路 - 平面铣削"对话框中的"连接参数"选项卡，设置"提刀"为 20.0，坐标形式为"绝对坐标"；"下刀位置"为 5.0，坐标形式为"绝对坐标"；"毛坯顶部"为 0，坐标形式为"绝对坐标"；"深度"为 −2.0，坐标形式为"绝对坐标"；其他参数采用默认值，如图 6-19 所示。设置完以上参数后，单击"确定"按钮 。

06 在"刀路"管理器中单击"毛坯设置"选项，系统弹出"机床群组设置"对话框。勾选"显示线框图素"复选框，单击对话框中的"从边界框添加"按钮 ⬢，系统弹出"边界框"对话框；然后依次选择图 6-15 所示的外边界，选择完成后单击"结束选取"按钮，在"边界框"对话框（见图 6-20）中选择立方体原点为顶面中心，在"大小"选项组中的"X""Y""Z"文本框中输入数值（464.0，184.0，20.0），勾选"线和圆弧"复选框；最后单击"确定"按钮 ✔，返回"机床群组设置"对话框。单击"确定"按钮 ✔，毛坯设置完成。

图 6-19 "连接参数"选项卡

07 单击"刀路"管理器中的"实体仿真所选操作"按钮 （见图 6-21），系统弹出"Mastercam 模拟器"窗口，如图 6-22 所示。单击"播放"按钮 ▶，则系统进行平面铣模拟仿真。本例的平面铣模拟结果如图 6-23 所示。

图 6-20 "边界框"对话框

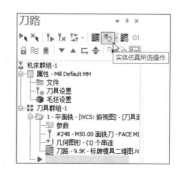

图 6-21 模拟开关

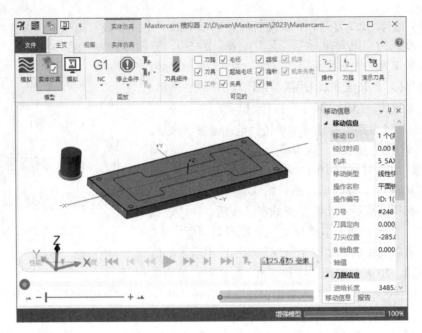

图 6-22 "Mastercam 模拟器"窗口

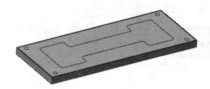

图 6-23 平面铣模拟结果

6.3 外形铣削

外形铣削主要是沿着所定义的形状轮廓进行加工,适于铣削轮廓边界、倒直角、清除边界残料等。其操作简单实用,在数控铣削加工中应用非常广泛。所使用的刀具通常有平铣刀、圆角刀、斜度刀等。

📖 6.3.1 设置外形铣削参数

绘制好轮廓图形或打开已经存在的图形,在"刀路"选项卡"2D"面板"2D 铣削"组中单击"外形"按钮█,然后在绘图区采用串连方式对几何模型串连后单击"线框串连"对话框中的"确定"按钮 ✅,系统弹出"2D 刀路 - 外形铣削"对话框。各选项卡中参数介绍如下:

1. 外形铣削方式

在"2D 刀路外形铣削"对话框中选择"切削参数"选项卡。铣削方式包括"2D""2D 倒角""斜插""残料"和"摆线式"五种类型。

1)"2D 倒角"。工件上的锐利边界经常需要倒角,利用倒角加工可以完成工件边界倒角工作。倒角加工必须使用倒角刀，倒角的角度由倒角刀的角度决定，倒角的宽度则通过倒角对话框确定。

设置"外形铣削方式"为"2D 倒角"，如图 6-24 所示。在"倒角宽度"和"底部偏移"文本框可以设置倒角的宽度和刀尖伸出的长度。

2）"斜插"。斜插指刀具在 XY 方向走刀时，Z 轴方向也按照一定的方式进行进给，从而加工出一段斜坡面。

设置"外形铣削方式"为"斜插"，如图 6-25 所示。

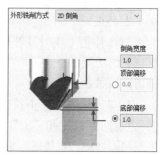

图 6-24　外形铣削方式
为"2D 倒角"

"斜插"方式有角度方式、深度方式和垂直进刀方式。角度方式指刀具沿设定的倾斜角度加工到最终深度，选择该选项，则"斜插角度"文本框被激活，用户可以在该文本框中输入倾斜的角度值；深度方式指刀具在 XY 平面移动的同时，进刀深度逐渐增加，但刀具铣削深度始终保持设定的深度值，达到最终深度后刀具不再下刀而沿着轮廓铣削一周加工出轮廓外形；垂直进刀方式指刀具先下到设定的铣削深度，再在 XY 平面内移动进行切削。选择后两者斜插方式，则"斜插深度"文本框被激活，用户可以在该文本框中指定每一层铣削的总进刀深度。

3）"残料"。为了提高加工速度，当铣削加工的铣削量较大时，开始时可以采用大尺寸刀具和大进给量，再采用残料加工来得到最终的加工形状。残料可以是以前加工中预留的部分，也可以是以前加工中由于采用大直径刀具在转角处不能被铣削的部分。

设置"外形铣削方式"为"残料"，如图 6-26 所示。

图 6-25　外形铣削方式为"斜插"

图 6-26　外形铣削方式为"残料"

残料的计算来源可以分为 3 种：

1）所有先前操作：通过计算在"刀路"管理器中先前所有加工操作所去除的材料来确定残料加工中的残余材料。

2）前一个操作：通过计算在"刀路"管理器中前面一种加工操作所去除的材料来确定残料加工中的残余材料。

3）粗切刀具直径：根据粗加工刀具计算残料加工中的残余材料。输入的值为粗加工的刀具直径为（框内显示的初始值为粗加工的刀具直径），该直径为要大于残料加工中使用的刀具直径，否则残料加工无效。

2. 补正

刀具补正（或刀具补偿）是数控加工中的一个重要的概念，它的功能可以让用户在加工时补偿刀具的半径值以免发生过切，如图 6-27 所示。

图 6-27　补正参数设置

1）"补正方式"下拉列表中有"计算机""控制器""磨损""反向磨损"和"关"5 种选项。其中，计算机补偿是直接按照刀具中心轨迹进行编程，此时无须进行左、右补偿，程序中无刀具补偿指令为 G41、G42。控制器补偿是按照零件轨迹进行编程，在需要的位置加入刀具补偿指令及补偿号码，机床执行该程序时，根据补偿指令自行计算刀具中心轨迹线。

2）"补正方向"下拉列表中有"左""右"两种选项，用于设置刀具半径补偿的方向，如图 6-28 所示。

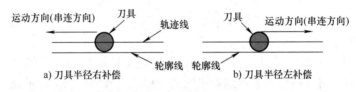

图 6-28　刀具半径补偿方向

3）"刀尖补正"下拉列表中有"球心"和"刀尖"选项，用于设定刀具长度补偿时的相对位置。对于面铣刀或圆鼻铣刀，两种补偿位置没有什么区别，但对于球头刀，则需要注意两种补偿位置的不同，如图 6-29 所示。

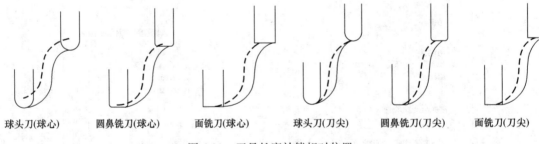

图 6-29　刀具长度补偿相对位置

3. 预留量

为了兼顾加工精度和加工效率，一般把加工分为粗加工和精加工。如果工件精度要求较高还有半精加工。在进行粗加工或半精加工时，必须为半精加工或精加工留出加工预留量。预留量包括 XY 平面内的预留量和 Z 轴方向的预留量两种，其值可以分别在"壁边预留量"和"底面预留量"文本框中指定，如图 6-30 所示。其值的大小一般根据加工精度和机床精度而定。

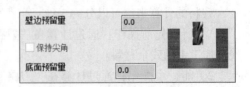

图 6-30　预留量参数设置

4. 转角过渡处理

当刀具路径在转角处时，机床的运动方向会发生突变，切削力也会发生很大的变化。对刀具不利，因此要求在转角处进行圆弧过渡。

在 Mastercam 2023 中，转角处圆弧过渡方式可以通过"刀具在拐角处走圆角"下拉列表设置，如图 6-31 所示。它共有 3 种方式，分别为：

1）"无"：系统在转角过渡处不进行处理，即不采用弧形刀具路径。

图 6-31 转角过渡处理

2）"尖角"：系统只在尖角处（两条线的夹角小于 135°）时采用弧形刀具路径。

3）"全部"：系统在所有转角处都进行处理。

5. 径向分层切削

如果要切除的材料较厚，刀具在直径方向切入量将较大，可能超过刀具的许可切削深度，这时宜将材料分几层依次切除。

选择"2D 刀路 - 外形铣削"对话框中的"径向分层切削"选项卡，如图 6-32 所示。该选项卡中各选项的含义如下：

1）"粗切"：用于设置粗加工的参数，其中"次"文本框用于设定粗加工的次数，"间距"文本框用于设置粗加工的间距。

2）"精修"：用于设置精加工的参数，其中"次"文本框用于设定精加工的次数，"间距"文本框用于设置精加工的间距。

3）"精修"：用于设置在最后深度进行精加工还是每层进行精加工，选择"最后深度"，则最后深度进行精加工；选择"所有深度"，则所有深度都进行精加工。

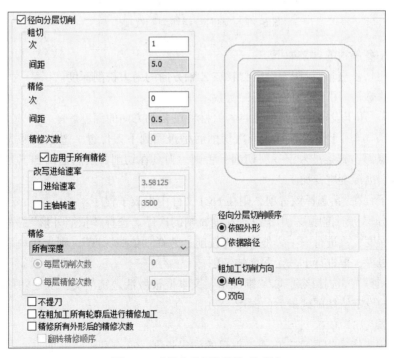

图 6-32 "径向分层切削"选项卡

4）"不提刀"：用于设置刀具在一次切削后是否回到下刀位置。选中该复选框，则在每层切削完毕后不退刀，直接进入下一层切削；否则，刀具在切削每层后退回到下刀位置，然后才移动到下一个切削深度进行加工。

6. 轴向分层切削

如果要切除的材料较深，刀具在轴向参加切削的长度会过大，为了避免刀具吃不消，应将材料分几次切除。

选择"2D 刀路 - 外形铣削"对话框中的"轴向分层切削"选项卡，如图 6-33 所示。利用该选项卡可以完成轮廓加工中分层轴向铣削深度的设定。

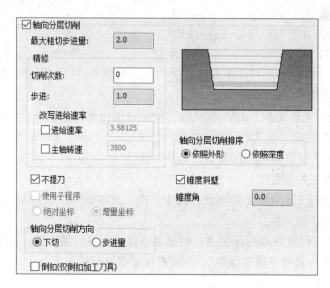

图 6-33 "轴向分层切削"选项卡

该选项卡中各选项的含义如下：

1）"最大粗切步进量"：用于设定材料在 Z 轴方向的最大铣削深度。

2）"切削次数"：用于设定精加工的次数。

3）"步进"：用于设定每次精加工时去除材料在 Z 轴方向的深度。

4）"不提刀"：用于设置刀具在一次切削后是否回到下刀位置。选中该复选框，则在每层切削完毕后不退刀，直接进入下一层切削；否则，刀具在切削每层后退回到下刀位置，然后才移动到下一个切削深度进行加工。

5）"使用子程序"：选择该选项，则在 NCI 文件中生成子程序。

6）"轴向分层切削排序"：用于设置深度铣削的次序。选择"依照外形"，先在一个外形边界铣削设定的深度，再进行下一个外形边界铣削；选择"依照深度"，则先在一个深度上铣削所有的一个外形边界，再进行下一个深度的铣削。

7）"锥度斜壁"：选择该选项，"锥度角"文本框被激活，铣削加工从毛坯顶部按照"锥度角"文本框中的设定值切削到最后的深度。

7. 贯通设置

贯通设置用来指定刀具完全穿透工件后的伸出长度，这有利于清除加工的余量。系统会自动在进给深度上加入这个贯穿距离。

选择"2D 刀路 - 外形铣削"对话框中的"贯通"选项卡，如图 6-34 所示。利用该选项卡可以设置贯通距离。

8. 进 / 退刀设置

刀具进刀或退刀时，由于切削力的突然变化，工件将会产生因振动而留下的刀迹。因此，在进刀和退刀时，Mastercam 2023 可以自动添加一段直线或圆弧，如图 6-35 所示，使之与轮廓光滑过渡，从而消除振动带来的影响，提高加工质量。

选择"2D 刀路 - 外形铣削"对话框中的"进 / 退刀设置"选项卡，如图 6-36 所示。

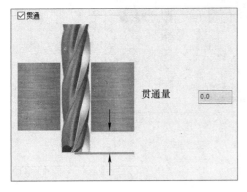

图 6-34 "贯通"选项卡

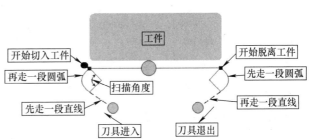

图 6-35 进 / 退刀方式参数含义

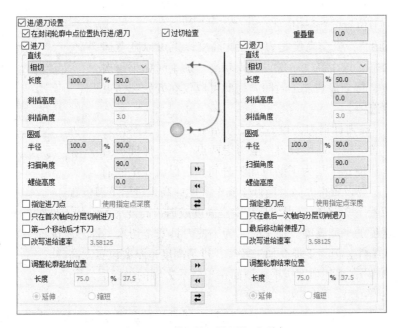

图 6-36 "进 / 退刀设置"选项卡

9. 跳跃切削

在加工时，可以指定刀具在一定阶段脱离加工面一段距离，以形成一个台阶，有时这是一项非常重要的功能，如在加工路径中有一段凸台需要跨过。

选择"2D 刀路 - 外形铣削"对话框中的"毛头"选项卡，如图 6-37 所示。

图 6-37　"毛头"选项卡

10. 高度参数

在 Mastercam 2023 铣削的各加工方式中，都会存在高度参数的设置问题。选择"2D 刀路 - 外形铣削"对话框中的"连接参数"选项卡，如图 6-38 所示。高度参数设置包括"安全高度""提刀""下刀位置""毛坯顶部"和"深度"。

1)"安全高度"：安全高度是刀具在此高度以上可以随意运动而不会发生碰撞。这个高度一般设置得较高，加工时如果每次提刀至安全高度，将会浪费加工时间，为此可以仅在开始和结束时使用安全高度选项。

2)"提刀"：提刀即退刀高度，它是开始下一个刀具路径之前刀具回退的位置。退刀高度设置一般考虑两点：一是保证提刀安全，不会发生碰撞；二是为了缩短加工时间。在保证安全的前提下，退刀高度不要设置得太高，应低于安全高度并高于进给下刀位置。

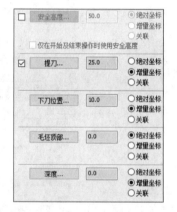

图 6-38　"连接参数"选项卡

3)"下刀位置"：下刀位置指刀具从安全高度或退刀高度下刀铣削工件时，下刀速度由 G00 速度变为进给速度的平面高度。加工时，为了使刀具安全切入工件，需设置一个进给高度来保证刀具安全切入工件，但为了提高加工效率，进给高度也不要设置太高。

4)"毛坯顶部"：毛坯顶部指毛坯顶面在坐标系 Z 轴的坐标值。

5)"深度"：深度指最终的加工深度值。

值得注意的是，每个高度值均可以用绝对坐标或相对坐标进行输入，绝对坐标是相对于工件坐标系而定的，而相对坐标则是相对于毛坯顶部的高度来设置的。

11. 过滤设置

过滤设置是通过删除共线的点和不必要的刀具移动来优化刀具路径，简化 NCI 文件。

选择"2D 刀路 - 外形铣削"对话框中的"公差分配 / 圆弧过滤"选项卡，如图 6-39 所示。该选项卡中主要选项的含义如下：

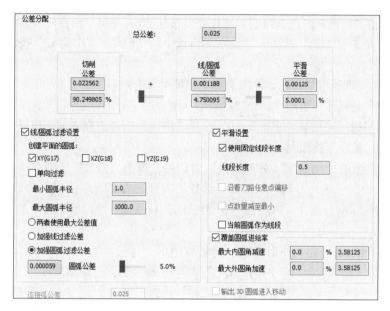

图 6-39 "公差分配 / 圆弧过滤"选项卡

（1）"切削公差" 用于设定在进行过滤时的公差值。当刀具路径中的某点与直线或圆弧的距离不大于该值时，则系统将自动删除到该点的移动。

（2）"线 / 圆弧过滤设置" 设定每次过滤时可删除点的最大数量，数值越大，过滤速度越快，但优化效果越差，建议该值应小于 100。

1）"创建平面的圆弧"中的"XY"复选框：选择该选项，使后置处理器配置适于处理 XY 平面上的圆弧，通常在 NC 代码中指定为 G17。

2）"创建平面的圆弧"中的"XZ"复选框：选择该选项，使后置处理器配置适于处理 XZ 平面上的圆弧，通常在 NC 代码中指定为 G18。

3）"创建平面的圆弧"中的"YZ"复选框：选择该选项，使后置处理器配置适于处理 YZ 平面上的圆弧，通常在 NC 代码中指定为 G19。

4）"最小圆弧半径"：用于设置在过滤操作过程中圆弧路径的最小圆弧半径，当圆弧半径小于该输入值时，用直线代替。注：只有在产生 XY、XZ、YZ 平面的圆弧中至少一项被选择时才激活。

5）"最大圆弧半径"：用于设置在过滤操作过程中圆弧路径的最大圆弧半径，当圆弧半径大于该输入值时，用直线代替。注：只有在产生 XY、XZ、YZ 平面的圆弧中至少一项被选择时才激活。

6.3.2　实例——标牌模具外形加工

本节在 6.2.2 节平面铣的基础上进行外形铣削。

网盘 \ 视频教学 \ 第 6 章 \ 标牌模具外形加工 . MP4

操作步骤如下：

01 单击"切换显示已选择的刀路操作"按钮≋，关闭平面铣的刀路；接着选中标牌模具二维图形，单击"工具"选项卡"显示"面板中的"隐藏 / 取消隐藏"按钮⊞，将边界框隐藏。

注意，"工具"选项卡只有在选择图素后才会显示出来。

单击"刀路"选项卡"2D"面板"2D 铣削"组中的"外形"按钮▧，系统弹出"线框串连"对话框，同时提示"选择外形串连 1"，选择二维图形的外边框为加工边界。单击"线框串连"对话框中的"确定"按钮◉。

02 系统弹出"2D 刀路 - 外形铣削"对话框，单击"刀具"选项卡中的"选择刀库刀具"按钮，系统弹出"选择刀具"对话框。选择"刀号"为 223、"直径"为 20mm 的平铣刀。单击"确定"按钮◉，返回"2D 刀路 - 外形铣削"对话框，可以看到选择的平铣刀已进入对话框中。

03 选择"2D 刀路 - 外形铣削"对话框中的"连接参数"选项卡，设置"提刀"为20.0，坐标形式为"绝对坐标"；"下刀位置"为 3.0，坐标形式为"增量坐标"；"毛坯顶部"为 0，坐标形式为"绝对坐标"；"深度"为 −20.0，坐标形式为"增量坐标"，其他参数采用默认值。

04 选择"2D 刀路 - 外形铣削"对话框中的"径向分层切削"选项卡，勾选"径向分层切削"复选框，设置"粗切"次数为 1，"间距"为 1.5；"精修"次数为 1，"间距"为 0.5；勾选"不提刀"复选框。

05 选择"2D 刀路 - 外形铣削"对话框中的"轴向分层切削"选项卡，勾选"轴向分层切削"复选框，设置"最大粗切步进量"为 6，"精修"切削次数为 0，勾选"不提刀"复选框。"轴向分层切削排序"选择"依照深度"。

06 选择"2D 刀路 - 外形铣削"对话框中的"贯通"选项卡，勾选"贯通"复选框，"贯通量"设置为 1.0。

07 选择"2D 刀路 - 外形铣削"对话框中的"进 / 退刀设置"选项卡，取消"进 / 退刀设置"复选框的勾选。

08 单击"刀路"管理器中的"选择全部操作"按钮▶和"实体仿真所选操作"按钮🗏，在弹出的"Mastercam 模拟器"窗口中单击"播放"按钮▶，得到如图 6-40 所示的模拟结果。

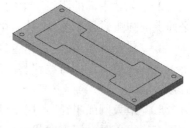

当用户需要此操作的 NC 代码时，可以单击"刀路"管理器中的"运行选择的操作进行后处理"按钮G1，得到 NC 代码，用户可以在 NC 代码编辑栏内添加修改程序。

图 6-40　模拟结果

6.4　挖槽加工

挖槽加工一般又称为口袋型加工，它是由点、直线、圆弧或曲线组合而成的封闭区域，其特征为上下形状均为平面，而剖面形状则有垂直边、推拔边，以及垂直边 R 角与推拔边含 R 角 4 种。

一般在加工时大多选择与所要切削的断面边缘具有相同外形的铣刀，如果选择不同形状的刀具，可能会产生过切或切削不足的现象。进退刀的方法与外形铣削相同，不过附带指出一点，一般面铣刀切削刃中心可以分为中心有切刃与中心无切刃两种，中心有孔的面铣刀不适用于直接进刀，宜先行在工件上钻小孔或以螺旋方式进刀，至于中心有切刃者，对于较硬的材料仍不宜直接垂直铣入工件。

📖 6.4.1 设置挖槽参数

绘制好轮廓图形或打开已经存在的图形，单击"刀路"选项卡"2D"面板"2D 铣削"组中的"挖槽"按钮 📧，系统弹出"线框串连"对话框，同时提示"选择内槽串连 1"，然后在绘图区采用串连方式对几何模型串连后单击"线框串连"对话框中的"确定"按钮 ✅，系统弹出"2D 刀路 -2D 挖槽"对话框。

1. 挖槽加工方式

选择"切削参数"选项卡。如图 6-41 所示。挖槽加工方式共有 5 种，分别为标准、平面铣、使用岛屿深度、残料和开放式挖槽。当选择的所有串连均为封闭串连时，可以选择前 4 种加工方式。选择"标准"选项时，系统采用标准的挖槽方式，即仅铣削定义凹槽内的材料，而不会对边界外或岛屿的材料进行铣削；选择"平面铣"选项时，相当于面铣削（face）模块的功能，在加工过程中只保证加工出选择的表面，而不考虑是否会对边界外或岛屿的材料进行铣削；选择"使用岛屿深度"选项时，不会对边界外进行铣削，但可以将岛屿铣削至设置的深度；选择"残料"选项时，进行残料挖槽加工，其设置方法与残料外形铣削加工中参数设置相同。当选择的串连中包含有未封闭串连时，只能选择"开放式挖槽"加工方式，当采用"开放式挖槽"加工方式时，实际上系统是将未封闭的串连先进行封闭处理，再对封闭后的区域进行挖槽加工。

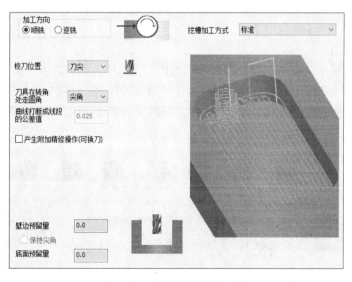

图 6-41 "切削参数"选项卡

当选择"平面铣"或"使用岛屿深度"加工方式时，"平面铣"加工方式如图 6-42 所示，该选项卡中各选项的含义如下：

1）"重叠量"：用于设置以刀具直径为基数计算刀具超出的比例。例如，刀具直径为 4mm，设定的超出比例 50%，则超出量为 2mm。它与超出比例的大小有关，等于超出比例乘以刀具直径。

2）"进刀引线长度"：用于设置下刀点到有效切削点的距离。

3）"退刀引线长度"：用于设置退刀点到有效切削点的距离。

4）"岛屿上方预留量"：用于设置岛屿的最终加工深度，该值一般要高于凹槽的铣削深度。只有挖槽加工方式为"使用岛屿深度"时，该选项才被激活。

选择"开放式挖槽"加工方式，如图 6-43 所示。选择"使用开放轮廓切削方式"复选框时，则采用开放轮廓加工的走刀方式，否则采用"粗加工 / 精加工"选项卡中的走刀方式。

图 6-42 "平面铣"加工方式

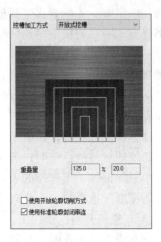

图 6-43 "开放式挖槽"加工方式

对于其他选项，其含义和外形铣削参数相关内容相同，读者可结合外形铣削加工参数自行领会。

2. 粗切方式设置

在"粗切"选项卡（见图 6-44）中勾选"粗切"复选框，则可以进行粗切削设置。Mastercam 2023 提供了 8 种粗切削的走刀方式：双向、等距环切，平行环切、平行环切清角、渐变环切、高速切削、单向和螺旋切削。这 8 种方式又可以分为直线切削和螺旋切削两大类。

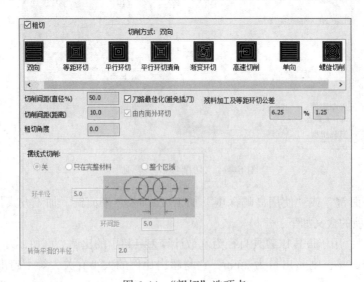

图 6-44 "粗切"选项卡

1）直线切削包括双向切削和单向切削。双向切削产生一组平行切削路径并来回都进行切削。其切削路径的方向取决于切削路径的角度的设置。单向切削所产生的刀具路径与双向切削基本相同，所不同的是单向切削按同一个方向进行切削。

2）螺旋切削是以挖槽中心或特定挖槽起点开始进刀，并沿着挖槽壁螺旋切削。螺旋切削有5种方式。

① 等距环切：产生一组螺旋式间距相等的切削路径。

② 平行环切：产生一组平行螺旋式切削路径，与等距环切路径基本相同。

③ 平行环切清角：产生一组平行螺旋且清角的切削路径。

④ 渐变环切：根据轮廓外形产生螺旋式切削路径，此方式至少有一个岛屿，且生成的刀具路径比其他模式生成的刀具路径要长。

⑤ 螺旋切削：以圆形、螺旋方式产生切削路径。

3. 切削间距

在"粗切"选项卡中提供了两种输入切削间距的方法，既可以在"切削间距（直径为%）"文本框中指定占刀具直径的百分比间接指定切削间距（此时切削间距 = 百分比 × 刀具直径），也可以在"切削间距（距离）"文本框直接输入切削间距数值。值得注意的是，该参数和切削间距（直径为%）是相关联的，更改一个，另一个也随之改变。

4. 粗加工下刀方式

在挖槽粗加工路径中，下刀方式分为3种：关，即刀具从工件上方垂直下刀；螺旋，即以螺旋下降的方式向工件进刀；斜插，即以斜线方式向工件进刀。

默认的情况是关，在"进刀方式"选项卡中选择"螺旋"选项或"斜插"选项，如图6-45和图6-46所示，分别用于设置螺旋下刀和斜插下刀。这两个选项中的内容基本相同，下面对主要的参数进行介绍。

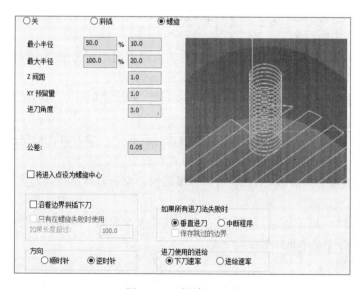

图 6-45 "螺旋"选项

1）"最小半径"：进刀螺旋的最小半径或斜插刀具路径的最小长度。可以输入刀具直径的百分比或直接输入半径值。

2）"最大半径"：进刀螺旋的最大半径或斜插刀具路径的最大长度。可以输入刀具直径的百分比或直接输入半径值。

3）"Z 间距"：用于指定开始螺旋或斜插进刀时距毛坯顶部的高度。

4）"XY 预留量"：用于指定螺旋槽或斜线槽与凹槽在 X 向和 Y 向的安全距离。

5）"进刀角度"：对于螺旋式下刀，只有进刀角度，该值为螺旋线与 XY 平面的夹角。角度越小，螺旋的圈数越多，一般设置为 3°~20°。对于斜插下刀，该值为刀具插入或切出角度，如图 6-46 所示，它通常选择 3°。

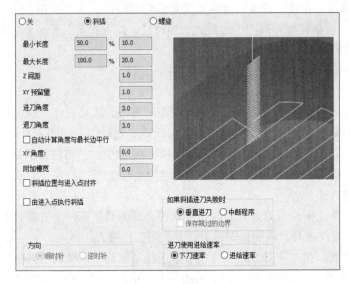

图 6-46　"斜插"选项

6）"如果所有进刀法失败时"：用于设置螺旋或斜插下刀失败时的处理方式，既可以为"垂直进刀"，也可以"中断程序"。

7）"进刀使用进给速率"：既可以以刀具的 Z 向进刀速率作为进刀或斜插下刀的速率，也可以以刀具水平切削的进刀速率作为进刀或斜插下刀的速率。

8）"方向"：指定螺旋下刀的方向，有"顺时针"和"逆时针"两种选项，该选项仅对螺旋下刀方式有效。

9）"沿着边界斜插下刀"：用于设定刀具沿着边界移动，即刀具在给定高度，沿着边界逐渐下降刀具路径的起点，该选项仅对螺旋下刀方式有效。

10）"将进入点设为螺旋中心"：表示下刀螺旋中心位于刀具路径起始点（下刀点）处，下刀点位于挖槽中心。

11）"附加槽宽"：用于指定刀具在每一个斜线的末端附加一个额外的导圆弧，使刀具路径平滑，圆弧的半径等于文本框中数值的一半。

5. 改写进给速率

在"精修"选项卡中"改写进给速率"选项用于重新设置精加工进给速度，它有两种方式：

1）"进给速率"：在精切削阶段，由于去除的材料通常较少，所以希望增加进给速率以提高加工效率。该文本框可输入一个与粗切削阶段不同的精切削进给速率。

2）"主轴转速"：该文本框可输入一个与粗切削阶段不同的精切削主轴转速。

此外，"粗加工/精加工"选项卡还可以完成其他参数的设定，如精加工次数、进/退刀方式、切削补偿等。这些参数有的在前面已经叙述，有的比较容易理解，这里不再赘述。

6.4.2 实例——标牌模具挖槽加工

在外形铣削的基础上创建挖槽加工。

 网盘\视频教学\第6章\标牌模具挖槽加工.MP4

操作步骤如下：

01 承接前述外形铣削示例结果，单击"刀路"选项卡"2D"面板"2D铣削"组中的"挖槽"按钮，系统弹出提示"选择内槽串连1"，选择图6-47所示的挖槽边界。

02 选择完挖槽边界后，单击"线框串连"对话框中的"确定"按钮，系统弹出"2D刀路-2D挖槽"对话框。单击"刀具"选项卡中的"选择刀库刀具"按钮

图6-47 选择挖槽边界

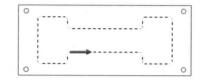，系统弹出"选择刀具"对话框。选择刀号为219、直径为12mm的平铣刀，单击"确定"按钮，回"2D刀路-2D挖槽"对话框。

03 选择"2D刀路-2D挖槽"对话框中的"切削参数"选项卡，设置"加工方向"为"顺铣"，"挖槽加工方式"为"标准"，"壁边预留量"为0，"底面预留量"为0。如图6-48所示。

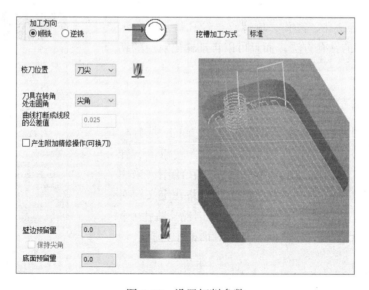

图6-48 设置切削参数

04 选择"2D刀路-2D挖槽"对话框中的"连接参数"选项卡，设置"提刀"为20.0，坐标形式为"绝对坐标"；"下刀位置"为3.0，坐标形式为"绝对坐标"；"毛坯顶部"为

−2.0，坐标形式为"绝对坐标"；"深度"为 −10.0，坐标形式为"增量坐标"。

05 在"轴向分层切削"选项卡中设置"最大粗切步进量"为 5.0，"切削次数"为 1，"步进"为 1.0，如图 6-49 所示。

06 选择"2D 刀路 -2D 挖槽"对话框中的"进刀方式"选项卡，进刀方式选择"螺旋"，参数采用默认。单击"确定"按钮 ✓，生成刀具路径，如图 6-50 所示。

07 单击"刀路"管理器中的"选择全部操作"按钮 ▶▴ 和"实体仿真所选操作"按钮 ⬚✓，在弹出的"Mastercam 模拟器"窗口中单击"播放"按钮 ▶，得到如图 6-51 所示的挖槽模拟结果。

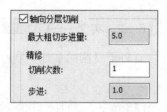

图 6-49 "轴向分层切削"选项卡

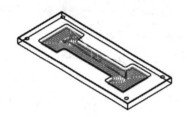

图 6-50 生成的刀具路径

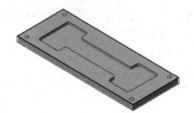

图 6-51 挖槽模拟结果

6.5 钻孔加工

孔加工是机械加工中使用较多的一个工序，孔加工的方法有很多，包括钻孔、镗孔、攻螺纹、铰孔等。Mastercam 也提供了丰富的钻孔方法，而且可以自动输出对应的钻孔固定循环。

6.5.1 设置钻孔切削参数

绘制好轮廓图形或打开已经存在的图形，单击"刀路"选项卡"2D"面板"2D 铣削"组中的"钻孔"按钮 📥，弹出"刀路孔定义"对话框，如图 6-52 所示。在绘图区采用手动方式选择定义钻孔位置，然后单击"刀路孔定义"对话框中的"确定"按钮 ✓，系统弹出"2D 刀路 - 钻孔 / 全圆铣削 深孔钻 - 无啄孔"对话框。在该对话框中选择"切削参数"选项卡。

1. 钻孔方式

Mastercam 2023 提供了 20 种钻孔方式，其中 8 种为标准方式，另外 12 种为自定义方式，如图 6-53 所示。

1）钻头 / 沉头钻：钻头从起始高度快速下降至提刀，然后以设定的进给量钻孔，到达孔底后，暂停一定时间后

图 6-52 "刀路孔定义"对话框

返回。钻头 / 沉头钻常用于孔深度小于 3 倍刀具直径的浅孔。

从"循环方式"下拉列表中选择"钻头 / 沉头钻"选项后，则"暂留时间"文本框被激活，它用于指定暂停时间，默认为 0，即没有暂停时间。

2）深孔啄钻：钻头从起始高度快速下降至提刀，然后以设定的进给量钻孔。钻到第一次步距后，快速退刀至起始高度以达到排屑的目的，然后再次快速下刀至前一次步距上部的一个步进间隙处，再按照给定的进给量钻孔至下一次步距。如此反复，直至钻至要求深度。深孔啄钻一般用于孔深大于 3 倍刀具直径的深孔。

3）断屑式：断屑式钻孔和深孔啄钻类似，也需要多次回缩以达到排屑的目的，只是回缩的距离较短。它适合孔深大于 3 倍刀具直径的孔。设置参数和深孔啄钻类似。

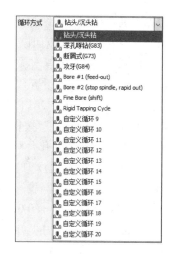

图 6-53　钻孔方式

4）攻牙：可以攻左旋和右旋螺纹，左旋和右旋主要取决于选择的刀具和主轴旋向。

5）Bore#1（feed-out）（镗孔 #1- 进给 - 退刀）：用进给速率进行镗孔和退刀，该方法可以获得表面较光滑的直孔。

6）Bore#2（stop spindle，rapid out）（镗孔 #2- 主轴停止，快速退刀）：用进给速率进行镗孔，至孔底主轴停止旋转，刀具快速退回。

7）Fine Bore（shift）：镗孔至孔底时，主轴停止旋转，将刀具旋转一个角度（即让刀，它可以避免刀尖与孔壁接触）后再退刀。

8）Rigid Tapping Cycle：刚性攻丝循环。

2. 刀尖补正

选择"刀尖补正"选项卡，如图 6-54 所示。可以利用该选项卡设置补偿量。该选项卡的含义比较简单，在此不在叙述。

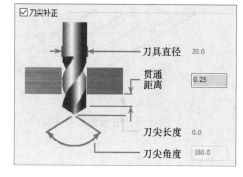

图 6-54　"刀尖补正"选项卡

6.5.2　实例——标牌模具钻孔加工

本节继续在挖槽加工的基础上进行钻孔加工。

　网盘 \ 视频教学 \ 第 6 章 \ 标牌模具钻孔加工 . MP4

操作步骤如下：

01　承接上节挖槽加工。单击"刀路"选项卡"2D"面板"2D 铣削"组中的"钻孔"按钮，弹出"刀路孔定义"对话框。选择图 6-55 所示的四个圆的圆心作为钻孔的中心点，单击"确定"按钮。

02　弹出"2D 刀具路径 - 钻孔 / 全圆铣削 深孔钻 - 无啄孔"对话框。单击"刀具"选项卡中的"选择

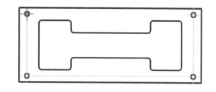

图 6-55　选择钻孔中心点

刀库刀具"按钮，系统弹出"选择刀具"对话框。选择刀号为 70、直径为 12mm 的钻头。单击"确定"按钮 ⊘，返回该对话框。

03 双击刀具图标，系统弹出"定义刀具"对话框。设置刀尖角度为 118，单击"下一步"按钮 下一步，设置"首次啄钻（直径为 %）"为 40，"副次啄钻（直径为 %）"为 60，"安全间隙（%）"为 15，"暂停时间"为 2，"回退量（直径为 %）"为 15；然后单击"单击重新计算进给率和主轴转速"按钮 ▦，再单击"完成"按钮 完成，返回"2D 刀具路径 - 钻孔 / 全圆铣削 深孔钻 - 无啄孔"对话框。

04 选择"2D 刀具路径 - 钻孔 / 全圆铣削 深孔钻 - 无啄孔"对话框中的"连接参数"选项卡，设置"参考高度"为 5.0，坐标形式为"绝对坐标"；"毛坯顶部"为 −2.0，坐标形式为"绝对坐标"；深度为 −20.0，坐标形式为"绝对坐标"。

05 选择"刀尖补正"选项卡，勾选"刀尖补正"复选框，设置"贯通距离"为 2.0。单击"确定"按钮 ⊘，生成钻孔刀具路径，如图 6-56 所示。

06 单击"刀路"管理器中的"选择全部操作"按钮 ▶ 和"实体仿真所选操作"按钮 🗔，在弹出的"Mastercam 模拟器"窗口中单击"播放"按钮 ▶，得到如图 6-57 所示的钻孔加工模拟结果。

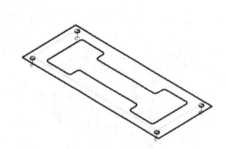

图 6-56　生成钻孔刀具路径

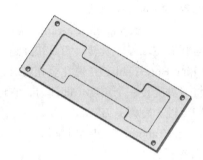

图 6-57　钻孔加工模拟结果

6.6　圆弧铣削

圆弧铣削主要以圆或圆弧为图形元素生成加工路径，它可以分为 6 种形式，分别为全圆铣削、螺纹铣削、自动钻孔、钻起始孔、铣键槽、螺旋镗孔。

📖 6.6.1　全圆铣削

全圆铣削是刀具路径从圆心移动到轮廓，然后绕圆轮廓移动而形成的。该方法一般用于扩孔（用铣刀扩孔，而不是用扩孔钻头扩孔）。

在"机床"选项卡"机床类型"面板中选择一种加工方法后（此处选择铣床），在"刀路"管理器中生成机群组属性文件，同时弹出"刀路"选项卡。在"2D"面板"孔加工"组中单击"全圆铣削"按钮 ◉，系统弹出"刀路孔定义"对话框；然后在绘图区选择需要加工的圆、圆弧或点，并单击"确定"按钮后 ⊘，系统弹出"2D 刀路 - 全圆铣削"对话框。选择"切削参数"选项卡，如图 6-58 所示。

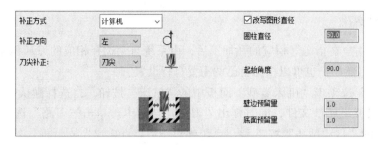

图 6-58 "切削参数"选项卡

该选项卡中部分选项的含义如下：

1）"圆柱直径"：如果在绘图区选择的图素是点，则该项用于设置全圆铣削刀具路径的直径；如果在绘图区中选择的图素是圆或圆弧，则采用选择的圆或圆弧直径作为全圆铣削刀具路径的直径。

2）"起始角度"：用于设置全圆刀具路径的起始角度。

6.6.2 螺纹铣削

螺纹铣削的刀具路径是一系列的螺旋形刀具路径，因此如果选择的刀具是镗刀杆，其上装有螺纹加工的刀头，则这种刀具路径可用于加工内螺纹或外螺纹。

单击"机床"选项卡"机床类型"面板中的"铣床"按钮，选择默认选项，在"刀路"管理器中生成机群组属性文件，同时弹出"刀路"选项卡。单击"刀路"选项卡"2D"面板"孔加工"组中的"螺纹铣削"按钮，系统弹出"刀路孔定义"对话框；然后在绘图区选择需要加工的圆、圆弧或点，单击"确定"按钮，系统弹出"2D 刀路 - 螺纹铣削"对话框。在该对话框的各个选项卡中设置刀具、螺旋铣削的各项参数，如图 6-59 和图 6-60 所示。选项卡中各选项的含义前面都介绍过，具体用法读者可以自行结合相关内容领会。

图 6-59 "切削参数"选项卡

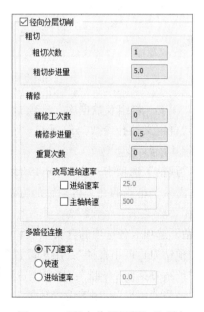

图 6-60 "径向分层切削"选项卡

6.6.3 自动钻孔

自动钻孔指用户在指定好相应的孔加工后，由系统自动选择相应的刀具和加工参数，自动生成刀具路径，当然用户也可以根据自己的需要自行设置。

单击"机床"选项卡"机床类型"面板中的"铣床"按钮 ⚒，选择默认选项，在"刀路"管理器中生成机群组属性文件，同时弹出"刀路"选项卡。单击"刀路"选项卡"2D"面板"孔加工"组中的"自动钻孔"按钮 ⚒，系统弹出"刀路孔定义"对话框；然后在绘图区选择需要加工的圆、圆弧或点，单击"确定"按钮 ✅，系统弹出"自动圆弧钻孔"对话框。该对话框中有 4 个选项卡，具体如下：

（1）"刀具参数"选项卡　用于刀具参数设置，如图 6-61 所示。其中，"精修刀具类型"下拉列表用于设置本次加工使用的刀具类型，而其刀具的具体参数，如直径，则由系统自动生成。

图 6-61　"刀具参数"选项卡

（2）"深度、群组及数据库"选项卡　用于设置钻孔深度、机床组及刀库，如图 6-62 所示。

（3）"自定义钻孔参数"选项卡　用于设置用户自定义的钻孔参数，如图 6-63 所示。初学者一般都不用定义该参数。

（4）"预钻"选项卡　如图 6-64 所示。预钻操作指当孔较大且精度要求较高时，在钻孔之前要先钻出一个小些的孔，再用钻的方法将这个孔扩大到需要的直径，这些前面钻出来的孔就是预钻孔。

"预钻"选项卡各选项的含义如下：

1）"预钻刀具最小直径"：用于设置预钻刀具的最小直径。

2）"预钻刀具直径增量"：用于设置预钻的次数大于两次时，两次预钻直径与孔的直径之差。

3）"精修预留量"：用于设置精加工留下的单边余量。

4）"刀尖补正"：用于设置刀尖补偿，具体含义可以参考前面内容。

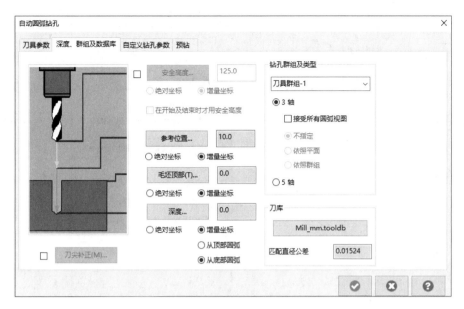

图 6-62 "深度、群组及数据库"选项卡

图 6-63 "自定义钻孔参数"选项卡　　　　　图 6-64 "预钻"选项卡

6.6.4 钻起始孔

在实际加工中，可能会遇到这样的情形，由于孔的直径较大或较深，无法用刀具一次加工成形。为了保证后续的加工，需要预先切削掉一些材料，这就是起始点钻孔加工。

创建钻起始孔的刀具路径，必须先有创建好的铣削加工刀具路径，钻起始孔加工的刀具路径将插到被选择的刀具路径之前。

单击"机床"选项卡"机床类型"面板中的"铣床"按钮 ，选择默认选项，在"刀路"管理器中生成机群组属性文件，同时弹出"刀路"选项卡。单击"刀路"选项卡"2D"面板"孔加工"组中的"起始孔"按钮 ，系统弹出"起始钻孔"对话框，如图 6-65 所示。该对话框中各选项的含义如下：

1）"起始钻孔操作"：用于设置起始点钻孔加工放置的位置。

2）"附加直径数量"：用于设置钻出的孔比后面铣削孔的直径超出量。

3）"附加深度数量"：用于设置钻出的孔比后面铣削孔的深度超出量。

图 6-65　"起始钻孔"对话框

📖 6.6.5　铣键槽

铣键槽是用于专门加工键槽的，其加工边界必须是由圆弧和连接两条直线所构成的。实际上，铣键槽也可以用普通的挖槽加工来实现。

单击"机床"选项卡"机床类型"面板中的"铣床"按钮 🔧，选择默认选项，在"刀路"管理器中生成机群组属性文件，同时弹出"刀路"选项卡。单击"刀路"选项卡"2D"面板"2D 铣削"组中的"铣槽"按钮 📄，然后在绘图区采用串连方式对几何模型串连后单击"线框串连"对话框中的"确定"按钮 ✓，系统弹出"2D 刀路 - 铣槽"对话框。

"粗 / 精修"选项卡用于设置铣键槽加工的粗、精加工相关参数，以及进刀方式和角度，如图 6-66 所示。

图 6-66　"粗 / 精修"选项卡

📖 6.6.6　螺旋镗孔

用钻头钻孔，钻头多大，则孔就多大。如果要加工出比刀具路径大的孔，除了上面用铣刀挖槽加工或全圆铣削外，还可以用螺旋镗孔加工的方式实现。螺旋镗孔加工方法是：整个刀杆除了自身旋转外，还可以整体绕某旋转轴旋转。这与螺旋铣削动作类似，但实际上螺旋钻孔时，下刀量要比螺旋铣削小得多。

单击"机床"选项卡"机床类型"面板中的"铣床"按钮 🔧，选择默认选项，在"刀路"管理器中生成机群组属性文件，同时弹出"刀路"选项卡。单击"刀路"选项卡"2D"面板

"孔加工"组中的"螺旋镗孔"按钮▓，系统弹出"刀路孔定义"对话框；然后在绘图区选择需要加工的圆、圆弧或点，并单击"确定"按钮✓后，系统弹出"2D 刀路 - 螺旋镗孔"对话框。

"粗 / 精修"选项卡用于设置螺旋镗孔加工的粗、精加工相关参数，如图 6-67 所示。

读者也可以自行将 6.5 节的图形中孔再用螺旋镗孔方式加工至要求的尺寸。

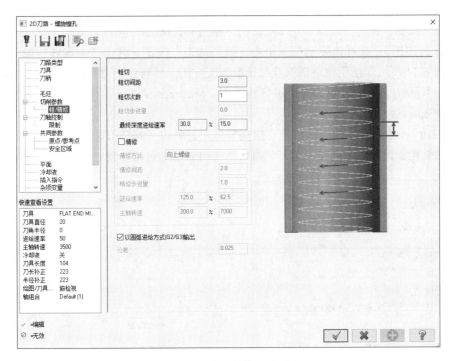

图 6-67　"粗 / 精修"选项卡

6.7　文字雕刻加工

雕刻加工是铣削加工的一个特例，属于铣削加工范围。雕刻平面上的各种图案和文字属于二维铣削加工。本节将以示例的形式介绍 Mastercam 2023 提供的这种功能。

6.7.1　设置木雕加工参数

雕刻加工对文字类型、刀具、刀具参数设置的要求比较高。因为如果设计的文字类型使得文字间的图素间距太小，造成铣刀不能加工，还有如果刀具参数设计的不合理，则可能雕刻得太浅，都显示不出雕刻的效果。

单击"刀路"选项卡"2D"面板"2D 铣削"组中的"木雕"按钮▭，系统弹出"线框串连"对话框，根据系统提示选择要雕刻的字样，选择完毕后，系统提示"输入草图起始点"，指定搜寻点，单击"确定"按钮 ✓ ，系统弹出"木雕"对话框。

1."木雕参数"选项卡

选择"木雕"对话框中"木雕参数"选项卡，如图 6-68 所示。

1）"XY 预留量"：在 X 轴和 Y 轴上留下材料以进行精加工，同时允许 Mastercam 显示正确的刀具直径。

2）"轴向分层切削"：选择该复选框，则切削时将总深度划分为多个深度。单击"轴向分层切削"按钮，弹出"轴向分层切削"对话框，如图 6-69 所示。该对话框用于设置轴向分层切削参数。

3）"过滤"：选择该复选框，可以消除刀具路径中不必要的刀具移动以创建更平滑的移动。单击"过滤"按钮，弹出"过滤设置"对话框，如图 6-70 所示。该对话框用于设置过滤参数。

4）"残料加工"：选择该复选框，单击"残料加工"按钮，弹出"木雕残料加工设置"对话框，如图 6-71 所示。使用该对话框选择残料加工方法。残料加工刀具路径使用较小的刀具去除粗加工刀具无法去除的材料，然后进行精加工。Mastercam 可以计算要从先前操作或粗加工刀具尺寸中去除的材料。

5）"扭曲"：选择该复选框，单击"扭曲"按钮，弹出"缠绕刀路"对话框，如图 6-72 所示。该对话框用于设置将刀具路径包裹到曲面上或两曲线之间的参数。

图 6-68　"木雕参数"选项卡

图 6-69　"轴向分层切削"对话框

图 6-70　"过滤设置"
对话框

图 6-71　"木雕残料加工设置"
对话框

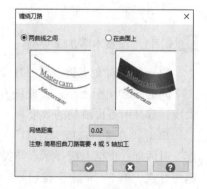

图 6-72　"缠绕刀路"
对话框

2. "粗切/精修参数"选项卡

选择"木雕"对话框中"粗切/精修参数"选项卡，如图6-73所示。

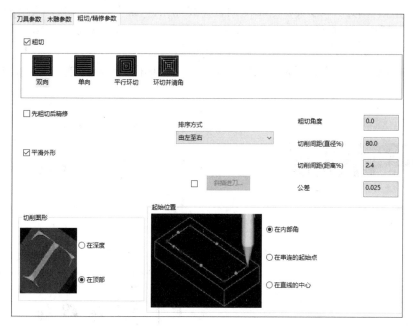

图6-73 "粗切/精修参数"选项卡

1）"粗切"：勾选该复选框，激活默认值并可以选择加工方法。加工方法包括"双向"、"单向""平行环切"和"环切并清角"。

2）"在深度"：选择该选项，则木雕加工是将几何体投影到刀具路径深度。将几何投影到"木雕参数"选项卡中指定的刀具路径深度的Z值，刀具路径可能会超出几何的边界。

3）"在顶部"：选择该选项，则木雕加工是将几何体投影到毛坯顶部。在"木雕参数"选项卡中指定的坯料顶部的Z值处投影几何图形。刀具路径可能无法达到最终深度，因为这样做会使刀具路径超出几何边界。

6.7.2 实例——标牌模具木雕加工

在钻孔的基础上进行文字雕刻加工。

参见
网盘 | 网盘\视频教学\第6章\标牌模具加工.MP4

操作步骤如下：

01 承接上述钻孔加工后的结果，再绘制"文字雕刻"字样。在"刀路"管理器中选择前面创建的4个刀具路径，单击"切换显示已选择的全部操作"按钮 ≈，将刀具路径隐藏。单击"视图"选项卡"屏幕视图"面板中的"俯视图"按钮，将屏幕视角切换为俯视图。切换状态栏中的"绘图平面"为"俯视图"。单击"线框"选项卡"形状"面板中的"文字"按钮 **A 文字**，弹出"创建文字"对话框，如图6-74所示。在"字母"文本框中输入"文字雕刻"，在"尺寸"选项组中设置"高度"为 35.0，"间距"为 10.0，然后单击"样式"右侧的"True Type Font"按钮 ⊞，弹出"字体"对话框。设置字体为"楷体"，绘制文字，如图 6-75 所示。

02 单击"刀路"选项卡"2D"面板"2D 铣削"组中的"木雕"按钮 ▣，系统弹出"线框串连"对话框。在对话框内选择"窗口"按钮 ▭，接下来按图 6-76 所示选择"文字雕刻"字样，选择完毕后，系统提示"输入草图起始点"，则按图 6-77 所示选择"文"字第三笔画的端点作为搜寻点，选择后所有文字反色显示，再单击"线框串连"对话框中的"确定"按钮 ☑。

图 6-74 "创建文字"对话框

图 6-75 绘制文字

图 6-76 选择雕刻字样

选择此点为搜寻点

图 6-77 选择搜寻点

03 系统在"刀路"管理器中加入木雕操作管理项，此时系统弹出"木雕"对话框，如图 6-78 所示。雕刻加工的刀具一般选择 V 形刀（倒角铣刀）。雕刻文字时，倒角铣刀的底部宽度是要设置的关键尺寸。这个尺寸往往关系到雕刻的成败，一般设置小些效果好，但要注意与雕刻深度匹配。

由于本例的文字最小间距及拐角半径都很小，因此选择了刀号为 213、直径为 3mm 的平铣刀。刀具的尺寸参数设置如下："刀齿长度"为 15，"刀肩长度"为 15，其他参数采用默认值。刀具的加工工艺参数设置如下："进给速率"为 200，"主轴转速"为 1000，"下刀速率"为 150，其他参数采用默认值。

04 选择"木雕"对话框中的"木雕参数"选项卡，设置"毛坯顶部"为 0，坐标形式为"绝对坐标"；"深度"为 -13.0，坐标形式为"绝对坐标"，其他参数采用默认值。雕刻加工的深度一般很小，约为 1mm。本例为了加强雕刻的图形显示，设置雕刻深度为 -13.0。

图 6-78　"木雕"对话框

05 选择"木雕"对话框中的"粗切／精修参数"选项卡，由于本例的切削深度较深，因此勾选"先粗切再精修"复选框，单击对话框中的"确定"按钮 ⊘ ，雕刻加工路径如图 6-79 所示。

06 单击"刀路"管理器中的"选择全部操作"按钮 ▶ 和"实体仿真所选操作"按钮 ⓐ ，在弹出的"Mastercam 模拟器"窗口中单击"播放"按钮 ▶ ，模拟标牌的整个加工过程，视角转换为等角视图后，模拟的最终结果如图 6-80 所示。

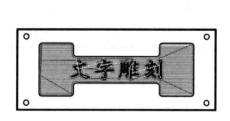

图 6-79　雕刻加工路径

图 6-80　模拟的最终结果

6.8 综合实例——底座

图 6-81 所示为底座模型。本例使用二维加工的平面铣削、外形铣削、挖槽加工、钻孔加工及全圆加工方法。通过本实例，希望读者对 Mastercam 2023 二维加工有进一步的认识。

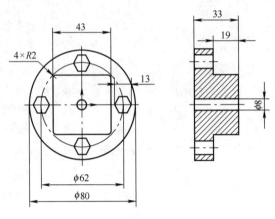

图 6-81 底座模型

 网盘 \ 视频教学 \ 第 6 章 \ 底座 . MP4

6.8.1 加工零件与工艺分析

为了保证加工精度，选择零件毛坯为 $\phi80mm$ 的棒料，长度为 35mm。根据模型情况，需要加工的是：平面，43mm × 43mm 的四方台面，$\phi8mm$ 的孔，4 个六边形槽，工艺台阶。其加工路线如下：铣平面→钻中心孔→扩孔→粗铣 4 个六边形孔→精铣四方台面→精铣 4 个六边形孔→精铣工艺台阶。表 6-1 列出了本次加工中使用的刀具参数。

表 6-1 加工中使用的刀具参数

刀具号码	刀具名称	刀具材料	刀具直径 / mm	零件材料（铝材）			备注
				转速 / （r/min）	径向进给量 / （mm/min）	轴向进给量 / （mm/min）	
T1	平铣刀	高速钢	12	600	120	50	粗铣
T2	平铣刀	高速钢	4	2500	250	150	精铣
T3	中心钻	高速钢	5	1500	—	80	钻中心孔
T5	平铣刀	高速钢	1	10000	1000	500	精铰孔

6.8.2 加工前的准备

加工所用二维图形，用户可以直接从网盘的源文件中调入。

01 选择机床。单击"机床"选项卡"机床类型"面板中的"铣床"按钮⚙️，选择默认选项即可。

02 毛坯设置。在"刀路"管理器选择"毛坯设置"选项，系统弹出"毛坯设置"对话框。勾选"显示线框图素"复选框，在该对话框中单击"从边界框添加"按钮，打开"边界框"对话框，如图 6-82 所示。设置"形状"为"圆柱体"，"轴心"为"Z"，"半径"为 40.0，"高度"为 35.0；毛坯"原点"选择上表面圆心，勾选"实体"复选框，单击"确定"按钮，返回"毛坯设置"对话框。单击"确定"按钮，毛坯如图 6-83 所示。

6.8.3 刀具路径的创建

01 铣削毛坯上表面。

❶ 单击"刀路"选项卡"2D"面板"2D 铣削"组中的"面铣"按钮。

❷ 系统弹出"线框串连"对话框。在绘图区选择外圆图素，如图 6-83 所示。单击"确定"按钮，弹出"2D 刀路 - 平面铣削"对话框。

❸ 选择"刀具"选项卡中的"选择刀库刀具"按钮，选择刀号为 219、直径为 12mm 的平铣刀。单击"确定"按钮，返回"2D 刀路 - 平面铣削"对话框。设置"进给速率"为 50，"下刀速率"为 120 和"提刀速率"为 2000，"主轴转速"为 600，其他参数采用默认值。

❹ 选择"连接参数"选项卡，设置"安全高度"为 50，坐标形式为"绝对坐标"，勾选"仅在开始及结束操作时使用安全高度"复选框；"提刀"为 25，坐标形式为"绝对坐标"；"下刀位置"为 10，坐标形式为"增量坐标"；"毛坯顶部"为 0，坐标形式为"绝对坐标"；"深度"为 -2，坐标形式为"绝对坐标"；其他均采用默认值。设置完后，单击"确定"按钮，系统立即在绘图区生成面铣刀具路径。如图 6-84 所示。

图 6-82 "边界框"对话框

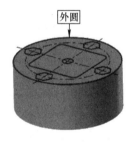

图 6-83 毛坯

图 6-84 面铣刀具路径

02 粗铣 43×43 的四方台面。

❶ 为了方便操作，单击"刀路"管理器中的"切换显示已选择的刀路操作"按钮 ≈，可以将上面生成的刀具路径隐藏（后续各步均有类似操作，不再叙述）。

❷ 单击"刀路"选项卡"2D"面板"2D 铣削"组中的"外形"按钮 ，系统弹出"线框串连"对话框，同时提示"选择外形串连 1"；在绘图区选择 43×43 四方形作为外形铣削图素，如图 6-85 所示；最后单击对话框中的"确定"按钮 ，系统弹出"2D 刀路 - 外形铣削"对话框。

❸ 选择"连接参数"选项卡，设置"安全高度"为 50，坐标形式为"绝对坐标"；"提刀"为 25，坐标形式为"绝对坐标"；"下刀位置"为 10，坐标形式为"增量坐标"；"毛坯顶部"为 -2，坐标形式为"绝对坐标"；"深度"为 -19，坐标形式为"绝对坐标"；其他均采用默认值。值得注意的是，由于铣四方台面的刀具和平面铣相同，因此无须再重新设置。

❹ 选择"径向分层切削"选项卡，勾选"径向分层切削"复选框，设置粗切"次"为 3，粗切"间距"为 6；精修"次"为 1，"间距"为 0.5，勾选"不提刀"复选框。

❺ 选择"轴向分层切削"选项卡，勾选"轴向分层切削"复选框，设置"最大粗切步进量"为 6，精修"切削次数"为 1，"精修量"为 0.5，勾选"不提刀"复选框，其他采用默认值。单击"确定"按钮 ，即可生成相应的刀具路径，如图 6-86 所示。

03 钻中心孔。

❶ 单击"刀路"选项卡"2D"面板"2D 铣削"组中的"钻孔"按钮 。

❷ 系统弹出"刀路孔定义"对话框，在绘图区选择圆的中心作为钻孔点，如图 6-87 所示。单击"确定"按钮 。弹出"2D 刀路 - 钻孔 / 全圆铣削 深孔钻 - 无啄孔"对话框。

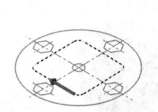

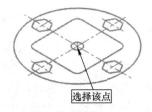

选择该点

图 6-85　外形铣削图素选择　　　　图 6-86　外形铣削刀具路径　　　　图 6-87　选择钻孔点

❸ 单击"刀具"选项卡中的"选择刀库刀具"按钮，选择刀号为 22、直径为 5mm 的中心钻，单击"确定"按钮 ，返回"2D 刀路 - 钻孔 / 全圆铣削 深孔钻 - 无啄孔"对话框。设置"进给率"为 80；"主轴转速"为 1500；其他参数采用默认值。

❹ 选择"连接参数"选项卡，设置"安全高度"为 50，坐标形式为"绝对坐标"；"参考高度"为 20，坐标形式为"绝对坐标"；"毛坯顶部"为 -2，坐标形式为"绝对坐标"；"深度"为 -35，坐标形式为"绝对坐标"。

❺ 选择"2D 刀路 - 钻孔 / 全圆铣削 深孔钻 - 无啄孔"对话框中的"刀尖补正"选项卡，并勾选"刀尖补正"复选框，"贯通距离"设置为 1，单击"确定"按钮 ，即可生成相应的刀具路径，如图 6-88 所示。

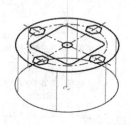

图 6-88　钻孔刀具路径

04 扩孔。

❶ 单击"刀路"选项卡"2D"面板"孔加工"组中的"全圆铣削"按钮◎，系统弹出"刀路孔定义"对话框。在绘图区选择图6-89所示的圆心点，单击"确定"按钮✅，弹出"2D刀路 - 全圆铣削"对话框。

❷ 单击"刀具"选项卡中的"选择刀库刀具"按钮，选择刀号为214、直径为4mm的平铣刀，双击修改铣刀总长度为80，刀齿长度为40；"进给速率"为250；"主轴转速"为2500；其他参数采用默认值。

❸ 选择"连接参数"选项卡，设置"安全高度"为50，坐标形式为"绝对坐标"；"提刀"为10，坐标形式为"绝对坐标"；"下刀位置"为5，坐标形式为"增量坐标"；"毛坯顶部"为-2，坐标形式为"绝对坐标"；"深度"为-35，坐标形式为"绝对坐标"。

❹ 选择"切削参数"选项卡，设置"起始角度"为90，壁边预留量和底面预留量均为0。

❺ 选择"轴向分层切削"选项卡，勾选"轴向分层切削"复选框，设置"最大粗切步进量"为5，单击"确定"按钮 ✅ ，生成扩孔刀具路径，如图6-89所示。

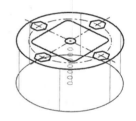

图6-89 扩孔刀具路径

05 粗铣六边形槽。

❶ 单击"刀路"选项卡"2D"面板"孔加工"组中的"挖槽"按钮◙，系统弹出的"线框串连"对话框。选择其中一六边形作为挖槽图素，如图6-90所示，然后单击"确定"按钮 ✅ ，系统弹出"2D刀路 -2D挖槽"对话框。

❷ 选择"刀具"选项卡，选择刀号为214、直径为4mm的平铣刀。

❸ 选择"连接参数"选项卡，设置"安全高度"为50，坐标形式为"绝对坐标"；"提刀"为20，坐标形式为"绝对坐标"；"下刀位置"为5，坐标形式为"绝对坐标"；"毛坯顶部"为-2，坐标形式为"绝对坐标"；"深度"为-40，坐标形式为"增量坐标"。

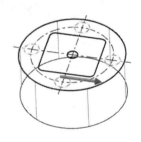

图6-90 选择挖槽图素

❹ 选择"轴向分层切削"选项卡，勾选"轴向分层切削"复选框，设置"最大粗切步进量"为5，勾选"不提刀"复选框，单击"确定"按钮 ✅ ，生成粗铣六边形槽刀具路径。如图6-91所示。

06 精铣六边形槽。

❶ 单击"刀路"选项卡"2D"面板"孔加工"组中的"挖槽"按钮◙，系统弹出的"线框串连"对话框。选择其中一六边形，作为挖槽图素，然后单击"确定"按钮 ✅ 。系统弹出"2D刀路 -2D挖槽"对话框。

❷ 选择"刀具"选项卡，选择刀号为213、直径为3mm的平铣刀，并设置"进给速率"为1000，"主轴转速"为10000，"下刀速率"为500，"提刀速率"为500。

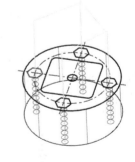

图6-91 粗铣六边形槽
刀具路径

❸ 选择"连接参数"选项卡，设置"安全高度"为50，坐标形式为"绝对坐标"；"提刀"为20，坐标形式为"绝对坐标"；"下刀位置"为5，坐标形式为"绝对坐标"；"毛坯顶部"为

−2，坐标形式为"绝对坐标"；"深度"为 −40，坐标形式为"增量坐标"，其他均采用默认值。

❹ 选择"切削参数"选项卡，设置"挖槽加工方式"为"残料"，剩余毛坯技术根据选择"前一个操作"；"壁边预留量"和"底面预留量"均为 0。

❺ 选择"轴向分层切削"选项卡，勾选"轴向分层切削"复选框，设置"最大粗切步进量"为 5，勾选"不提刀"复选框，单击"确定"按钮 ● 。如图 6-92 所示。

❻ 单击"刀路"管理器中的"选择全部操作"按钮 ▶ 和"实体仿真所选操作"按钮 ，在弹出的"Mastercam 模拟器"窗口中单击"播放"按钮 ▶ ，进行真实加工模拟，效果如图 6-93 所示。

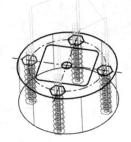

图 6-92　精铣六边形槽刀具路径

图 6-93　真实加工模拟效果

6.9　思考与练习

1. Mastercam 2023 提供的二维加工方法有哪几种？
2. 外形铣削模组的加工类型分为哪 4 种？
3. Mastercam 2023 的二维铣削加工需设置的高度参数包括哪些？它们都有什么意义？
4. 钻孔深度大于 3 倍刀具直径的深孔一般用哪些钻孔循环方式？

6.10　上机操作与指导

1. 自行完成图 6-94 所示的模型（尺寸自定），然后进行外形铣削加工操作，采用直径为 20mm 平铣刀，加工深度为 5mm，并输出刀具路径、仿真加工结果。

2. 在图 6-95 所示的模型中进行钻孔加工操作，采用直径为 16 mm 和 20mm 钻头，加工深度为 10mm，应用"刀路"管理器对模型进行外形铣削与钻削顺序加工，并输出刀具路径、仿真加工结果。

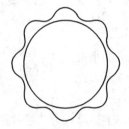

图 6-94　外形铣削练习模型平面图

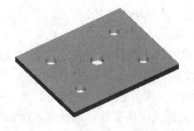

图 6-95　外形钻削练习模型平面图

第7章

曲面粗加工

三维加工又称曲面加工，它和二维加工的最大区别在于三维加工Z向不再是一种间歇运行，而是与XY方向一起运动，从而形成三维的刀具路径。三维加工常用于曲面和实体的加工。

三维加工又分为粗加工和精加工，本章将对三维粗加工的加工方法进行讲述。

知识重点

- ☑ 平行粗加工
- ☑ 放射粗加工
- ☑ 投影粗加工
- ☑ 流线粗加工

- ☑ 等高外形粗加工
- ☑ 残料粗加工
- ☑ 挖槽粗加工
- ☑ 钻削加工

7.1 曲面加工公用参数设置

曲面粗、精加工的各种类型都有自己的参数，但可以把这些参数分为共同参数和特定参数两类。共同参数指刀具参数的设置方法，其参数的设置方法对所有曲面加工类型基本相同。

7.1.1 刀具路径的曲面选择

所有的曲面加工都会遇到选择加工曲面的问题，选择曲面时，系统弹出如图7-1所示的对话框。

加工面、干涉面及切削范围对于曲面加工来说是最基本的概念，分述如下。

1）加工面：指刀具将要加工的曲面。

图7-1 "刀路曲面选择"对话框

2）干涉面：选择干涉面会限制刀具的移动，从而保证不发生过切现象，而且保证干涉表面不被刀具损伤。

3）切削范围：切削范围是一个封闭的串连曲线，用来限制加工曲面时刀具路径的加工区域。利用限制刀具的边界可以使刀具仅在所选的封闭曲线内进行切削。限制刀具的边界是为限制刀具的移动范围而特别创建的边界。

📖 7.1.2 刀具选择及参数设置

刀具路径的曲面选取完毕后，假设以平行加工为例，系统自动弹出"曲面粗切平行"对话框，如图 7-2 所示。单击对话框中的"选择刀库刀具"按钮，打开刀库选择刀具。当然，也可在空白处右击，接着执行"创建新刀具"命令。当新选择的刀具已显示在对话框中时，双击刀具图标，进入刀具尺寸参数、加工工艺参数设置，这些步骤与二维加工相同，请参看第 6 章中的相关内容。

图 7-2 "曲面粗切平行"对话框

📖 7.1.3 高度设置

曲面加工的高度设置与二维加工类似，不同的是二维加工要输入加工深度，而曲面加工中的深度是根据曲面的外形而定的，所以不需要进行深度设置，如图 7-3 所示。

"曲面参数"选项卡中部分选项的含义如下：

1）"加工面毛坯预留量"：指材料边界与粗加工完成面所残留的未切削量，它可以设定预留给精加工的量。

2）"干涉面毛坯预留量"：对干涉面不发生过切的量。

3）"切削范围"：在该组中可以设定刀具切削的边界，而刀具将会限于该区域中加工。

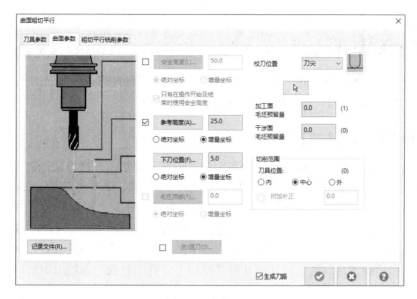

图 7-3　高度设置

7.1.4　进 / 退刀向量

　　激活并单击图 7-3 中所示的"进 / 退刀"按钮，进入"方向"对话框，如图 7-4 所示。此对话框的功能分为两个部分，一部分为"进刀向量"设置，另一部分为"退刀向量"设置。对话框中各选项的意义如下：

　　1）"向量"：单击"向量"按钮，系统弹出对话框，在对话框中输入 X、Y、Z 方向的值，即为一空间点的坐标。此坐标与原点的连线构成矢量方向。

图 7-4　"方向"对话框

　　2）"参考线"：单击"参考线"按钮，系统提示选择一条直线，选择后系统以此直线的长度作为进 / 退刀距离，以此直线的方向作为进 / 退刀方向，赋值框内的参数会随之改变。

　　3）"进刀角度 / 提刀角度"：用于设置进 / 退刀时刀具路径在 Z 方向的角度。

　　4）"XY 角度（垂直角 ≠ 0）"：即与 XY 平面的夹角，设置进刀或退刀时刀具路径在水平方向的角度。

　　5）"进 / 退刀引线长度"：下刀或退刀刀具路径的长度。

　　6）"相对于刀具"：定义以上的几个角度是相对于什么基准方向而言的，有相对于刀具平面所在的 X 轴方向与相对于切削方向两个基准方向。

7.1.5　记录文件

　　当生成曲面加工刀具路径时，可以设置该曲面加工刀具路径的一个记录文件；当对该刀具路径修改时，记录文件可以用来加快刀具路径的刷新。单击图 7-3 中所示的"记录文件"按钮，进入"存储"对话框，设定保存位置与名称后，单击"保存"按钮。

7.2 平行粗加工

平行粗加工是一种通用、简单和有效的加工方法，适于各种形态的曲面加工。其特点是刀具沿着指定的进给方向进行切削，生成的刀具路径相互平行。

7.2.1 设置平行铣削粗加工参数

单击"机床"选项卡"机床类型"面板中的"铣床"按钮 🔧，选择默认选项，在"刀路"管理器中生成机床群组属性文件，同时弹出"刀路"选项卡。单击"刀路"选项卡"3D"面板"粗切"组中的"平行"按钮 📦，系统会依次弹出"选择工件形状"和"刀路曲面选择"对话框，根据需要设定相应的参数和选择相应的图素后，单击"确定"按钮 ✓，此时系统会弹出"曲面粗切平行"对话框。该对话框有 3 个选项卡，其中"刀具参数"和"曲面参数"选项卡已经在前面叙述过，这里将详细介绍"粗切平行铣削参数"选项卡中的内容，如图 7-5 所示。

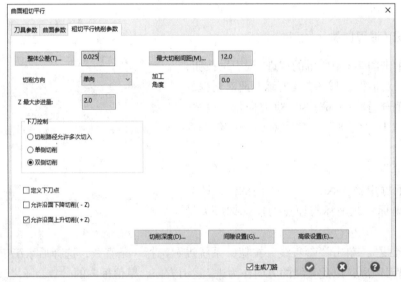

图 7-5 "粗切平行铣削参数"选项卡

（1）"整体公差" "整体公差"按钮右侧的文本框可用于设定刀具路径的精度公差。公差值越小，加工得到曲面就越接近真实曲面，当然加工时间也就越长。在粗加工阶段，可以设定较大的公差值以提高加工效率。

（2）"切削方向" 在"切削方向"下拉列表中有"双向"和"单向"两种方式可选。其中，"双向"指刀具在完成一行切削后随即转向下一行进行切削；"单向"指加工时刀具仅沿一个方向进给，完成一行后，需要抬刀返回到起始点再进行下一行的加工。

双向切削有利于缩短加工时间、提高加工效率，而单向切削则可以保证一直采用顺铣或逆铣加工，进而可以获得良好的加工质量。

（3）"Z 最大步进量" 该选项用于定义在 Z 方向上最大的切削厚度。

（4）"下刀控制" "下刀控制"决定了刀具在下刀和退刀时在 Z 方向的运动方式，包含 3

种方式：

1）"切削路径允许多次切入"：加工过程中，可顺着工件曲面的起伏连续进刀或退刀，如图 7-6a 所示。其中，上图为刀具路径轨迹，下图为成形效果。

2）"单侧切削"：沿工件的一侧进刀或退刀，如图 7-6b 所示。其中，上图为刀具路径轨迹，下图为成形效果。

3）"双侧切削"：沿工件的两个外侧向内进刀或退刀，如图 7-6c 所示。其中，上图为刀具路径轨迹，下图为成形效果。

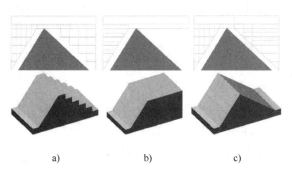

a)　　　　　　b)　　　　　　c)

图 7-6　"下刀控制"方式

（5）"最大切削间距"　"最大切削间距"可以设定同一层相邻两条刀具路径之间的最大距离，即 XY 方向上两刀具路径之间的最大距离。用户可以直接在"最大切削间距"文本框中输入指定值。

（6）"切削深度"　单击"切削深度"按钮，系统弹出"切削深度设置"对话框，如图 7-7 所示。利用该对话框可以控制曲面粗加工的切削深度及首次切削深度等。

该对话框用于设置粗加工的切削深度。当选择"绝对坐标"时，要求用户输入"最高位置"和"最低位置"，或者利用光标直接在图形上进行选择。如果选择"增量坐标"，则需要输入顶部预留量和切削边界的距离，同时输入其他深度的切削预留量。

（7）"间隙设置"　间隙指曲面上有缺口或曲面有断开的地方，它一般由 3 个方面的原因

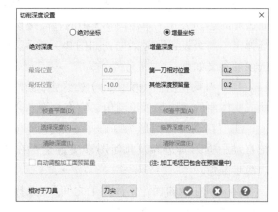

图 7-7　"切削深度设置"对话框

造成，一是相邻曲面间没有直接相连，二是由曲面修剪造成的，三是删除过切区造成的。

单击图 7-5 中的"间隙设置"按钮，系统弹出"刀路间隙设置"对话框，如图 7-8 所示。利用该对话框可以设置不同间隙时的刀具运动方式，下面对该对话框中各选项的含义进行说明。

1）"允许间隙大小"：用于设置系统允许的间隙，可以由两种方法来设置，其一是直接在"距离"文本框中输入数值，其二是通过输入步进量的百分比间接输入。

2）"移动小于允许间隙时，不提刀"：用于设置当偏移量小于允许间隙时，可以不进行提

刀而直接跨越间隙, Mastercam 提供了 4 种跨越方式。

①"不提刀": 它是将刀具从间隙一侧刀具路径的终点, 以直线的方式移动到间隙另一侧刀具路径的起点。

②"打断": 将移动距离分成 Z 方向和 XY 方向两部分来移动, 即刀具从间隙一侧刀具路径的终点在 Z 方向上上升或下降到间隙另一侧的刀具路径的起点高度, 然后再从 XY 平面内移动到所处的位置。

③"平滑": 它指刀具路径以平滑的方式越过间隙, 常用于高速加工。

④"沿着曲面": 它指刀具根据曲面的外形变化趋势, 在间隙两侧的刀具路径间移动。

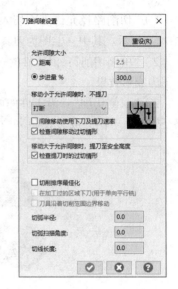

图 7-8 "刀具间隙设置"对话框

3)"移动大于允许间隙时, 提刀至安全高度": 勾选"检查提刀时的过切情形"复选框, 则当移动量大于允许间隙时, 系统自动提刀且检查返回时是否过切。

4)"切削排序最佳化": 勾选该复选框, 刀具路径将会被分成若干区域, 在完成一个区域的加工后, 才对另一个区域进行加工。

同时为了避免刀具切入边界太突然, 还可以采用与曲面相切圆弧或直线设置刀具进刀 / 退刀动作。设置为圆弧时, 圆弧的半径和扫描角度可分别在"切弧半径""切弧扫描角度"文本框中给定; 设置为直线时, 直线的长度可由"切线长度"文本框指定。

(8)"高级设置" 所谓高级设置主要是设置刀具在曲面边界的运动方式。单击图 7-5 中的"高级设置"按钮, 系统弹出"高级设置"对话框, 如图 7-9 所示。该对话框中各选项的含义如下:

1)"刀具在曲面 (实体面) 边缘走圆角": 用于设置曲面或实体面的边缘是否走圆角, 它有 3 个选项:

①"自动 (以图形为基础)": 选择该选项时, 允许系统自动根据刀具边界及几何图素决定是否在曲面或实体面边缘走圆角。

②"只在两曲面 (实体面) 之间": 选择该选项时, 则在曲面或实体面相交处走圆角。

图 7-9 "高级设置"对话框

③"在所有边缘": 在所有边缘都走圆角。

2)"尖角公差 (在曲面 / 实体面边缘)": 用于设置刀具在走圆弧时移动量的误差, 值越大, 则生成的锐角越平缓。系统提供了两种设置方法:

①"距离": 它将圆角打断成很多小直线, 直线长度为设定值, 因此距离越短, 则生成直线的数量越多, 反之, 则生成直线的数量越少。

②"切削方向公差百分比": 用切削误差的百分比来表示直线长度值。

(9)其他参数设定

1)"加工角度": 用于指定刀具路径与 X 轴的夹角, 该角度定向使用逆时针方向。

2）"定义下刀点"：此选项是要求输入一个下刀点。注意，选下刀点要在一个封闭的角上，并且要相对于加工方向。

3）"允许沿面下降切削（-Z）"/"允许沿面上升切削（+Z）"：用于指定刀具在上升或下降时进行切削。

7.2.2 实例——平行粗加工

对如图 7-11 所示的模型进行平行粗加工。

网盘 \ 视频教学 \ 第 7 章 \ 平行粗加工 .MP4

操作步骤如下：

01 打开加工模型。单击快速访问工具栏中的"打开"按钮 📂，在"打开"的对话框中打开网盘中源文件名为"平行粗加工"的模型，如图 7-10 所示。

02 选择机床。为了生成刀具路径，首先必须选择一台实现加工的机床。本次加工采用系统默认的铣床。单击"机床"选项卡"机床类型"面板中的"铣床"按钮 🔧，选择默认选项，在"刀路"管理器中生成机床群组属性文件，同时弹出"刀路"选项卡。

03 工件设置。在"刀路"管理器中选择"毛坯设置"选项，系统弹出"毛坯设置"对话框；单击"从边界框添加"按钮 📦，系统打开"边界框"对话框，在该对话框中选择"立方体"，设置毛坯原点为底面中心点，立方体大小 X、Y、Z 分别为 200.0、180.0、300.0，如图 7-11 所示。单击"确定"按钮 ✅，返回"毛坯设置"对话框。单击"确定"按钮 ✅，生成毛坯。单击"刀路"选项卡"毛坯"面板上的"显示 / 隐藏毛坯"按钮 🖍，显示毛坯。

图 7-10　平行粗加工模型　　　　　　　　图 7-11　设置立方体参数

04 创建刀具路径。

❶ 选择加工曲面。单击"刀路"选项卡"3D"面板"粗切"组中的"平行"按钮，系统弹出"选择工件形状"对话框。如图 7-12 所示。选择工件的形状为"未定义"，单击"确定"按钮 。

根据系统的提示在绘图区中选择如图 7-13 所示的加工曲面后按 Enter 键，系统弹出"刀路曲面选择"对话框。采取默认设置，单击"确定"按钮 ，完成刀路曲面的选择，弹出"曲面粗切平行"对话框。

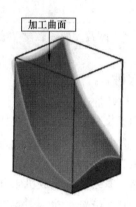

加工曲面

图 7-12 "选择工件形状"对话框　　　　图 7-13 加工曲面的选取

❷ 设置刀具参数。在"刀具参数"选项卡中单击"选择刀库刀具"按钮 选择刀库刀具... ，选择刀号为 243、直径为 20mm 的球形铣刀，单击"确定"按钮 ，返回"曲面粗切平行"对话框。设置"进给速率"为 500，"主轴转速"为 2000，"下刀速率"为 400，"提刀速率"为 400。

❸ 设置曲面加工参数。选择"曲面参数"选项卡，设置："参考高度"为 10，"下刀位置"为 3，"加工面毛坯预留量"为 0.5。

❹ 设置粗切平行铣削参数。选择"粗切平行铣削参数"选项卡，如图 7-14 所示。设置"最大切削间距"为 6.0，"切削方向"为"双向"，"Z 最大步进量"为 2.0，勾选"允许沿面下降切削"和"允许沿面上升切削"两个复选框。

设置完后，单击"曲面粗切平行"对话框中的"确定"按钮 ，系统立即在绘图区生成平行粗加工刀具路径，如图 7-15 所示。

05 单击"刀路"管理器中的"实体仿真所选操作"按钮 ，在弹出的"Mastercam 模

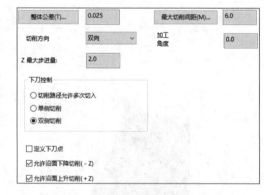

图 7-14 "粗切平行铣削参数"选项卡

拟器"窗口中单击"播放"按钮，进行真实加工模拟。图 7-16 所示为刀具路径模拟效果。

在确认刀具路径设置无误后，即可以生成 NC 加工程序。单击"运行选择的操作进行后处理"按钮 G1，设置相应的参数、文件名和保存路径后，就可以生成本刀具路径的加工程序。

图 7-15 平行粗加工刀具路径

图 7-16 刀具路径模拟效果

7.3 放射粗加工

放射粗加工是以指定点为径向中心，放射状分层切削加工工件。加工完成后的工件表面刀具路径呈放射状，刀具在工件径向中心密集，刀具路径重叠较多，工件周围刀具间距大。由于该方法提刀次数较多，加工效率低，因此较少采用。

7.3.1 设置放射粗加工参数

单击"刀路"选项卡"新群组"面板中的"粗切放射刀路"按钮（如果该命令没在功能区中，可以在任意空白面板处右击，选择"自定义功能区"命令，在打开的对话框中将需要的命令添加到对应的选项卡中），系统会依次弹出"选择工件形状"和"刀路曲面选择"对话框，根据需要设定相应的参数和选择相应的图素后，单击"确定"按钮 ✓，此时系统会弹出"曲面粗切放射"对话框，如图 7-17 所示。在该对话框中选择"放射粗切参数"选项卡。

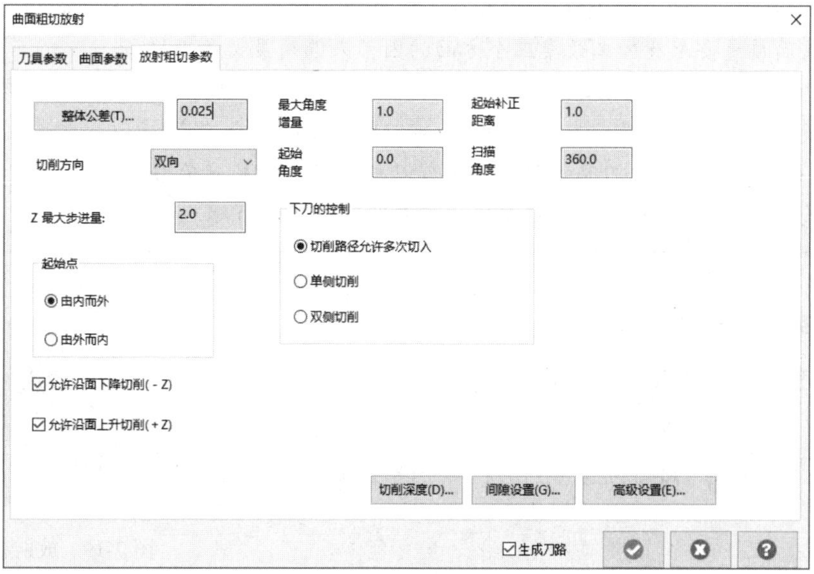

图 7-17 "曲面粗切放射"对话框

195

该对话框的内容和"曲面粗切平行"对话框的内容基本一致，具体含义可以参考相关的内容，下面主要介绍针对放射状加工的专用参数，如图 7-18 所示。

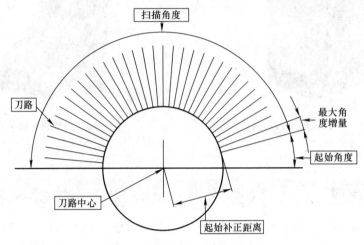

图 7-18　放射状刀路参数

> **提示**
>
> "新群组"面板为采用自定义功能区命令而自己定义的面板，因为默认的"刀路"选项卡中没有"粗切放射刀路""粗切等高外形加工""粗切残料加工"和"粗切流线加工"命令，通过自定义，用户根据需要自己创建。
>
> 1）最大角度增量：该值是相邻两条刀具路径之间的夹角。由于刀具路径是放射状的，因此往往在中心部分刀具路径过密，而在外围则比较分散。当工件越大，最大角度增量值也设的较大时，则越可能发生工件外围有些地方加工不到的情形；反过来，如果最大角度增量值取的较小，则刀具往复次数又太多，就会降低加工效率低。因此，必须综合考虑工件大小、表面质量要求及加工效率三个方面的因素来选用最大角度增量。
>
> 2）起始补正距离：是刀具路径开始点距离刀具路径中心的距离。由于中心部分刀具路径集中，所以要留下一段距离不进行加工，可以防止中心部分刀痕过密。
>
> 3）起始角度：是起始刀具路径的角度，以与 X 方向的角度为准。
>
> 4）扫描角度：是起始刀具路径与终止刀具路径之间的角度。

7.3.2　实例——放射粗加工

对如图 7-19 所示的模型进行放射粗切加工。

 网盘 \ 视频教学 \ 第 7 章 \ 放射粗切加工 .MP4

图 7-19　放射粗切加工模型

操作步骤如下：

01 打开加工模型。单击快速访问工具栏中的"打开"按钮，在"打开"的对话框中打开网盘中源文件名为"放射粗加工"的模型，如图 7-19 所示。

02 选择机床。为了生成刀具路径，首先必须选择一台实现加工的机床，本次加工采用系统默认的铣床。单击"机床"选项卡"机床类型"面板中的"铣床"按钮，选择默认选项，在"刀路"管理器中生成机床群组属性文件，同时弹出"刀路"选项卡。

03 工件设置。在"刀路管理器"中选择"毛坯设置"选项，系统弹出"毛坯设置"对话框。单击"从边界框添加"按钮，系统打开"边界框"对话框。在该对话框中，"形状"选择"圆柱体"，"轴心"设置为"Z"，毛坯原点选择模型上表面中心点，设置圆柱体"高度"和"半径"分别为 110 和 96，单击"确定"按钮，返回"毛坯设置"对话框。单击"确定"按钮，生成毛坯。单击"刀路"选项卡"毛坯"面板上的"显示／隐藏毛坯"按钮，显示毛坯。

04 创建刀具路径。

❶ 选择加工曲面。单击"刀路"选项卡"新群组"面板中的"放射"按钮。系统弹出"选择工件形状"对话框，选择曲面的形状为"未定义"，单击"确定"按钮。

根据系统的提示在绘图区中选择如图 7-20 所示的加工曲面后按 Enter 键，系统弹出"刀路曲面选择"对话框。单击该对话框中的"确定"按钮，完成刀路曲面的选择，系统弹出"曲面粗切放射"对话框。

❷ 设置刀具参数。在"刀具参数"选项卡中单击"选择刀库刀具"按钮 选择刀库刀具...，选择刀号为 240、直径为 10mm 的球形铣刀，单击"确定"按钮，返回"曲面粗切平行"对话框。设置："进给速率"为 500，"主轴转速"为 2000，"下刀速率"为 400，"提刀速率"为 400。

❸ 设置曲面加工参数。在"曲面参数"选项卡中设置"安全高度"为 25，"参考高度"为 10，"下刀位置"为 3，"加工面毛坯预留量"为 0。

❹ 设置放射状粗切参数。在"放射粗切参数"选项卡中设置"整体公差"为 0.025，"切削方向"为"双向"，"Z 最大步进量"为 5，"最大角度增量"为 5，勾选"允许沿面下降切削"和"允许沿面上升切削"两个复选框。

单击"放射粗切参数"选项卡中的"切削深度"按钮，系统弹出"切削深度设置"对话框，如图 7-21 所示。设置"第一刀相对位置"为 1.0，"其他深度预留量"为 0，单击"确定"按钮。

图 7-20 加工曲面的选择

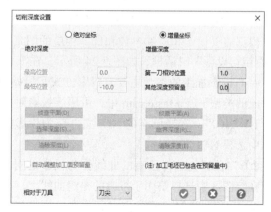

图 7-21 "切削深度设置"对话框

最后单击"曲面粗切放射"对话框中的"确定"按钮 ⊘，系统提示选择放射状中心点。选择图 7-20 所示的放射中心点，此时在绘图区会生成放射粗切刀具路径，如图 7-22 所示。

05 单击"刀路"管理器中的"实体仿真所选操作"按钮 ，在弹出的"Mastercam 模拟器"窗口中单击"播放"按钮 ，进行真实加工模拟。图 7-23 所示为刀具路径模拟效果。

在确认刀具路径设置无误后，即可以生成 NC 加工程序。单击"运行选择的操作进行后处理"按钮 G1，设置相应的参数、文件名和保存路径后，就可以生成本刀具路径的加工程序。

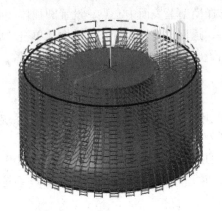 

图 7-22 放射粗切刀具路径　　　　　图 7-23 刀具路径模拟效果

7.4 投影粗加工

投影粗加工是将已有的刀具路径、线条或点投影到曲面上进行加工的方法。投影粗加工的对象，不仅仅可以是一些几何图素，也可以是一些点组成的点集，甚至可以将一个已有的 NCI 文件进行投影。

7.4.1 设置投影粗加工参数

单击"机床"选项卡"机床类型"面板中的"铣床"按钮 ，选择默认选项，在"刀路"管理器中生成机床群组属性文件，同时弹出"刀路"选项卡。单击"刀路"选项卡"3D"面板"粗切"组中的"投影"按钮 ，系统会依次弹出"选择工件形状"和"刀路曲面选择"对话框。根据需要设定相应的参数和选择相应的图素后，单击"确定"按钮 ⊘，此时系统会弹出"曲面粗切投影"对话框，如图 7-24 所示。在该对框中选择"投影粗切参数"选项卡。

针对投影加工的参数主要有投影方式和原始操作两个。其中，投影方式用于设置投影粗加工对象的类型。在 Mastercam 中，可用于投影对象的类型包括 3 种。

1)"NCI"：选择已有的 NCI 文件作为投影的对象。选择该选项，可以在"原始操作"列表框中选择 NCI 文件。

2)"曲线"：选择已有的曲线作为投影的对象。选择该选项，系统会关闭该对话框并提示用户在绘图区中选择要用于投影的一组曲线。

3)"点"：选择已有的点进行投影。同选择曲线一样，选择该选项，系统会关闭该对话框并提示用户在绘图区中选择要用于投影的一组点。

图 7-24　"曲面粗切投影"对话框

7.4.2　实例——投影粗加工

对如图 7-25 所示的模型进行投影粗加工。

网盘\视频教学\第 7 章\投影粗加工 .MP4

操作步骤如下：

01 打开文件。单击快速访问工具栏中的"打开"按钮 ，在"打开"的对话框中打开网盘中源文件名为"投影粗加工"的文件，如图 7-25 所示。

图 7-25　投影粗加工模型

02 选择机床。为了生成刀具路径，首先必须选择一台实现加工的机床。本次加工采用系统默认的铣床。单击"机床"选项卡"机床类型"面板中的"铣床"按钮 ，选择默认选项，在"刀路"管理器中生成机床群组属性文件，同时弹出"刀路"选项卡。

03 创建刀具路径。

❶ 选择加工曲面。单击"视图"选项卡"屏幕视图"面板中的"左视图"按钮，将当前视图设置为左视图。单击"刀路"选项卡"3D"面板"粗切"组中的"投影"按钮 ，在系统弹出"选择工件形状"对话框中设置曲面的形状为"未定义"，单击"确定"按钮 。

根据系统的提示在绘图区中选择如图 7-26 所示的加工曲面后按 Enter 键，系统弹出"刀路曲面选择"对话框。单击"确定"按钮 ，完成加工曲面的选择，系统弹出"曲面粗切投影"对话框。

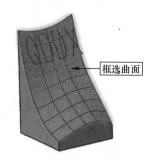

图 7-26　选择曲面

❷ 设置刀具参数。在"刀具参数"选项卡中单击"选择刀库刀具"按钮 选择刀库刀具... ，选择刀号为 233、直径为 3mm 的球形铣刀，双击"球形铣刀"图标，弹出"定义刀具"对话框。设置"总长度"为 150，"刀肩长度"为 80，单击"完成"按钮 完成 ，返回"曲面粗切投影"对话框。在该对话框中设置："进给速率"为 200，"主轴转速"为 3000，"下刀速率"为 100，"提刀速率"为 100。

❸ 设置曲面加工参数。在"曲面参数"选项卡中设置"参考高度"为 20，"下刀位置"为 3，"加工面毛坯预留量"为 −1。

❹ 设置投影粗加工参数。在"投影粗切参数"选项卡中设置"整体公差"为 0.05，"最大 Z 轴进给量"为 1，设置"投影方式"为"曲线"，勾选"两切削间提刀"复选框。

设置完后，单击"确定"按钮 ✓ ，系统弹出"线框串连"对话框。选择该对话框中的"窗选"按钮 ▢ ，然后根据系统的提示选择如图 7-27 所示的投影曲线及搜寻点，单击"确定"按钮 ✓ ，生成如图 7-28 所示的投影粗切刀具路径。

04 工件设置。在"刀路"管理器中选择"毛坯设置"选项，系统弹出"毛坯设置"对话框。单击"从选择添加"按钮 ⬚ ，在绘图区选择零件实体，单击"确定"按钮 ✓ 。

05 单击"刀路"管理器中的"实体仿真已选操作"按钮 ⬚ ，在弹出的"Mastercam 模拟器"窗口中单击"播放"按钮 ▶ ，进行真实加工模拟。刀具路径模拟效果如图 7-29 所示。

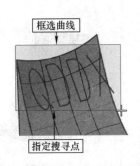

框选曲线

指定搜寻点

图 7-27　投影曲线及搜寻点的选择

图 7-28　投影粗切刀具路径

图 7-29　刀具路径模拟效果

7.5　流线粗加工

流线粗加工是依据构成曲面的横向或纵向网格线方向进行加工的方法。由于该方法是顺着曲面的流线方向，并且可以控制残留高度（它直接影响加工表面的残留面积，而这正是导致表面粗糙的主要原因），因而可以获得较好的表面加工质量。该方法常用于曲率半径较大或某些复杂且表面质量要求较高的曲面加工。

📖 7.5.1　设置流线粗加工参数

单击"机床"选项卡"机床类型"面板中的"铣床"按钮 ⬚ ，选择默认选项，在"刀路"管理器中生成机床群组属性文件，同时弹出"刀路"选项卡。单击"刀路"选项卡"新群组"面板中的"粗切流线加工"按钮 ⬚ ，系统会依次弹出"选择工件形状"和"刀路曲面选择"对话框。根据需要设定相应的参数和选择相应的图素后，单击"确定"按钮 ，此时系统会弹出"曲面粗切流线"对话框，如图 7-30 所示。在该对话框中选择"流线粗切参数"选项卡。

图 7-30　"曲面粗切流线"对话框

该选项卡中针对流线加工的参数含义如下：

1）"切削控制"：刀具在流线方向上切削的进刀量有两种设置方法，一种是在"距离"文本框中直接指定，另一种是按照要求的整体公差进行计算。

2）"执行过切检查"：选择该复选项，则系统将检查可能出现的过切现象，并自动调整刀具路径以避免过切。如果刀具路径移动量大于设定的整体公差值，则会用自动提刀的方法避免过切。

3）"截断方向控制"：截断方向的控制与切削方向控制类似，只不过它控制的是刀具在垂直于切削方向的切削进给量，它也有两种方法：一种是直接在"距离"文本框中输入一个指定值，作为横断方向的进给量；另一种是在"残脊高度"文本框中设置刀具的残脊高度，然后由系统自动计算该方向的进给量。

4）"只有单行"：在相邻曲面的一行（而不是一个小区域）的上方创建流线加工刀具路径。

7.5.2　实例——流线粗加工

对如图 7-31 所示的模型进行粗切流线加工。

参见
网盘 ＞ 网盘 \ 视频教学 \ 第 7 章 \ 粗切流线加工 .avi

操作步骤如下：

01 打开文件。单击快速访问工具栏中的"打开"按钮 ，在"打开"的对话框中打开网盘中源文件名为"粗切流线加工"文件，如图 7-31 所示。

02 选择机床。为了生成刀具路径，首先必须选择一台实现加工的机床，本次加工采用系统默认的铣床。单击"机床"选项卡"机床类型"面板中的"铣床"按钮，选择默认选项，在"刀路"管理器中生成机床群组属性文件，同时弹出"刀路"选项卡。

03 工件设置。在"刀路"管理器中选择"毛坯设置"选项，系统弹出"毛坯设置"对话框。单击"从边界框添加"按钮，系统打开"边界框"对话框。在该对话框中选择"立方体"选项，设置毛坯原点为底面中心点，立方体大小 X、Y、Z 分别为 200、60、23，单击"确定"按钮，返回"毛坯设置"对话框。单击"确定"按钮，完成毛坯的设置。单击"刀路"选项卡"毛坯"面板上的"显示 / 隐藏毛坯"按钮，显示毛坯。

04 创建刀具路径。

❶ 选择加工曲面。单击"刀路"选项卡"新群组"面板中的"粗切流线刀路"按钮，系统弹出"选择工件形状"对话框。设置曲面的形状为"未定义"，单击"确定"按钮，然后根据系统的提示在绘图区中选择如图 7-32 所示的加工曲面后按 Enter 键，系统弹出"刀路曲面选择"对话框。

图 7-31 流线粗加工模型

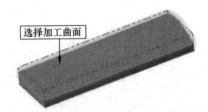

选择加工曲面

图 7-32 加工曲面的选择

❷ 设置曲面流线参数。单击"刀路曲面选择"对话框中的"流线参数"按钮，系统弹出"流线数据"对话框，如图 7-33 所示。单击该对话框中的"切削方向"按钮，设置曲面流线，如图 7-34 所示。单击"确定"按钮，完成曲面流线的设置，系统返回"刀路曲面选择"对话框。单击"确定"按钮，系统弹出"曲面粗切流线"对话框。

❸ 设置刀具参数。在"刀具参数"选项卡中单击"选择刀库刀具"按钮，选择刀号为 240、直径为 10mm 的球形铣刀，单击"确定"按钮，返回"曲面粗切流线"对话框。在该对话框中设置"进给速率"为 500，"主轴转速"为 2000，"下刀速率"为 400，"提刀速率"为 400。

图 7-33 "流线数据"对话框

图 7-34 设置曲面流线

❹ 设置曲面加工参数。在"曲面参数"选项卡中设置"参考高度"为10，"下刀位置"为2，"加工面毛坯预留量"为0.2。

❺ 设置流线粗切参数。在"流线粗切参数"选项卡中设置"整体公差"为0.1，"残脊高度"为1.25，"Z最大步进量"为1.5，勾选"允许沿面下降切削"和"允许沿面上升切削"两个复选框。

设置完后，单击"确定"按钮 ✓ ，系统立即在绘图区生成流线粗切刀具路径，如图 7-35 所示。

05 单击"刀路"管理器中的"实体仿真已选操作"按钮 🔳 ，在弹出的"Mastercam 模拟器"窗口中单击"播放"按钮 ▶ ，进行真实加工模拟。图 7-36 所示为刀具路径模拟效果。

在确认刀具路径设置无误后，即可以生成 NC 加工程序。单击"运行选择的操作进行后处理"按钮 G1 ，设置相应的参数、文件名和保存路径后，就可以生成本刀具路径的加工程序。

图 7-35　流线粗切刀具路径

图 7-36　刀具路径模拟效果

7.6　等高外形粗加工

等高外形粗加工是将毛坯一层一层地切去，将一层外形铣至要求的形状后再进行 Z 方向的进给，加工下一层，直到最后加工完成。

7.6.1　设置等高外形粗加工参数

单击"机床"选项卡"机床类型"面板中的"铣床"按钮 🔳 ，选择默认选项，在"刀路"管理器中生成机床群组属性文件，同时弹出"刀路"选项卡。单击"刀路"选项卡"新群组"面板中的"粗切等高外形加工"按钮 🔳 ，选择加工曲面后，系统会弹出"刀路曲面选择"对话框。根据需要设定相应的参数和选择相应的图素后，单击"确定"按钮 ✓ ，此时系统会弹出"曲面粗切等高"对话框，如图 7-37 所示。在该对话框中选择"等高粗切参数"选项卡，其中主要选项的含义如下：

（1）"封闭轮廓方向"　用于设置封闭式轮廓外形加工时得到加工方式是顺铣还是逆铣，同时"起始长度"文本框还可用于设置加工封闭式轮廓时下刀的起始长度。

（2）"开放式轮廓方向"　当加工开放式轮廓时，因为没有封闭，所以加工到边界时刀具就需要转弯，以避免在无材料的空间做切削动作，Mastercam 提供了两种动作方式。

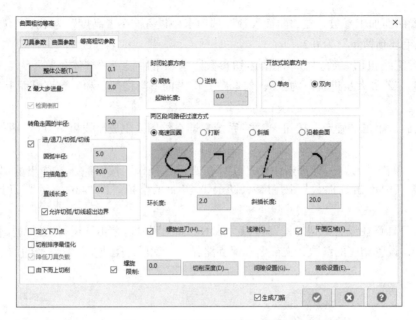

图 7-37 "曲面粗切等高" 对话框

1）"单向"：刀具加工到边界后，提刀，快速返回到另一头，再下刀沿着下一条刀具路径进行加工。

2）"双向"：刀具在顺方向和反方向都进行切削，即来回切削。

（3）"两区段间路径过渡方式" 当要加工的两个曲面相距很近时，或者一个曲面因某种原因被隔开一定距离时，就需要考虑刀具如何从这个区域过渡到另一个区域。"两区段间路径过渡方式"选项就是用于设置当刀具移动量小于设定的间隙时，刀具如何从一条路径过渡到另一条路径上。Mastercam 提供了 4 种过渡方式。

1）"高速回圈"：刀具以平滑的方式从一条路径过渡到另一条路径上。

2）"打断"：将移动距离分成 Z 方向和 XY 方向两部分来移动，即刀具从间隙一侧的刀具路径终点在 Z 方向上上升或下降到间隙另一侧的刀具路径起点高度，然后再从 XY 平面内移动到所处的位置。

3）"斜插"：将刀以直线的方式从一条路径过渡到另一条路径上。

4）"沿着曲面"：刀具根据曲面的外形变化趋势，从一条路径过渡到另一条路径上。

当选择"高速回圈"或"斜插"过渡方式时，则"回圈长度"或"斜插长度"文本框被激活，具体含义可参考对话框中红线标识。

（4）"螺旋进刀" 该功能可以实现螺旋进刀功能，选择"螺旋进刀"复选框并单击其按钮，系统弹出"螺旋进刀设置"对话框，如图 7-38 所示。

（5）"浅滩" 指曲面上的较为平坦的部分。单击"浅滩"按钮，系统弹出"浅滩加工"对话框，如图 7-39 所示。利用该对话框，可以在等高外形加工中增加或去除浅滩刀具路径，从而保证曲面上浅滩的加工质量。

"浅滩加工"对话框中各选项含义如下：

1）"移除浅滩区域刀路"：选择该选项，系统将根据设置去除曲面浅区域中的刀路。

2）"添加浅滩区域刀路"：选择该选项，系统将根据设置在曲面浅区域中增加刀路。

.

图 7-38 "螺旋进刀设置"对话框　　　图 7-39 "浅滩加工"对话框

3）"分层切削最小切削深度"：该文本框中设置限制刀具 Z 向移动的最小值。

4）"角度限制"：在文本框中定义曲面浅区域的角度（默认值为 45°）。系统去除或增加从 0° 到该设定角度之间曲面浅区域中的刀路。

5）"步进量限制"：该文本框中的值在向曲面浅区域增加刀路时，作为刀具的最小进给量；去除曲面浅区域的刀路时，作为刀具的最大进给量。如果输入 0，曲面的所有区域都被视为曲面浅区域。此值与加工角度极限相关联，两者设置一个即可。

6）"允许局部切削"：该复选框与"移除浅滩区域刀路"和"增加浅滩区域刀路"选项配合使用，如图 7-39 所示。选择该选项，则在曲面浅区域中增加刀路时，不产生封闭的等 Z 值切削；不选择该选项，当在曲面浅区域中增加刀路时，可产生封闭的等 Z 值切削。

（6）"平面区域"　单击"平面区域"按钮，系统弹出"平面区域加工设置"对话框，如图 7-40 所示。选择 3D 方式时，切削间距为刀具路径在二维平面的投影。

（7）"螺旋限制"　螺旋限制功能可以将一系列的等高切削转换为螺旋斜坡切削，从而消除切削层之间移动带来的刀痕，对于陡斜壁加工效果尤为明显。

图 7-40 "平面区域加工设置"对话框

7.6.2 实例——粗切等高外形加工

对如图 7-41 所示的模型进行粗切等高外形加工。

 参见网盘　网盘\视频教学\第 7 章\粗切等高外形加工 .MP4

操作步骤如下：

01 打开文件。单击快速访问工具栏中的"打开"按钮，在"打开"的对话框中打开网盘中源文件名为"粗切等高外形加工"文件，如图 7-41 所示。

02 选择机床。为了生成刀具路径，首先必须选择一台实现加工的机床，本次加工采用系统默认的铣床。单击"机床"选项卡"机床类型"面板中的"铣床"按钮，选择默认选项，在"刀路"管理器中生成机床群组属

图 7-41 粗切等高外形加工模型

性文件，同时弹出"刀路"选项卡。

03 工件设置。在"刀路"管理器中选择"毛坯设置"选项，系统弹出"毛坯设置"对话框。单击"从边界框添加"按钮⬡，系统打开"边界框"对话框。在该对话框中选择"立方体"，设置毛坯原点为上表面中心点，立方体大小 X、Y、Z 分别为 95、80、33，单击"确定"按钮 ✓，返回"毛坯设置"对话框。单击"毛坯设置"对话框中的"确定"按钮 ✓，完成毛坯的参数设置。

04 创建刀具路径

❶ 选择加工曲面。单击"刀路"选项卡"新群组"面板中的"粗切等高外形加工"按钮🔲。

根据系统的提示在绘图区中选择如图 7-42 所示的加工曲面后按 Enter 键，系统弹出"刀路曲面选择"对话框。单击"确定"按钮 ✓，系统弹出"曲面粗切等高"对话框。

图 7-42 加工曲面的选择

❷ 设置刀具参数。在"刀具参数"选项卡中单击"选择刀库刀具"按钮，选择刀号为 240、直径为 10mm 的球形铣刀，单击"确定"按钮 ✓，返回"曲面粗切等高"对话框。在该对话框中设置"进给速率"为 500，"主轴转速"为 2000，"下刀速率"为 400，"提刀速率"为 400。

❸ 设置曲面加工参数。在"曲面参数"选项卡中设置"参考高度"为 10，"下刀位置"为 3，"加工面毛坯预留量"为 0.5。

❹ 设置曲面粗加工等高外形参数。在"等高粗切参数"选项卡中设置"整体公差"为 0.1，"Z 最大步进量"为 3，"两区段间路径过渡方式"选择"沿着曲面"。

设置完后，单击"确定"按钮 ✓，系统立即在绘图区生成等高加工刀具路径，如图 7-43 所示。

05 单击"刀路"管理器中的"实体仿真已选操作"按钮🔲，在弹出的"Mastercam 模拟器"窗口中单击"播放"按钮▶，进行真实加工模拟。图 7-44 所示为刀具路径模拟效果。

在确认加工路径设置无误后，即可以生成 NC 加工程序。单击"运行选择的操作进行后处理"按钮 G1，设置相应的参数、文件名和保存路径后，就可以生成本刀具路径的加工程序。

图 7-43 等高加工刀具路径

图 7-44 刀具路径模拟效果

7.7 挖槽粗加工

挖槽粗加工可以根据曲面的形态（凸面或凹面）自动选择不同的刀具运动轨迹来去除材料，如图 7-45 所示。它主要用于对凹槽曲面进行加工，加工质量不太高；如果是加工凸面，还需要创建一个切削的边界。

图 7-45　挖槽粗加工

📖 7.7.1　设置挖槽粗加工参数

单击"机床"选项卡"机床类型"面板中的"铣床"按钮，选择默认选项，在"刀路"管理器中生成机床群组属性文件，同时弹出"刀路"选项卡。单击"刀路"选项卡"3D"面板"粗切"组中的"挖槽"按钮，选择加工曲面后，系统会弹出"刀路曲面选择"对话框。根据需要设定相应的参数和选择相应的图素后，单击"确定"按钮，此时系统会弹出"曲面粗切挖槽"对话框。该对话框的内容和第 6 章介绍的二维挖槽参数基本相同，所增加的几个参数在前面也已经进行了介绍，读者可以参考相关的内容。

1. "粗切参数"选项卡

选择"粗切参数"选项卡，如图 7-46 所示。

该选项卡中各选项含义如下：

（1）"进刀选项"　该选项组是用来设置刀具的进刀方式。

1）"指定进刀点"：系统在加工曲面前，以指定的点作为切入点。

2）"由切削范围外下刀"：选择此选项，刀具将从指定边界以外下刀。

3）"下刀位置对齐起始孔"：表示下刀位置会跟随起始孔排序而定位。

（2）"铣平面"　选择该选项，将根据图 7-47 所示对话框中设置的参数加工平面。此对话框中的参数读者可以设置不同的值，通过模拟来理解它们的意义。

图 7-46　"粗切参数"选项卡

图 7-47　"平面铣削加工参数"对话框

2. "挖槽参数"选项卡

选择"曲面粗切挖槽"对话框中的"挖槽参数"选项卡，如图 7-48 所示。该选项卡中的部分参数含义如下。

"切削方式"：系统为挖槽粗加工提供了 8 种走刀方式，选择任意一种，相应的参数就会被激活。例如，选择"双向"，则对话框中的"粗切角度"文本框就会被激活，用户可以输入角度值，此值代表切削方向与 X 向的角度。该选项卡中的其他参数都比较直观，前面已有介绍。

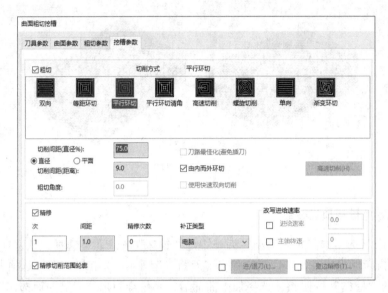

图 7-48 "挖槽参数"选项卡

7.7.2 实例——挖槽粗加工

对如图 7-49 所示的模型进行挖槽粗加工。

网盘 \ 视频教学 \ 第 7 章 \ 挖槽粗加工 .MP4

操作步骤如下：

01 打开文件。单击快速访问工具栏中的"打开"按钮，在"打开"的对话框中打开网盘中源文件名为"挖槽粗加工"文件，如图 7-49 所示。

02 选择机床。为了生成刀具路径，首先必须选择一台实现加工的机床，本次加工采用系统默认的铣床。单击"机床"选项卡"机床类型"面板中的"铣床"按钮，选择默认选项，在"刀路"管理器中生成机床群组属性文件，同时弹出"刀路"选项卡。

图 7-49 挖槽粗加工模型

03 工件设置。在"刀路"管理器中选择"毛坯设置"选项，系统弹出"毛坯设置"对话框。单击"从边界框添加"按钮，系统打开"边界框"对话框。在该对话框中选择"立方体"，设置毛坯原点为左侧前下角点，立方体大小 X、Y、Z 分别为 110.0、82.0、43.0，如图 7-50 所示。单击"确定"按钮 ✔，返回"毛坯设置"对话框。单击"确定"按钮 ✔，完成毛坯的参数设置。单击"刀路"选项卡"毛坯"面板上的"显示/隐藏毛坯"按钮 🪧，显示毛坯。

04 创建刀具路径。

❶ 选择加工曲面。单击"刀路"选项卡"3D"面板"粗切"组中的"挖槽"按钮 🪧，根据系统的提示在绘图区中选择如图 7-51 所示的加工曲面后按 Enter 键，系统弹出"刀路曲面选择"对话框。单击该对话框中的"确定"按钮 ✔，完成加工曲面的选择。

框选所有曲面

图 7-50　"立方体设置"对话框

图 7-51　加工曲面的选择

❷ 设置刀具参数。在"刀具参数"选项卡中单击"选择刀库刀具"按钮 选择刀库刀具... ，选择直径为 14mm 的平铣刀，并设置相应的刀具参数："进给速率"为 800，"主轴转速"为 1500，"下刀速率"为 500，"提刀速率"为 500。

❸ 设置曲面加工参数。在"曲面参数"选项卡中设置"参考高度"为 10，"下刀位置"为 3，"加工面毛坯预留量"为 0.5。

❹ 设置粗加工参数。在"粗切参数"选项卡中设置"整体公差"为 0.01，"进刀选项"为"螺旋进刀"，"Z 最大步进量"为 1。

❺ 设置挖槽参数。在"曲面粗切挖槽"对话框中的"挖槽参数"选项卡中设置"切削方式"为"双向"，"切削间距（直径 %）"为 55，勾选"精修"复选框，其他参数采用默认。

设置完后，单击"确定"按钮 ✔，系统立即在绘图区生成挖槽粗加工刀具路径，如图 7-52 所示。

05 单击"刀路"管理器中的"实体仿真已选操作"按钮 🪧，在弹出的"Mastercam 模拟器"窗口中单击"播放"按钮 ▶，进行真实加工模拟。图 7-53 所示为刀具路径模拟效果。

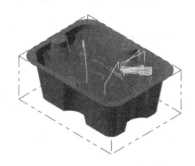

图 7-52　挖槽粗加工刀具路径

图 7-53　刀具路径模拟效果

在确认刀具路径设置无误后，即可以生成 NC 加工程序。单击"运行选择的操作进行后处理"按钮**G1**，设置相应的参数、文件名和保存路径后，就可以生成本刀具路径的加工程序。

7.8 残料粗加工

一般在粗加工后往往会留下一些没有加工到的地方，对这些地方的加工被称作残料加工。

7.8.1 设置残料粗加工参数

单击"机床"选项卡"机床类型"面板中的"铣床"按钮，选择默认选项，在"刀路"管理器中生成机床群组属性文件，同时弹出"刀路"选项卡。单击"刀路"选项卡"新群组"面板中的"粗切残料加工"按钮，选择加工曲面后，系统会弹出"刀路曲面选择"对话框。根据需要设定相应的参数和选择相应的图素后，单击"确定"按钮，此时系统会弹出"曲面残料粗切"对话框。除了定义残料粗加工特有参数，还需通过如图 7-54 所示的"剩余毛坯参数"选项卡来定义残余材料参数。该选项卡中部分选项含义如下：

图 7-54 "剩余毛坯参数"选项卡

（1）"计算剩余毛坯依照" 用于设置计算残料粗加工中需清除材料的方式，Mastercam 提高了 4 种计算残余材料的方法。

1）"所有先前操作"：将前面各加工模组不能切削的区域作为残料粗加工需切削的区域。

2）"指定操作"：将某一个加工模组不能切削的区域作为残料粗加工需切削的区域。

3）"粗切刀具"：根据刀具直径和转角半径来计算残料粗加工需切削的区域。

4）"STL 文件"：选择该选项，则用户可以指定一个 STL 文件作为残余材料的计算来源。同时，设置"毛坯解析度"，还可以设置残料粗加工的误差值。

（2）"调整剩余毛坯" 用于放大或缩小定义的残料粗加工区域。包括以下 3 种方式。

1）"直接使用剩余毛坯范围"：不改变定义的残料粗加工区域。

2）"减少剩余毛坯范围"：允许残余小的尖角材料通过后面的精加工来清除，这种方式可以提高加工速度。

3）"添加剩余毛坯范围"：在残料粗加工中需清除小的尖角材料。

7.8.2 实例——残料粗加工

对如图 7-55 所示的模型进行粗切残料加工。该模型已经进行了挖槽粗加工，本例在此基础上进行残料粗加工。

 网盘\视频教学\第 7 章\粗切残料加工 .MP4

操作步骤如下：

01 打开文件。单击快速访问工具栏中的"打开"按钮 ，在"打开"的对话框中打开网盘中源文件名为"残料加工"文件，如图 7-55 所示。

02 选择机床。为了生成刀具路径，首先必须选择一台实现加工的机床。本次加工采用系统默认的铣床。单击"机床"选项卡"机床类型"面板中的"铣床"按钮 ，选择默认选项，在"刀路"管理器中生成机床群组属性文件，同时弹出"刀路"选项卡。

03 工件设置。在"刀路"管理器中选择"毛坯设置"选项，系统弹出"毛坯设置"对话框。单击"从边界框添加"按钮 ，系统打开"边界框"对话框。在该对话框中，"形状"选择"圆柱体"，"轴心"设置为"Z"，毛坯原点选择模型下表面中心点，设置圆柱体"高度"和"半径"分别为 40、80，单击"确定"按钮 ，返回"毛坯设置"对话框。单击"确定"按钮 ，完成毛坯的参数设置。单击"刀路"选项卡"毛坯"面板上的"显示/隐藏毛坯"按钮 ，显示毛坯。

04 创建刀具路径。

❶ 选择加工曲面。单击"刀路"选项卡"新群组"面板中的"粗切残料加工"按钮 。

根据系统提示在绘图区中窗选如图 7-56 所示的加工曲面后按 Enter 键，系统弹出"刀路曲面选择"对话框。单击该对话框"切削范围"中的"选择"按钮 ，然后根据系统提示在绘图区中选择如图 7-57 所示的串连图素并按 Enter 键，系统返回"刀路曲面选择"对话框。单击该对话框中的"确定"按钮 ，完成加工曲面的选择，系统弹出"曲面残料粗切"对话框。

图 7-55 粗切残料加工模型　　图 7-56 加工曲面的选择　　图 7-57 设置切削范围

❷ 设置刀具参数。在"刀具参数"选项卡中单击"选择刀库刀具"按钮，选择刀号为 236、直径为 6mm 的球形铣刀，并设置相应的刀具参数："进给速率"为 500，"主轴转速"为 2000，"下刀速率"为 400，"提刀速率"为 400。

❸ 设置曲面加工参数。在"曲面参数"选项卡中设置"参考高度"为 10，"下刀位置"为 3，"加工面毛坯预留量"为 0。

❹ 设置残料加工参数。在"残料加工参数"选项卡中设置"整体公差"为 0.05，"Z 最大步进量"为 1，"步进量"为 1，勾选"切削排序最佳化"和"降低刀具负载"两个复选框，"两区段间路径过渡方式"选择"沿着曲面"，单击"间隙设置"按钮，弹出"刀路间隙设置"对话框。将"最大切深百分比"设置为 100%。

❺ 设置剩余毛坯参数。选择"剩余毛坯参数"选项卡，"计算剩余毛坯依照"选择"指定操作"，在列表框中选择"曲面粗切挖槽"刀路，"调整剩余毛坯"选择"直接使用剩余毛坯范围"，如图 7-58 所示。

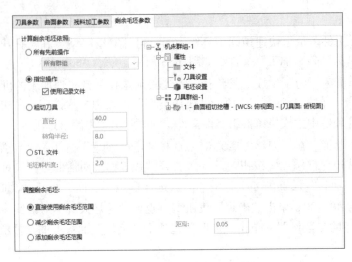

图 7-58　设置剩余毛坯参数

设置完后，单击"确定"按钮 ，系统立即在绘图区生成残料加工刀具路径，如图 7-59 所示。

05 单击"刀路"管理器中的"选择全部操作"按钮 和"实体仿真已选操作"按钮 ，在弹出的"Mastercam 模拟器"窗口中单击"播放"按钮 ，进行真实加工模拟。图 7-60 所示为刀具路径模拟效果。

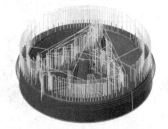

图 7-59　残料加工刀具路径

图 7-60　刀具路径模拟效果

在确认刀具路径设置无误后，即可以生成 NC 加工程序。单击"运行选择的操作进行后处理"按钮 G1，设置相应的参数、文件名和保存路径后，就可以生成本刀具路径的加工程序。

7.9　钻削加工

如果选择的坯料是块料且与零件的形状相差较大时，意味着要去掉很多的材料，为此可以考虑用刀具连续地在毛坯上采用类似钻孔的方式来去除材料。这种方法的加工特点是速度快，但并不是所有的机床都支持，因为它对刀具和机床的要求也比较高。

7.9.1　设置钻削加工参数

单击"机床"选项卡"机床类型"面板中的"铣床"按钮 ，选择默认选项，在"刀路"

管理器中生成机床群组属性文件，同时弹出"刀路"选项卡。单击"刀路"选项卡"3D"面板"粗切"组中的"钻削"按钮，选择加工曲面后，系统弹出"刀路曲面选择"对话框。根据需要设定相应的参数和选择相应的图素后，单击"确定"按钮，此时系统会弹出"曲面粗切钻削"对话框，如图 7-61 所示。选择"钻削式粗切参数"选项卡，该选项卡中"下刀路径"含义如下：

1）"NCI"：用其他加工方法产生的 NCI 文件（如挖槽加工，其中已有刀具的运动轨迹记录）来获取钻削加工的刀具路径轨迹。值得注意的是，必须针对同一个表面或同一个区域的加工才行。

2）"双向"：刀具的下降深度由要加工的曲面控制，顺着加工区域的形状来回往复运动；刀具在水平方向进给距离由用户在"最大距离步进量"文本框中指定。

图 7-61 "曲面粗切钻削"对话框

7.9.2 实例——钻削加工

对如图 7-62 所示的模型进行钻削加工。

 参见网盘 | 网盘 \ 视频教学 \ 第 7 章 \ 钻削式加工 .MP4

操作步骤如下：

01 打开文件。单击快速访问工具栏中的"打开"按钮，在"打开"的对话框中打开网盘中源文件名为"钻削加工"文件，如图 7-62 所示。

02 选择机床。为了生成刀具路径，首先必须选择一台实现加工的机床，本次加工采用系统默认的铣床。单击"机床"选项卡"机床类型"面板中的"铣床"按钮，选择默认选项，在"刀路"管理器中生成机床群组属性文件，同时弹出"刀路"选项卡。

03 工件设置。在"刀路"管理器中选择"毛坯设置"选项，系统弹出"毛坯设置"对话框。单击"从边界框添加"按钮，系统打开"边界框"对话框。在该对话框中选择"立方体"，设置毛坯原点为上表面中心，立方体大小 X、Y、Z 分别为 70.0、70.0、58.0，如图 7-63

所示。单击"确定"按钮 ✅，返回"毛坯设置"对话框。单击"确定"按钮 ✅，完成毛坯的参数设置。单击"刀路"选项卡"毛坯"面板上的"显示 / 隐藏毛坯"按钮 🖊，显示毛坯。

图 7-62　钻削加工模型

图 7-63　"立方体设置"对话框

04　创建刀具路径。

❶ 选择加工曲面。单击"刀路"选项卡"3D"面板"粗切"组中的"钻削"按钮 🛠，根据系统的提示在绘图区中选择如图 7-64 所示的加工曲面后按 Enter 键，系统弹出"刀路曲面选择"对话框。单击"确定"按钮 ✅，完成加工曲面的选择，弹出"曲面粗切钻削"对话框。

❷ 设置刀具参数。在"刀具参数"选项卡中单击"选择刀库刀具"按钮，选择刀号为 57、直径为 10mm 的钻头，并设置相应的刀具参数："进给速率"为 400，"主轴转速"为 2000，"下刀速率"为 300，"提刀速率"为 300。

❸ 设置曲面加工参数。在"曲面粗切钻削"对话框中的"曲面参数"选项卡中设置"参考高度"为 20，坐标形式为"绝对坐标"；"下刀位置"为 3，坐标形式为"绝对坐标"；"加工面毛坯预留量"为 0.5。

❹ 设置钻削粗加工参数。在"钻削式粗切参数"选项卡中设置"整体公差"为 0.05，"Z 最大步进量"为 5，"下刀路径"为"双向"，"最大距离步进量"为 5。

设置完后，单击"确定"按钮 ✅，根据系统的提示在绘图区中选择如图 7-65 所示的 P1、P2 两点后，系统在绘图区生成如图 7-66 所示的多曲面五轴加工刀具路径。

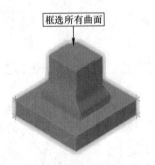

图 7-64　加工曲面的选取

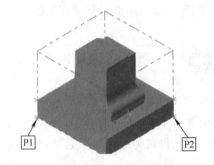

图 7-65　钻削范围设置

05　单击"刀路"管理器中的"实体仿真已选操作"按钮 🖼，在弹出的"Mastercam 模拟器"窗口中单击"播放"按钮 ▶，进行真实加工模拟。图 7-67 所示为刀具路径模拟效果。

在确认刀具路径设置无误后，即可以生成 NC 加工程序。单击"运行选择的操作进行后处理"按钮 G1，设置相应的参数、文件名和保存路径后，就可以生成本刀具路径的加工程序。

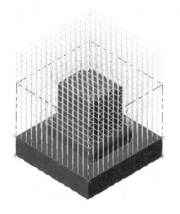

图 7-66　多曲面五轴加工刀具路径

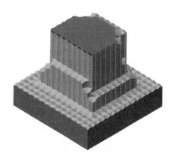

图 7-67　刀具路径模拟效果

7.10　三维粗加工综合应用

本节将以实例来说明以上所介绍的三维粗加工相互之间的综合应用。在 8 种粗加工中，实际常用的只有两三种，其他几种很少用。常用的这几种基本上能满足实际需要。

对如图 7-68 所示的电源插头模型进行粗加工，加工结果如图 7-69 所示。

 网盘 \ 视频教学 \ 第 7 章 \ 电源插头 .MP4

操作步骤如下：

图 7-68　电源插头模型

图 7-69　加工结果

📖 7.10.1　刀具路径编制步骤

由于此图档系统坐标系与编程坐标系不一致，为了方便编程，先对其进行处理。其步骤如下：

01　单击快速访问工具栏中的"打开"按钮📂，在"打开"的对话框中打开网盘中源文件名为"电源插头"文件，单击"打开"按钮，完成文件的调取。

02　单击"线框"选项卡"形状"面板中的"边界框"按钮📦，弹出"边界框"对话框。"形状"选择"立方体"，根据系统提示框选所有曲面，按 Enter 键，此时，在"尺寸"选项的"X""Y""Z"文本框中输入 110.0、110.0、70.0，毛坯原点选择下表面中心，如图 7-70 所示。单击"确定"按钮 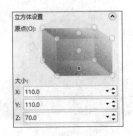，创建曲面边界框，如图 7-71 所示。

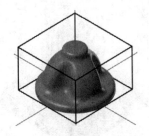

图 7-70　设置立方体参数　　　　　　图 7-71　创建曲面边界框

03 单击"线框"选项卡"线"面板中的"线端点"按钮 ✎，绘制边界框顶面对角线。如图 7-72 所示。

04 单击"转换"选项卡"位置"面板中的"移动到原点"按钮 ➶，选择刚才绘制的对角线的中点，系统自动将中点移动到原点，然后删除绘制的斜线，这样编程坐标系原点和系统坐标系原点重合，便于编程。移动结果如图 7-73 所示。

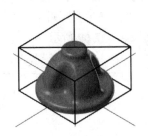
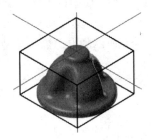

图 7-72　绘制边界框顶面对角线　　　　　　图 7-73　移动结果

将顶面中心移动到系统坐标系原点后，编程坐标系即和系统坐标系重合。接下来便可以进行刀具路径编制。

05 挖槽粗加工

❶ 单击"机床"选项卡"机床类型"面板中的"铣床"按钮 🖥，选择默认选项，在"刀路"管理器中生成机床群组属性文件，同时弹出"刀路"选项卡。单击"刀路"选项卡"3D"面板"粗切"组中的"挖槽"按钮 🖱，根据系统提示选择所有曲面作为加工曲面，按 Enter 键，弹出"刀路曲面选择"对话框。单击"切削范围"选项组中的"选择"按钮 🖱，弹出"线框串连"对话框。选择如图 7-74 所示的边界框为加工范围，单击"确定"按钮 ✅，完成曲面和加工范围的选择。

❷ 系统弹出"曲面粗切挖槽"对话框。在"刀具参数"选项卡中单击"选择刀库刀具"按钮 选择刀库刀具... ，在弹出的"刀具管理"对话框中选择刀号为 278、直径为 20mm 的圆鼻铣刀。

❸ 双击刀具图标，系统弹出"定义刀具"对话框。设置刀具"总长度"为 120，"刀肩长度"为 90，圆鼻铣刀"半径"为 5，如

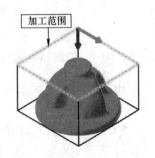

图 7-74　选择加工范围

图 7-75 所示。单击"完成"按钮，完成刀具参数设置，在"刀具参数"面板中即创建了 D20R5 圆鼻铣刀。

❹ 在"曲面粗切挖槽"对话框"刀具参数"选项卡中设置"进给速率"为 600，"主轴转速"为 3000，"下刀速率"为 800，"提刀速率"为 1000。

❺ 在"曲面参数"选项卡中设置"参考高度"为 80，"下刀位置"为 75，坐标形式均为"绝对坐标"，"加工面毛坯预留量"为 0。

❻ 在"粗切参数"选项卡中设置"整体公差"为 0.025，"Z 最大步进量"为 3.0，"进刀选项"选择"由切削范围外下刀"，如图 7-76 所示。单击"切削深度"按钮，弹出"切削深度设置"对话框，如图 7-77 所示。选择"绝对坐标"，设置绝对深度，"最高位置"为 5.0，"最低位置"为 -75.0。

图 7-75 "定义刀具"对话框

图 7-76 "粗切参数"选项卡

图 7-77 "切削深度设置"对话框

❼ 在"曲面粗切挖槽"对话框中选择"挖槽参数"选项卡，将"切削方式"设为"等距环切"，"切削间距（距离）"设为 6，并勾选"精修"复选框，设置"精修次数"为 1，"间距"为 0.5，勾选"由内而外环切"复选框。

❽ 单击"确定"按钮 ✅，系统根据所设参数生成曲面粗加工挖槽铣削刀具路径，如图 7-78 所示。

（06） 等高外形粗加工

❶ 单击"刀路"选项卡"新群组"面板中的"粗切等高外形加工"按钮 🗔，选择加工曲面后按 Enter 键，弹出"刀路曲面选择"对话框。单击"确定"按钮 ✅，完成曲面的选择。

❷ 系统弹出"曲面粗切等高"对话框。在"刀具参数"选项卡中单击"选择刀库刀具"按钮，弹出的"选择刀具"

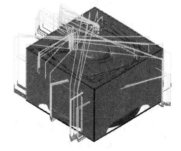

图 7-78 挖槽铣削刀具路径

对话框。选择刀号为 238、直径为 8mm 的球形铣刀。双击刀具图标，系统弹出"定义刀具"对话框。设置刀具"总长度"为 120，"刀肩长度"为 90。设置"进给速率"为 600，"下刀速率"

为 400，"提刀速率"为 1000，"主轴转速"为 3000。

❸ 在"曲面粗切等高"对话框的"曲面参数"选项卡中设置"参考高度"为 80，"下刀位置"为 75，坐标形式均为"绝对坐标"，"加工面毛坯预留量"为 0，"刀具切削范围"设为"外"。

❹ 在"等高粗切参数"选项卡中设置"Z 最大步进量"为 0.4，"两区段间路径过渡方式"选择"沿着曲面"，勾选"切削排序最佳化"复选框，勾选"浅滩"复选框并单击该按钮，打开"浅滩加工"对话框，如图 7-79 所示。将类型设为"移除浅滩区域刀路"，将"角度限制"设为 10，即所有夹角小于 10° 的曲面被认为是浅滩，系统都移除刀具路径不予加工。

❺ 单击"切削深度"按钮，弹出"切削深度设置"对话框。选择"绝对坐标"，设置绝对深度，"最高位置"为 75.0，"最低位置"为 −5.0。

❻ 单击"确定"按钮 ，系统根据所设参数生成曲面粗加工等高铣削刀具路径，如图 7-80 所示。

图 7-79 "浅滩加工"对话框　　　　图 7-80 等高铣削刀具路径

07 挖槽粗加工

❶ 单击"刀路"选项卡"3D"面板"粗切"组中的"挖槽"按钮，根据系统提示选择所有曲面作为加工曲面，按 Enter 键，弹出"刀路曲面选择"对话框。选择"切削范围"选项组中的"选择"按钮，参照图 7-74 选择加工范围，单击"确定"按钮，完成曲面和加工范围的选择。

❷ 系统弹出"曲面粗切挖槽"对话框。在"刀具参数"选项卡中单击"选择刀库刀具"按钮，在弹出的"刀具管理"对话框中选择刀号为 215、直径为 5mm 的平铣刀，并修改刀具"总长度"为 120，"刀齿长度"为 30，"刀肩长度"为 90；设置"进给速率"为 800，"下刀速率"为 400，"提刀速率"为 1000，"主轴转速"为 3000。

❸ 在"曲面粗切挖槽"对话框的"曲面参数"选项卡中设置"参考高度"为 80，"下刀位置"为 75，坐标形式均为"绝对坐标"，"加工面毛坯预留量"为 0。

❹ 在"粗切参数"选项卡中设置"Z 最大步进量"设为 1，采用"由切削范围外下刀"，勾选"铣平面"复选框并单击"铣平面"按钮，弹出"平面铣削加工参数"对话框，如图 7-81 所示。设置"平面边界延伸量"为 3.0。

❺ 在"挖槽参数"选项卡中设置曲面粗加工挖槽专用参数。将"切削方式"设为"等距环切"，"切削间距（距离）"设为 4，并勾选"精修"选项卡，设置"精修次数"为 1，"间距"为

0.5，勾选"由内而外环切"复选框。

❻ 系统根据所设参数生成曲面粗加工挖槽铣削刀具路径，如图 7-82 所示。

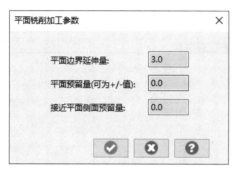

图 7-81　"平面铣削加工参数"对话框

图 7-82　曲面粗加工挖槽铣削刀具路径

7.10.2　模拟加工

刀具路径编制完后，需要进行模拟以检查刀具路径，如果无误即执行后处理生成 G、M 标准代码。其步骤如下：

01 在"刀路"管理器中选择"毛坯设置"选项，系统弹出"毛坯设置"对话框。单击"从边界框添加"按钮，系统打开"边界框"对话框。在该对话框中选择"立方体"，设置毛坯原点为底面中心点，立方体大小 X、Y、Z 分别为 112.0、112.0、72.0，如图 7-83 所示。单击"刀路"选项卡"毛坯"面板上的"显示 / 隐藏毛坯"按钮，显示毛坯。

02 单击"确定"按钮，返回"毛坯设置"对话框。单击"确定"按钮，生成毛坯。选择加工曲面，单击两次"工具"选项卡"显示"面板上的"隐藏 / 取消隐藏"按钮，将边界框和线图素隐藏，毛坯如图 7-84 所示。

图 7-83　设置立方体毛坯参数

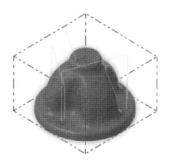

图 7-84　毛坯

03 在"刀路"管理器中单击"选择全部操作"按钮和"实体仿真已选操作"按钮，在弹出的"Mastercam 模拟器"窗口中单击"播放"按钮，进行真实加工模拟。刀具路径模拟结果如图 7-85 所示。

04 模拟检查无误后，在"刀路"管理器中单击"运行选择的操作进行后处理"按钮，生成 G、M 代码，如图 7-86 所示。

图 7-85　刀具路径模拟结果　　　　　　　图 7-86　生成 G、M 代码

7.11　思考与练习

1. Mastercam 2023 软件提供哪些粗加工方法？

2. Mastercam 2023 软件提供哪些精加工方法？

3. 曲面加工公用参数设置包含哪些选项？

4. 曲面粗 / 精加工平行铣削的加工角度是如何计算的。

第<big>8</big>章

曲面精加工

本章主要讲解曲面精加工刀具路径的编制方法。曲面精加工的目的主要是获得产品所要求的精度和表面粗糙度，因此通常要采用多种精加工方法来进行操作。在本章所讲述的精加工方法中，要重点掌握平行精加工、等高精加工、环绕等距精加工等加工方法，这几种精加工方法在实际加工中应用较多。

知识重点

☑ 平行精加工　　　　　　　　　☑ 浅滩精加工

☑ 陡斜面精加工　　　　　　　　☑ 环绕等距精加工

☑ 放射精加工　　　　　　　　　☑ 精修清角加工

☑ 投影精加工　　　　　　　　　☑ 残料精加工

☑ 流线精加工　　　　　　　　　☑ 熔接精加工

☑ 等高精加工

8.1　创建精加工面板

在实际加工过程中，大多数零件都需要通过粗加工和精加工来完成。和粗加工不同的是，精加工的目的则是获取最终的加工面，因此加工质量是精加工首要考虑的问题。

Mastercam 2023 不仅提供了强大的三维加工支持，同时也提供了 11 种精加工方法，本章将对各种精加工方法进行详细介绍。

传统精加工命令并没有在 3D 面板上出现，所以需要新建一个群组放置这些命令。具体操作如下：

1）在任意空白面板处右击，弹出快捷菜单，选择"自定义功能区"命令，打开"选项"对话框。

2）在右侧的"定义功能区"列表中选择"全部选项卡",在"铣床"选项卡下选择任意一个面板,这里我们选择"分析"面板,单击下方的"新建组"按钮,新建一个名为"新群组（自定义）"的面板。单击"重命名"按钮,修改名称为"精加工"。

3）在对话框左侧列表中选择"不在功能区的命令",在列表中列出了所有不在功能区的命令,选择"精修放射"命令,单击"添加"按钮 添加(A) >>,将该命令添加到重命名的"精加工"面板中。同理,添加其他命令。

8.2 平行精加工

精加工平行铣削可以生成某一特定角度的平行切削精加工刀具路径,一般与粗加工刀具路径成 90°,因为这样可以很好地去除粗加工留下的刀痕。

8.2.1 设置平行铣削精加工参数

单击"刀路"选项卡"精加工"面板中的"精修平行铣削"按钮，根据系统提示选择加工曲面,然后单击"结束选取"按钮,系统会弹出"刀路曲面选择"对话框。根据需要设定相应的参数和选择相应的图素后,单击"确定"按钮 ,系统弹出"曲面精修平行"对话框,如图 8-1 所示。选择"平行精修铣削参数"选项卡。该选项卡和平行铣削粗加工基本类似,只是少了一些项目。下面对与精加工相关的设置进行介绍。

1）"整体公差":在精加工阶段,往往需要把公差值设定得更小,并且采用能获得更好加工效果的切削方式。

2）"加工角度":在加工角度的选择上,可以与粗加工时的角度不同,如设置成 90°,这样可与粗加工时产生的刀痕形成交叉形刀路,从而减少粗加工的刀痕,以获得更好的加工表面质量。

3）"限定深度":该选项用来设置在深度方向上的加工范围。勾选"限定深度"复选框并单击其按钮,系统弹出"限定深度"对话框,如图 8-2 所示。该对话框中的深度值应为绝对值。

图 8-1 "曲面精修平行"对话框

图 8-2 "限定深度"对话框

8.2.2 实例——平行精加工

本例在平行粗加工的基础上对如图 8-3 所示的模型进行平行精加工。

 参见 网盘 > 网盘\视频教学\第 8 章\平行精加工.MP4

操作步骤如下：

01 打开加工模型。单击快速访问工具栏中的"打开"按钮📂，在弹出的对话框中打开网盘中源文件名为"平行精加工"的原始文件，如图8-3所示。

02 创建刀具路径。

❶ 选择加工曲面。单击"刀路"选项卡"精加工"面板中的"精修平行铣削"按钮🔧，根据系统提示选择如图8-4所示的加工曲面；然后单击"结束选取"按钮，系统弹出"刀路曲面选择"对话框。单击"确定"按钮 ✅ ，完成加工曲面的选取，系统弹出"曲面精修平行"对话框。

加工曲面

图8-3　平行精加工模型　　　　　　　　　图8-4　加工曲面的选取

❷ 设置刀具参数。在"刀具参数"选项卡中单击"选择刀库刀具"按钮 选择刀库刀具... ，选择刀号为240、直径为5mm的球形铣刀，单击"确定"按钮 ✅ ，返回"曲面精修平行"对话框。设置"进给速率"为400，"主轴转速"为2500，"下刀速率"为300，"提刀速率"为300。

❸ 设置曲面加工参数。在"曲面参数"选项卡中设置"安全高度"为25，"参考高度"为10，"下刀位置"为3，"加工面预留量"为0。

❹ 设置精修平行铣削参数。在"平行精修铣削参数"选项卡中设置"整体公差"为0.01，"最大切削间距"为0.8。

设置完后，单击"确定"按钮 ✅ ，系统立即在绘图区生成平行精加工刀具路径，如图8-5所示。

03 单击"刀路"管理器中的"选择全部操作"按钮▶，和"实体仿真已被操作"按钮🖥，在弹出的"Mastercam模拟器"窗口中单击"播放"按钮▶，进行真实加工模拟。图8-6所示为刀具路径模拟效果。

图8-5　平行精加工刀具路径　　　　　　　　图8-6　刀具路径模拟效果

在确认刀具路径设置无误后，即可以生成NC加工程序了。单击"运行选择的操作进行后处理"按钮**G1**，设置相应的参数、文件名和保存路径后，就可以生成本刀具路径的加工程序。

8.3 陡斜面精加工

受刀具切削间距的限制，平坦的曲面上刀路密，而陡斜面（指接近垂直的面，包括垂直面）上的刀具路径要稀一些，从而容易导致有较多余料。陡斜面精加工是用于清除粗加工时残留在曲面较陡的斜坡上的材料，常与其他精加工方法协同使用。

8.3.1 设置陡斜面精加工参数

单击“刀路”选项卡“精加工”面板中的“精修平行陡斜面”按钮，根据系统提示选择加工曲面，然后单击“结束选取”按钮，系统会弹出“刀路曲面选择”对话框。根据需要设定相应的参数和选择相应的图素后，单击“确定”按钮，系统弹出“曲面精修平行式陡斜面”对话框，如图 8-7 所示。选择“陡斜面精修参数”选项卡，下面对平行陡斜面精加工特定的设置进行介绍。

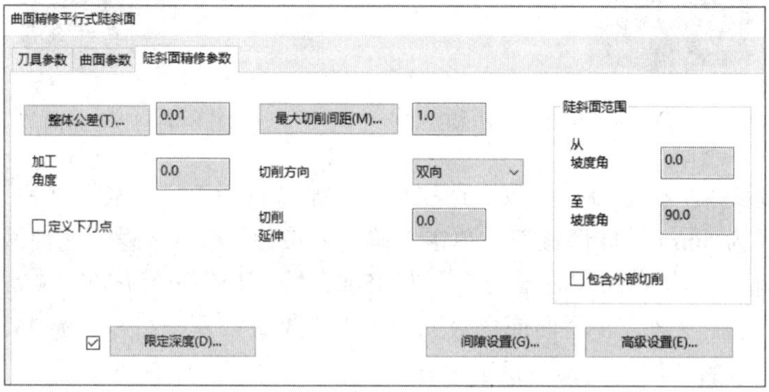

图 8-7 “曲面精修平行式陡斜面”对话框

（1）“切削延伸” 刀具在前面加工过的区域开始进刀，经过设置的距离即延伸量后，才正式切入需要加工的陡斜面区，而且退出陡斜面区时也要超出这样一个距离，所以，实际上是将刀具路径的两端延长了。这样做能够使刀具顺应路径的形状圆滑过渡，但刀具的切削范围扩大了。

（2）“陡斜面范围” 在加工时用两个角度来定义工件的陡斜面（这个角度是曲面法线与 Z 轴的夹角）。在加工时，仅对在这个倾斜范围内的曲面进行陡斜面精加工，如图 8-8 所示。

1）“从坡度角”：加工范围的最小坡度。

2）“至坡度角”：加工范围的最大坡度。

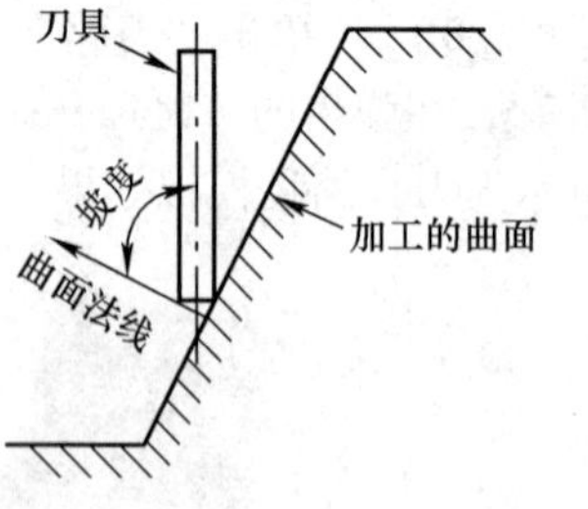

图 8-8 陡斜面精加工参数设置

8.3.2 实例——陡斜面精加工

本例在粗切等高位置加工的基础上对如图 8-9 所示的模型进行陡斜面精加工。

参见网盘 网盘 \ 视频教学 \ 第 8 章 \ 陡斜面精加工 .MP4

操作步骤如下：

01 打开加工模型。单击快速访问工具栏中的"打开"按钮 📂，在弹出的对话框中打开网盘中源文件名为"陡斜面精加工"的原始文件，如图 8-9 所示。

02 创建刀具路径。

❶ 选择加工曲面。单击"刀路"选项卡"精加工"面板中的"精修平行陡斜面"按钮 🔧，根据系统提示在绘图区中选择如图 8-10 所示的加工曲面；然后单击"结束选取"按钮，系统弹出"刀路曲面选择"对话框；最后单击该对话框中的"确定"按钮 ✅，完成加工曲面的选择，系统弹出"曲面精修平行式陡斜面"对话框。

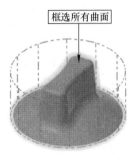

框选所有曲面

图 8-9　陡斜面精加工模型　　　　　　图 8-10　加工曲面的选择

❷ 设置刀具参数。在"刀具参数"选项卡中单击"选择刀库刀具"按钮，选择刀号为235、直径为 5mm 的球形铣刀，单击"确定"按钮 ✅，返回"曲面精修平行式陡斜面"对话框。在"刀具参数"选项卡中设置刀具的"总长度"为 100，"刀齿长度"为 80。"进给速率"为 400，"主轴转速"为 2500，"下刀速率"率为 300，"提刀速率"为 300。

❸ 设置曲面加工参数。在"曲面参数"选项卡中设置"参考高度"为 50，"下刀位置"为5，坐标形式均为"绝对坐标"，"加工面预留量"为 0。

❹ 设置陡斜面精加工参数。在"陡斜面精修参数"选项卡中设置"整体公差"为 0.01，"最大切削间距"为 1.0，"陡斜面范围"从坡度角为 0，至坡度角为 90。

设置完后，单击"确定"按钮 ✅，系统立即在绘图区生成陡斜面精加工刀具路径，如图 8-11 所示。

03 在"刀路"管理器中单击"选择全部操作"按钮 ▶ 和"实体仿真已选"按钮 🔧，在弹出的"Mastercam 模拟器"窗口中单击"播放"按钮 ▶，进行真实加工模拟。图 8-12 所示为刀具路径模拟效果。

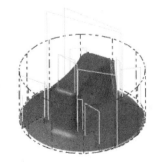

图 8-11　陡斜面精加工刀具路径　　　　图 8-12　刀具路径模拟效果

在确认刀具路径设置无误后，即可以生成 NC 加工程序了。单击"运行选择的操作进行后处理"按钮 G1，设置相应的参数、文件名和保存路径后，就可以生成本刀具路径的加工程序。

8.4　放射精加工

曲面放射状精加工主要用于在圆形、球形的工件上产生精确的精加工刀具路径。与粗加工放射状加工一样，系统会提示"选择放射极点"。

📖 8.4.1　设置放射精加工参数

单击"刀路"选项卡"精加工"面板中的"精修放射"按钮 ，根据系统提示选择加工曲面，然后单击"结束选取"按钮，系统弹出"刀路曲面选择"对话框。根据需要设定相应的参数和选择相应的图素后，单击"确定"按钮 ，系统弹出"曲面精修放射"对话框，如图 8-13 所示。选择"放射精修参数"选项卡，该选项卡中的参数设置在粗加工中都有，只是比粗加工中少了几个项目，故不再重复。

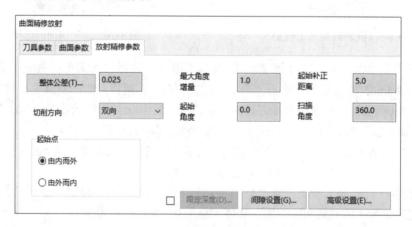

图 8-13　"曲面精修放射"对话框

📖 8.4.2　实例——放射精加工

本例在放射粗加工的基础上对如图 8-14 所示的模型进行放射精加工。

　网盘 \ 视频教学 \ 第 8 章 \ 放射精加工 .MP4

操作步骤如下：

01　打开加工模型。单击快速访问工具栏中的"打开"按钮 ，在弹出的对话框中打开网盘中源文件名为"放射精加工"的文件，如图 8-14 所示。

02　创建刀具路径。

❶ 选择加工曲面。单击"刀路"选项卡"精加工"面板中的"精修放射"按钮 ，根据系统的提示在绘图区中选择如图 8-15 所示的加工曲面；然后单击"结束选取"按钮 ，系

统弹出"刀路曲面选择"对话框；最后单击该对话框中的"确定"按钮 ，完成加工曲面的选择，系统弹出"曲面精修放射"对话框。

图 8-14　放射精加工模型

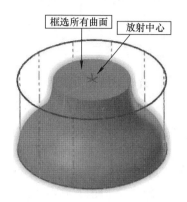

图 8-15　加工曲面的选择

❷ 设置刀具参数。在"刀具参数"选项卡中单击"选择刀库刀具"按钮，选择刀号为235、直径为 5mm 的球形铣刀，单击"确定"按钮 ⊘ ，返回"曲面精修放射"对话框。在"刀具参数"选项卡中设置"进给速率"为 400，"主轴转速"为 2500，"下刀速率"为 300，"提刀速率"为 300。

❸ 设置曲面加工参数。在"曲面参数"选项卡中设置"参考高度"为 25，"下刀位置"为5，"加工面预留量"为 0。

❹ 设置放射精加工参数。在"放射精修参数"选项卡中设置"整体公差"为 0.025，"最大角度增量"为 1，"起始补正距离"为 0。

❺ 单击"确定"按钮 ⊘ ，系统提示"选择放射状中心"。选择图 8-15 所示的放射中心点，此时在绘图区会生成放射精加工刀具路径，如图 8-16 所示。

03 在"刀路"管理器中单击"选择全部操作"按钮 ▶ 和"实体仿真已选操作"按钮 ▣，在弹出的"Mastercam 模拟器"窗口中单击"播放"按钮 ▶，进行真实加工模拟，图 8-17所示为刀具路径模拟效果。

在确认刀具路径设置无误后，即可以生成 NC 加工程序。单击"运行选择的操作进行后处理"按钮 G1，设置相应的参数、文件名和保存路径后，就可以生成本刀具路径的加工程序。

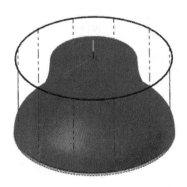

图 8-16　放射精加工刀具路径

图 8-17　刀具路径模拟效果

8.5 投影精加工

投影精加工是将已有的刀具路径或几何图形投影在要加工的曲面上，生成刀具路径来进行切削。

8.5.1 设置投影精加工参数

单击"刀路"选项卡"精加工"面板中的"精修投影加工"按钮，根据系统提示选择加工曲面；然后单击"结束选取"按钮，系统会弹出"刀路曲面选择"对话框。根据需要设定相应的参数和选择相应的图素后，单击"确定"按钮，系统弹出"曲面精修投影"对话框，如图 8-18 所示。选择"投影精修参数"选项卡，该选项卡与"投影粗切参数"选项卡类似，但参数的设置与粗加工时的有些不同，取消了每次最大进刀量、下刀/提刀方式和刀具沿 Z 向移动方式设置。另外，还新增了如下几项：

1）"添加深度"：将 NCI 文件中定义的 Z 轴深度作为投影后刀具路径的深度，将比未选择该选项时的下刀高度高出一个距离值，刀具将在离曲面很高的地方就开始采用工作进给速度下降，一直切入曲面内。

2）"两切削间提刀"：在两次切削的间隙提刀。

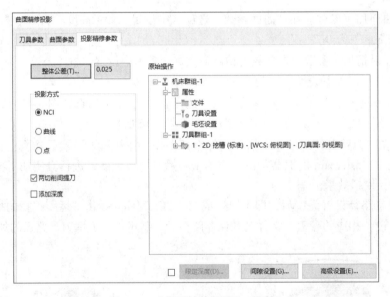

图 8-18 "曲面精修投影"对话框

8.5.2 实例——投影精加工

本例在二维挖槽加工的基础上对如图 8-19 所示的模型进行投影精加工。

网盘＼视频教学＼第 8 章＼投影精加工 .MP4

操作步骤如下:

01 打开加工模型。单击快速访问工具栏中的"打开"按钮![打开图标]，在弹出的对话框中打开网盘中源文件名为"投影精加工"的文件，如图8-19所示。

02 创建刀具路径。

❶ 选择加工曲面。单击"刀路"选项卡"精加工"面板中的"精修投影加工"按钮![按钮]，根据系统提示在绘图区中选择如图8-20所示的加工曲面；然后单击"结束选取"按钮，系统弹出"刀路曲面选择"对话框；最后单击该对话框中的"确定"按钮 ![确定] ，完成加工曲面的选择，系统弹出"曲面精修投影"对话框。

图8-19 投影精加工模型

图8-20 加工曲面的选取

❷ 设置刀具参数。在"刀具参数"选项卡中单击"选择刀库刀具"按钮，选择刀号为233、直径为3mm的球形铣刀。单击"确定"按钮 ![确定] ，返回"曲面精修投影"对话框。在"刀具参数"选项卡中设置"进给速率"为200，"主轴转速"为2000，"下刀速率"为200，"提刀速率"为200。

❸ 设置曲面加工参数。在"曲面参数"选项卡中设置"参考高度"为25，"下刀位置"为5，"加工面预留量"为-5。

❹ 设置投影精加工参数。在"投影精修参数"选项卡中设置"整体公差"为0.001，"投影方式"为"NCI"，在"原始操作"下拉列表中选择"2D挖槽（标准）"刀路，如图8-21所示。

单击"确定"按钮 ![确定] ，系统就会在绘图区生成投影精加工刀具路径，如图8-22所示。

图8-21 "投影精修参数"选项卡

03 工件设置。在"刀路"管理器中选择"毛坯设置"选项，系统弹出"毛坯设置"对话框；单击"从选择添加"按钮![按钮]，在绘图区选择模型实体作为毛坯，单击"确定"按钮![确定]，生成毛坯。

04 在"刀路"管理器中单击"选择全部操作"按钮 ▶，和"实体仿真已选操作"按钮 ，在弹出的"Mastercam 模拟器"窗口中单击"播放"按钮 ▶，进行真实加工模拟。图 8-23 所示为刀具路径模拟效果。

在确认加工路径设置无误后，即可以生成 NC 加工程序了。单击"运行选择的操作进行后处理"按钮 G1，设置相应的参数、文件名和保存路径后，就可以生成本刀具路径的加工程序。

图 8-22　投影精加工刀具路径　　　　图 8-23　刀具路径模拟效果

8.6　流线精加工

流线精加工是沿曲面的方向产生精加工刀具路径，由于其进刀量沿曲面计算，因此加工出的曲面比较光滑。由于流线精加工是每个曲面单独加工，因此在加工每一个曲面时，应考虑不能损伤其他曲面。

8.6.1　设置流线精加工参数

单击"刀路"选项卡"精加工"面板中的"流线"按钮 ，根据系统提示选择加工曲面；然后单击"结束选取"按钮，系统会弹出"刀路曲面选择"对话框。根据需要设定相应的参数和选择相应的图素后，单击"确定"按钮 ，系统弹出"曲面精修流线"对话框，如图 8-24 所示。选择"流线精修参数"选项卡，其中的参数设置与其粗加工含义相同，这里不再赘述。

图 8-24　"曲面精修流线"对话框

8.6.2　实例——流线精加工

本例在粗切流线加工的基础上对如图 8-25 所示的模型进行流线精加工。

参见
网盘　　网盘 \ 视频教学 \ 第 8 章 \ 流线精加工 .MP4

操作步骤如下：

01　打开加工模型。单击快速访问工具栏中的"打开"按钮 ，在弹出的对话框中打开网盘中源文件名为"流线精加工"的文件，如图 8-25 所示。

02　创建刀具路径。

❶ 选择加工曲面。单击"刀路"选项卡"3D"面板中的"流线"按钮 ，根据系统的提示在绘图区中选择如图 8-26 所示的加工曲面；然后单击"结束选取"按钮，系统弹出"刀路曲面选择"对话框。

图 8-25　流线精加工模型

❷ 设置曲面流线参数。单击"刀路曲面选择"对话框"曲面流线"选项组中的"流线参数"按钮 ，系统弹出"流线数据"对话框，如图 8-27 所示。单击该对话框中的"切削方向"按钮，调整曲面流线方向，如图 8-28 所示；然后单击该对话框中的"确定"按钮 ，完成曲面流线的设置，此时系统返回"刀路曲面选择"对话框。单击该对话框中的"确定"按钮 ，系统弹出"曲面精修流线"对话框。

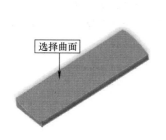

图 8-26　选择加工曲面

图 8-27　"流线数据"对话框

图 8-28　调整曲面流线方向

❸ 设置刀具参数。在"刀具参数"选项卡中单击"选择刀库刀具"按钮，选择刀号为235、直径为 5mm 的球形铣刀，单击"确定"按钮 ，返回"曲面精修流线"对话框。在"刀具参数"选项卡中设置"进给速率"为400，"主轴转速"为2500，"下刀速率"为300，"提刀速率"为300。

❹ 设置曲面加工参数。在"曲面参数"选项卡中设置"参考高度"为25，"下刀位置"为5"加工面预留量"为 0。

❺ 设置曲面流线精加工参数。在"流线精修参数"选项卡中设置"距离"设置为2.0，"整体公差"为0.01，"残脊高度"为0.1，勾选"执行过切检查"复选框，"切削方向"选择"双向"。

单击"确定"按钮 ，系统就会在绘图区生成曲面流线精修刀具路径，如图 8-29 所示。

03 在"刀路"管理器中单击"选择全部操作"按钮▶和"实体仿真已选操作"按钮🗒，在弹出的"Mastercam 模拟器"窗口中单击"播放"按钮▶，进行真实加工模拟。图 8-30 所示为刀具路径模拟效果。

图 8-29　曲面流线精修刀具路径

图 8-30　刀具路径模拟效果

在确认刀具路径设置无误后，即可以生成 NC 加工程序了。单击"运行选择的操作进行后处理"按钮G1，设置相应的参数、文件名和保存路径后，就可以生成本刀具路径的加工程序。

8.7　等高精加工

等高精加工的刀具是首先完成一个高度面上的所有加工后，才进行下一个高度的加工。

📖 8.7.1　设置等高精加工参数

单击"刀路"选项卡"精加工"面板中的"等高"按钮🖻，根据系统提示选择加工曲面，然后单击"结束选取"按钮 ⟨结束选择⟩，系统会弹出"刀路曲面选择"对话框。根据需要设定相应的参数和选择相应的图素后，单击"确定"按钮 ✅，系统弹出"曲面精修等高"对话框，如图 8-31 所示。选择"等高精修参数"选项卡，该选项卡中的设置和等高粗加工的参数设置基本相同。

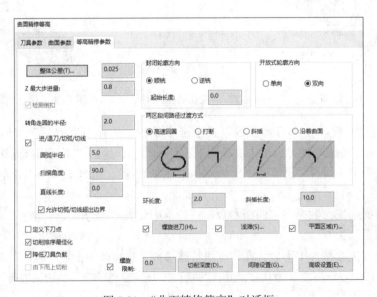

图 8-31　"曲面精修等高"对话框

值得注意的是，采用等高精加工时，在曲面的顶部或坡度较小的位置有时不能进行切削，这时可以采用浅滩精加工来对这部分的材料进行加工。

8.7.2 实例——等高精加工

对如图 8-32 所示的模型进行等高精加工。

参见网盘	网盘 \ 视频教学 \ 第 8 章 \ 等高精加工 .MP4

操作步骤如下：

01 打开加工模型。单击快速访问工具栏中的"打开"按钮，在弹出的对话框中打开网盘中源文件名为"等高精加工"的文件，如图 8-32 所示。

02 创建刀具路径。

❶ 选择加工曲面。单击"刀路"选项卡"精加工"面板中的"等高"按钮，根据系统提示在绘图区中选择如图 8-33 所示的所有曲面作为加工曲面；然后单击"结束选取"按钮，系统弹出"刀路曲面选择"对话框；最后单击该对话框中的"确定"按钮 ，完成加工曲面的选择，系统弹出"曲面精修等高"对话框。

图 8-32 等高外形精加工模型

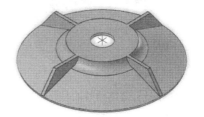

图 8-33 加工曲面的选择

❷ 设置刀具参数。在"刀具参数"选项卡中单击"选择刀库刀具"按钮，选择刀号为236、直径为 6mm 的球形铣刀，单击"确定"按钮 ，返回"曲面精修流线"对话框。在"刀具参数"选项卡中设置"进给速率"为 400，"主轴转速"为 2000，"下刀速率"为 300，"提刀速率"为 300。

❸ 设置曲面加工参数。在"曲面参数"选项卡中设置"参考高度"为 25，"下刀位置"为5，"加工面预留量"为 0。

❹ 设置等高外形精加工参数。在"等高精修参数"选项卡中设置"整体公差"为 0.01，"Z最大步进量"为 0.8，"两区段间路径过渡方式"选择"沿着曲面"。勾选"切削排序最佳化"复选框，如图 8-34 所示。

设置完后，单击"确定"按钮 ，系统立即在绘图区生成等高精加工刀具路径，如图 8-35 所示。

03 在"刀路"管理器中单击"选择全部操作"按钮和"实体仿真已选操作"按钮，在弹出的"Mastercam 模拟器"窗口中单击"播放"按钮，进行真实加工模拟。图 8-36所示为刀具路径模拟效果。

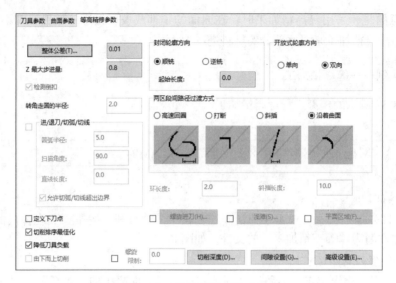

图 8-34 设置等高精修参数

图 8-35 等高精加工刀具路径

图 8-36 刀具路径模拟效果

在确认刀具路径设置无误后，即可以生成 NC 加工程序了。单击"运行选择的操作进行后处理"按钮 G1，设置相应的参数、文件名和保存路径后，就可以生成本刀具路径的加工程序。

8.8 浅滩精加工

与陡斜面精加工正好相反，浅滩精加工主要用于加工一些比较平坦的曲面。在大多数精加工时，往往对平坦部分的加工不够，因此需要在后续工序使用浅滩精加工来保障加工质量。

8.8.1 设置浅滩精加工参数

单击"刀路"选项卡"精加工"面板中的"精修浅滩加工"按钮 ，根据系统提示选择加工曲面，然后单击"结束选取"按钮，系统会弹出"刀路曲面选择"对话框。根据需要设定相应的参数和选择相应的图素后，单击"确定"按钮 ，系统弹出"曲面精修浅滩"对话框，如图 8-37 所示。选择"浅滩精修参数"选项卡，该选项卡中主要参数的含义如下：

1）"切削方向"：浅滩精加工有"双向""单向"及"3D 环绕"3 种切削方式。其中，"3D 环绕"指围绕切削区域构建一个范围，切削该区域的周边，然后用最大步距去补正外部边界，构建一个切削范围。

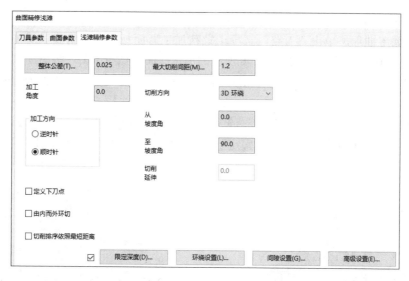

图 8-37 "曲面精修浅滩"对话框

2）"从坡度角 / 至坡度角"：与陡斜面类似，也是由两斜坡角度所决定，凡坡度在"从坡度角"和"至坡度角"之间的曲面被视为浅滩。系统默认的坡度范围为 0° ～ 10°，用户可以改变这个范围，将加工范围扩大到更陡一点的斜坡上，但是不能超过 90°。角度不区分正负，只看值的大小。

3）"环绕设置"：浅滩加工增加了一种环绕切削的方法，它围绕切削区域构建一个边界，刀具沿着这个边界切削一周，然后按照设定的切削间距将边界朝加工区内偏置一定距离，得到一个与边界线平行的轨迹。刀具按照新的轨迹线进行加工，如此反复，直到该区域加工完毕。

单击"环绕设置"按钮，弹出如图 8-38 所示"环绕设置"对话框。勾选"覆盖自动精度计算"复选框，则三维环绕精度是用"步进量百分比"文本框中指定的值，而不考虑自动分析计算后的结果；如果不选择，则按系统按刀具、切削间距和切削公差来计算合适的环绕刀具路径。"将限定区域边界存为图形"用于构建极限边界区域的几何图形。

图 8-38 "环绕设置"对话框

 8.8.2 实例——浅滩精加工

本例在等高粗加工的基础上对如图 8-39 所示的模型进行浅滩精加工。

参见
网盘 ▷ 网盘 \ 视频教学 \ 第 8 章 \ 浅滩精加工 .MP4

操作步骤如下：

01 打开加工模型。单击快速访问工具栏中的"打开"按钮，在弹出的对话框中打开网盘中源文件名为"浅滩精加工"的文件，如图 8-39 所示。

02 创建刀具路径。

❶ 选择加工曲面。单击"刀路"选项卡"精加工"面板中的"精修浅滩加工"按钮 ，根据系统的提示在绘图区中选择如图 8-40 所示的加工曲面；然后单击"结束选取"按钮。系统弹出"刀路曲面选择"对话框；最后单击"确定"按钮 ，完成加工曲面的选择，系统弹出"曲面精修浅滩"对话框。

❷ 设置刀具参数。在"刀具参数"选项卡中单击"选择刀库刀具"按钮，选择刀号为 233、直径为 3mm 的球形铣刀，单击"确定"按钮 ，返回"曲面精修浅滩"对话框。

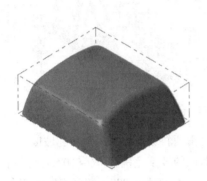

图 8-39　浅滩精加工模型

框选所有曲面

图 8-40　加工曲面的选择

❸ 设置曲面加工参数。在"曲面参数"选项卡中设置"参考高度"为 25，"下刀位置"为 5，"加工面预留量"为 0。

❹ 设置浅滩精加工参数。在"浅滩精修参数"选项卡中设置"整体公差"为 0.025，"最大切削间距"为 0.8，"从坡度角"为 0，"到坡度角"为 90。

设置完后，单击"确定"按钮 ，系统立即在绘图区生成浅滩精加工刀具路径，如图 8-41 所示。

03 在"刀路"管理器中单击"选择全部操作"按钮 和"实体仿真已选操作"按钮 ，在弹出的"Mastercam 模拟器"窗口中单击"播放"按钮 ，进行真实加工模拟。图 8-42 所示为刀具路径模拟效果。

在确认刀具路径设置无误后，即可以生成 NC 加工程序了。单击"运行选择的操作进行后处理"按钮 G1，设置相应的参数、文件名和保存路径后，就可以生成本刀具路径的加工程序。

图 8-41　浅滩精加工刀具路径

图 8-42　刀具路径模拟效果

8.9 环绕等距精加工

环绕等距精加工指刀具在加工多个曲面时，刀具路径沿曲面环绕且相互等距，即残留高度固定。它与流线加工类似，是根据曲面的形态决定切除深度，而无论毛坯是何形状，所以若毛坯尺寸和形状接近零件时用此法较为稳妥。

8.9.1 设置环绕等距精加工参数

单击"刀路"选项卡"精加工"面板中的"精修环绕等距加工"按钮 ，根据系统提示选择加工曲面，然后单击"结束选取"按钮，系统会弹出"刀路曲面选择"对话框。根据需要设定相应的参数和选择相应的图素后，单击"确定"按钮 ✓ ，系统弹出"曲面精修环绕等距"对话框，如图 8-43 所示。选择"环绕等距精修参数"选项卡，该选项卡中的参数设置与前面加工方法中的同名项相同，在此仅介绍不同的选项。

图 8-43 "曲面精修环绕等距"对话框

1)"切削排序依照最短距离"：此选项为刀具路径优化项，目的在于减少刀具从一条切削线到另一条切削线的距离，同时对刀具的返回高度也进行优化。

2)"斜线角度"：用于设置进刀时的角度值。

8.9.2 实例——环绕等距精加工

本例在曲面等高粗加工的基础上对如图 8-44 所示的模型进行环绕等距精加工。

参见
网盘 \ 视频教学 \ 第 8 章 \ 环绕等距精加工 .MP4

操作步骤如下：

01 打开加工模型。单击快速访问工具栏中的"打开"按钮![icon]，在弹出的对话框中打开网盘中源文件名为"环绕等距精加工"的文件，如图 8-44 所示。

02 创建刀具路径。

❶ 选择加工曲面。单击"刀路"选项卡"精加工"面板中的"精修环绕等距加工"按钮![icon]，根据系统的提示在绘图区中框选所有曲面作为加工曲面，如图 8-45 所示；然后单击"结束选取"按钮，系统弹出"刀路曲面选择"对话框；最后单击该对话框中的"确定"按钮![icon]，完成加工曲面的选择，系统弹出"曲面精修环绕等距"对话框。

❷ 设置刀具参数。在"刀具参数"选项卡中单击"选择刀库刀具"按钮，选择刀号为233、直径为 3mm 的球形铣刀，单击"确定"按钮![icon]，返回"曲面精修环绕等距"对话框。

❸ 设置曲面加工参数。在"曲面参数"选项卡中设置"参考高度"为 25，"下刀位置"为5，"加工面预留量"为 0。

❹ 设置环绕等距精修参数。在"环绕等距精修参数"选项卡中设置"整体公差"为 0.025，"最大切削间距"为 0.8，取消勾选"限定深度"复选框。

设置完后，单击"确定"按钮![icon]，系统立即在绘图区生成环绕等距精加工刀具路径，如图 8-46 所示。

框选所有曲面

图 8-44 环绕等距精加工模型　　图 8-45 加工曲面的选择　　图 8-46 环绕等距精加工刀具路径

03 在"刀路"管理器中单击"选择全部操作"按钮![icon]和"实体仿真已选操作"按钮![icon]，在弹出的"Mastercam 模拟"对话框中单击"播放"按钮![icon]，进行真实加工模拟，图 8-47 所示为刀具路径模拟效果。

在确认刀具路径设置无误后，即可以生成 NC 加工程序了。单击"运行选择的操作进行后处理"按钮![icon]，设置相应的参数、文件名和保存路径后，就可以生成本刀具路径的加工程序。

图 8-47 刀具路径模拟效果

8.10 精修清角加工

精修清角加工用于清除曲面之间的交角部分残余材料，需与其他加工方法配合使用。该种精加工方法刀具路径可在两种方法中使用：作为粗加工操作切除交角上的残余材料，对已粗加工曲面使用该方法可更容易地清除交角上的残渣；作为精加工操作可以从交角上清除毛坯材料。

8.10.1 设置精修清角加工参数

单击"刀路"选项卡"精加工"面板中的"精修清角加工"按钮，根据系统提示选择加工曲面，然后单击"结束选择"按钮，系统会弹出"刀路曲面选择"对话框。根据需要设定相应的参数和选择相应的图素后，单击"确定"按钮，系统弹出"曲面精修清角"对话框，如图 8-48 所示。选择"清角精修参数"选项卡，其参数设置与前面各加工方式中的一样。设置好参数后，系统自动计算出哪些地方需要清角，然后进行加工。

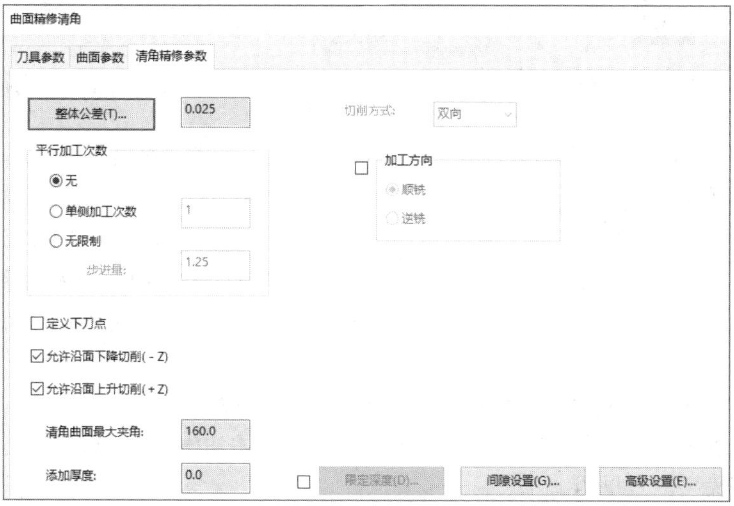

图 8-48 "曲面精修清角"对话框

8.10.2 实例——精修清角加工

本例在等高粗加工和环绕等距精加工的基础上对如图 8-49 所示的模型进行精修清角加工。

 参见 网盘

网盘 \ 视频教学 \ 第 8 章 \ 精修清角加工 .MP4

操作步骤如下：

01 打开加工模型。单击快速访问工具栏中的"打开"按钮，在弹出的对话框中打开网盘中源文件名为"精修清角加工"的文件，如图 8-49 所示。

02 创建刀具路径。

❶ 选择加工曲面。单击"刀路"选项卡"精加工"面板中的"精修清角加工"按钮，根据系统的提示在绘图区中选择如图 8-50 所示的所有曲面作为加工曲面；然后单击"结束选择"按钮，系统弹出"刀路曲面选择"对话框；最后单击"确定"按钮，完成加工曲面的选取，系统弹出"曲面精修清角"对话框。

❷ 设置刀具参数。在"刀具参数"选项卡中单击"选择刀库刀具"按钮，选择刀号为 233、直径为 3mm 的球形铣刀，单击"确定"按钮，返回"曲面精修清角"对话框。在"刀具参数"选项卡中设置"进给速率"为 200，"主轴转速"为 3000，"下刀速率"为

150，"提刀速率"为 150。

图 8-49　精修清角加工模型

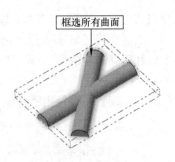

框选所有曲面

图 8-50　选择加工曲面

❸ 设置曲面加工参数。在"曲面参数"选项卡中设置"参考高度"为 25，"下刀位置"为 5，"加工面毛坯预留量"为 0。

❹ 设置交线清角精加工参数。在"清角精修参数"选项卡中设置"整体公差"为 0.025，勾选"允许沿面下降切削"和"允许沿面上升切削"复选框"清角曲面最大夹角"为 160。

设置完后，单击"确定"按钮 ✅，系统立即在绘图区生成精修清角刀具路径，如图 8-51 所示。

03 在"刀路"管理器中单击"选择全部操作"按钮 ▶ 和"实体仿真已选操作"按钮 🖼，在弹出的"Mastercam 模拟器"窗口中单击"播放"按钮 ▶，进行真实加工模拟。图 8-52 所示为刀具路径模拟的效果图。

在确认刀具路径设置无误后，即可以生成 NC 加工程序了。单击"执行选择的操作进行后处理"按钮 G1，设置相应的参数、文件名和保存路径后，就可以生成本刀具路径的加工程序。

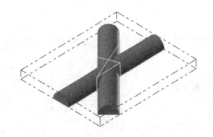

图 8-51　精修清角刀具路径

图 8-52　刀具路径模拟效果

8.11　残料精加工

残料精加工用于清除前面使用大口径刀具加工而造成的残余毛坯材料，也应与其他加工方法配合使用。

📖 8.11.1　设置残料精加工参数

单击"刀路"选项卡"精加工"面板中的"残料"按钮 🖼，根据系统提示选择加工曲面，然后单击"结束选择"按钮，系统会弹出"刀路曲面选择"对话框。根据需要设定相应的参数和选择相应的图素后，单击"确定"按钮 ，系统弹出"曲面精修残料清角"对话框。选择"残料清角精修参数"选项卡和"残料清角材料参数"选项卡如图 8-53 和图 8-54 所示。其方法与粗加工中的残料加工类似，除两个共同的选项，还有两个特征选项，与粗加工有不同之处。

图 8-53 "残料清角精修参数"选项卡

1）"混合路径"：它是 2D 加工形式和 3D 加工形式的混合，在 3D 环绕切削方式下无效。大于转折角度时为 2D 方式，这时曲面比较陡；小于转折角度时为 3D 方式，这时曲面比较平缓。① 2D 方式指在切削一周的过程中切入深度 Z 不变，刀具路径在二维方向是等距的；② 3D 方式指在切削一周的过程中 Z 值根据曲面的形态而变化，刀具路径在空间是保持等距的，这可以使得在加工陡斜面时自动增加刀具路径，免得在陡斜面上刀具切削的路径太稀。

图 8-54 "残料清角材料参数"选项卡

2）"从粗切刀具计算剩余材料"：该选项有"粗切刀具直径""粗切刀角半径"及"重叠距离"3 个选项，设置相应值后，系统会自动根据粗加工刀具直径及重叠距离来计算清除材料的加工范围。例如，若粗加工刀具的直径选择为 12mm，重叠距离设为 2，则系统认为粗加工的区域是用直径为 14mm 的刀具按原刀具路径加工出来的区域，当然，这个区域是系统假想的，要比实际粗加工的区域大，所以在清除残料精加工时，搜索的加工范围也就大一些，因此残料清除可能更彻底。

8.11.2 实例——残料精加工

本例在放射粗加工、挖槽粗加工和等高精加工的基础上对如图 8-55 所示的模型进行残料精加工。

网盘\视频教学\第 8 章\残料精加工 .MP4

操作步骤如下：

01 打开加工模型。单击快速访问工具栏中的"打开"按钮 ，在弹出的对话框中打开网盘中源文件名为"残料精加工"的文件，如图 8-55 所示。

02 创建刀具路径。

❶ 选择加工曲面。单击"刀路"选项卡"精加工"面板中的"残料"按钮 ，根据系统的提示在绘图区中选择如图 8-56 所示的加工曲面；然后单击"结束选择"按钮，系统弹出"刀路曲面选择"对话框；最后单击该对话框中的"确定"按钮 ，完成加工曲面的选择，系统弹出"曲面精修残料清角"对话框。

图 8-55 残料精加工模型

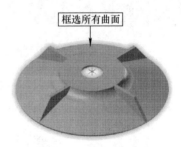

框选所有曲面

图 8-56 选择加工曲面

❷ 设置刀具参数。在"刀具参数"选项卡中单击"选择刀库刀具"按钮，选择刀号为233、直径为 3mm 的球形铣刀，单击"确定"按钮 ，返回"曲面精修残料清角"对话框。在"刀具参数"选项卡中设置"进给速率"为 200，"主轴转速"为 3000，"下刀速率"为 150，"提刀速率"为 150。

❸ 设置曲面加工参数。在"曲面参数"选项卡中设置"参考高度"为 25，"下刀位置"为5，"加工面毛坯预留量"为 0。

❹ 设置残料清角精修参数。在"残料清角精修参数"选项卡中设置"整体公差"为 0.025；"最大切削间距"为 0.5；"从坡度角"为 0，"至坡度角"为 90；切削方向选择"双向"；取消勾选"限定深度"复选框。

❺ 设置残料清角材料参数。在"残料清角材料参数"选项卡中设置"粗切刀具直径"为10.0，"粗切转角半径"为 5.0，"重叠距离"为 50.0。

设置完后，单击"确定"按钮 ，系统立即在绘图区生成残料精加工刀具路径，如图 8-57 所示。

03 在"刀路"管理器中单击"选择全部操作"按钮 和"实体仿真已选操作"按钮 ，在弹出的"Mastercam 模拟器"窗口中单击"播放"按钮 ，进行真实加工模拟。图 8-58所示为刀具路径模拟效果。

在确认刀具路径设置无误后，即可以生成 NC 加工程序了。单击"执行选择的操作进行后处理"按钮 G1，设置相应的参数、文件名和保存路径后，就可以生成本刀具路径的加工程序。

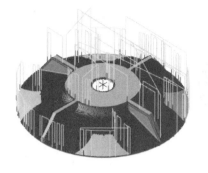

图 8-57　残料精加工刀具路径

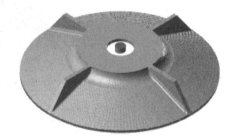

图 8-58　刀具路径模拟效果

8.12　熔接精加工

熔接精加工是针对由两条曲线决定的区域进行加工。

8.12.1　设置熔接精加工参数

单击"刀路"选项卡"精加工"面板中的"熔接"按钮，根据系统提示选择加工曲面，然后单击"结束选择"按钮，系统弹出"刀路曲面选择"对话框。根据需要设定相应的参数和选择相应的图素后，单击"确定"按钮，系统弹出"曲面精修熔接"对话框，如图 8-59 所示。选择"熔接精修参数"选项卡，其中部分选项含义如下：

1）"截断方向/引导方向"：用于设置熔接加工刀具路径沿曲面运动融合形式。其中"截断方向"用于设置刀具路径与截断方向同向，即生成一组横向刀具路径；"引导方向"用于设置刀具路径与引导方向相同，即生成一组纵向刀具路径。

2）"熔接设置"：选择"引导方向"时，"熔接设置"被激活。单击该按钮，系统弹出"引导方向熔接设置"对话框，如图 8-60 所示，用于引导方向熔接设置。

8.12.2　实例——熔接精加工

本例在放射粗加工的基础上对如图 8-61 所示的模型进行熔接精加工。

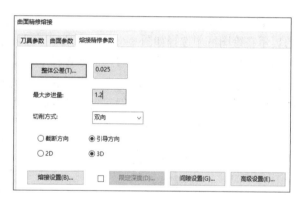

图 8-59　"曲面精修熔接"对话框

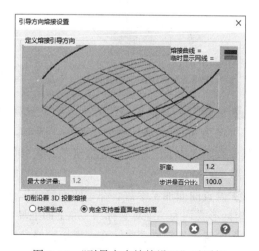

图 8-60　"引导方向熔接设置"对话框

图 8-61　熔接精加工模型

　网盘 \ 视频教学 \ 第 8 章 \ 熔接精加工 .MP4

操作步骤如下:

01　打开加工模型。单击快速访问工具栏中的"打开"按钮，在弹出的对话框中打开网盘中源文件名为"熔接精加工"的文件，如图 8-61 所示。

02　创建刀具路径。

❶ 选择加工曲面。单击"刀路"选项卡"精加工"面板中的"熔接"按钮，根据系统的提示在绘图区中选择如图 8-62 所示的加工曲面，然后单击"结束选择"按钮，系统弹出"刀路曲面选择"对话框。单击"刀路曲面选择"对话框"选择熔接曲线"选项组中的"熔接曲线"按钮，根据系统的提示选择如图 8-63 所示的熔接边界；然后单击"线框串连"对话框中的"确定"按钮，系统返回到"刀路曲面选择"对话框，最后单击该对话框中的"确定"按钮，完成加工曲面的选择，系统弹出"曲面精修熔接"对话框。

图 8-62　选择加工曲面

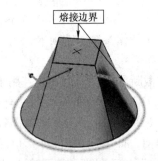

图 8-63　选择熔接边界

❷ 设置刀具参数。在"刀具参数"选项卡中单击"选择刀库刀具"按钮，选择刀号为233、直径为3mm的球形铣刀，单击"确定"按钮，返回"曲面精修熔接"对话框。在"刀具参数"选项卡中设置:"进给速率"为400，"主轴转速"为2500，"下刀速率"为300，"提刀速率"为300。

❸ 设置曲面加工参数。在"曲面参数"选项卡中设置"参考高度"为65，"下刀位置"为60，坐标形式均为"绝对坐标"；"加工面毛坯预留量"为0。

❹ 设置熔接精修参数。在"熔接精修参数"选项卡中设置"整体公差"为0.025，"最大步进量"为0.5，取消勾选"限定深度"复选框，"切削方式"为"双向"。

❺ 单击"熔接设置"按钮，系统弹出"引导方向熔接设置"对话框。设置"距离"为 0.25，单击"确定"按钮 ✅ ，返回"曲面精修熔接"对话框。

设置完后，单击"确定"按钮 ✅ ，系统立即在绘图区生成熔接精加工刀具路径，如图 8-64 所示。

03 在"刀路"管理器中单击"选择全部操作"按钮▶▶和"实体仿真已选操作"按钮 📄，在弹出的"Mastercam 模拟器"窗口中单击"播放"按钮▶，进行真实加工模拟。图 8-65 所示为刀具路径模拟效果。

图 8-64　熔接精加工刀具路径

图 8-65　刀具路径模拟效果

在确认刀具路径设置无误后，即可以生成 NC 加工程序了。单击"执行选择的操作进行后处理"按钮G1，设置相应的参数、文件名和保存路径后，就可以生成本刀具路径的加工程序。

8.13　综合实例——吹风机

精加工主要目的是将工件加工到所要求的精度和表面粗糙度或接近所要求的精度和表面粗糙度。因此，有时候会牺牲效率来满足精度要求，而且往往不只用一种精加工方法，而是多种精加工方法配合使用。下面以实例来说明精加工方法综合运用。

对如图 8-66 所示的模型进行切削加工，结果如图 8-67 所示。在进行切削加工之前，需要一些前期准备工作：首先新建图层 3，将吹风机顶面进行填补内孔操作，曲面放置在图层 3 中；然后利用"所有曲线边缘"命令，创建顶面的边界线，再利用平移命令将其上移 20。

图 8-66　加工模型

图 8-67　加工结果

参见网盘 ｜ 网盘 \ 视频教学 \ 第 8 章 \ 吹风机 .MP4

操作步骤如下：

📖 8.13.1　刀具路径编制

该模型的加工思路是首先在俯视图上进行曲面粗切等高粗加工和曲面环绕等距精加工，然后在仰视图中进行曲面挖槽粗加工和曲面投影精加工，最后利用二维加工命令进行 2D 挖槽和钻孔。具体操作步骤如下：

01 曲面粗切等高粗加工

❶ 单击快速访问工具栏中的"打开"按钮📂，在弹出的对话框中选择网盘中源文件名为"吹风机"的文件，单击"打开"按钮，完成文件的调取。

❷ 单击操作管理器选项卡中的"层别"按钮，打开"层别"管理器对话框。选择图层 2 和图层 3，隐藏图层 1 和图层 4。

❸ 单击"视图"选项卡"屏幕视图"面板上的"俯视图"按钮📦，将当前绘图平面和刀具平面均设为俯视图。

❹ 单击"刀路"选项卡"新群组"面板中的"粗切等高外形加工"按钮📇，根据系统的提示在绘图区中选择外曲面作为加工曲面，如图 8-68 所示。单击"结束选择"按钮，弹出"刀路曲面选择"对话框。单击"确定"按钮 ✅，完成加工面的选择。

图 8-68　选择加工曲面

❺ 系统弹出"曲面粗切等高"对话框。在"刀具参数"选项卡中单击"选择刀库刀具"按钮 选择刀库刀具... ，选择刀号为 238、直径为 8mm 的球形铣刀，单击"确定"按钮 ✅，返回"曲面粗切等高"对话框。

❻ 在"曲面参数"选项卡中设置"参考高度"为 50，"下刀位置"为 40，坐标形式均为"绝对坐标"，"加工面毛坯预留量"为 0。

❼ 在"等高粗切参数"选项卡中设置"开放式轮廓方向"为"双向"，"Z 最大步进量"为 2，勾选"切削排序最佳化"复选框，"两区段间路径过渡方式"选择"沿着曲面"。单击"切削深度"按钮，系统弹出"切削深度设置"对话框。选择"绝对坐标"，"最高位置"为 5，"最低位置"为 −35，单击"确定"按钮 ✅，返回"曲面粗切等高"对话框。

❽ 参数设置完成，单击"确定"按钮 ✅，生成等高粗加工刀具路径，如图 8-69 所示。

图 8-69　等高粗加工刀具路径

02 曲面环绕等距精加工

❶ 单击"刀路"选项卡"精加工"面板中的"精修环绕等距加工"按钮🖌，根据系统的提示在绘图区中选择图 8-68 所示的加工曲面，然后单击"结束选择"按钮。系统弹出"刀路曲面选择"对话框。单击"确定"按钮 ✅，完成曲面的选择。

❷ 系统弹出"曲面精修环绕等距"对话框，在"刀具参数"选项卡中单击"选择刀库刀

具"按钮，选择刀号为 235、直径为 5mm 的球形铣刀，单击"确定"按钮 ，返回"曲面精修环绕等距"对话框。

❸ 选择"曲面参数"选项卡，并在该选项卡中设置"参考高度"为 50，"下刀位置"为 40，坐标形式均为"绝对坐标"，加工面毛坯预留量为 0。

❹ 选择"环绕等距精修参数"选项卡，并在该选项卡中设置"最大切削间距"为 0.5，取消"限定深度"复选框的勾选。

❺ 设置完毕后，单击"确定"按钮 ，系统根据所设参数生成环绕等距精加工刀具路径，如图 8-70 所示。

03 曲面挖槽粗加工

❶ 单击"视图"选项卡"屏幕视图"面板上的"仰视图"按钮，将当前绘图平面和刀具平面均设为仰视图。

❷ 单击"刀路"选项卡"3D"面板"粗切"组中的"挖槽"按钮，根据系统提示选择内曲面作为加工曲面，如图 8-71 所示。单击"结束选择"按钮，弹出"刀路曲面选择"对话框。单击"确定"按钮 ，完成加工曲面的选择。

图 8-70 环绕等距精加工刀具路径

图 8-71 选择加工曲面

❸ 系统弹出"曲面粗切挖槽"对话框。在"刀具参数"选项卡中单击"选择刀库刀具"按钮，选择刀号为 262、直径为 5mm 的圆鼻铣刀，单击"确定"按钮 ，返回"曲面粗切挖槽"对话框。

❹ 选择"曲面参数"选项卡，并在该选项卡中设置"安全高度"为 80，"参考高度"，50，"下刀位置"为 40，坐标形式均为"绝对坐标"，"加工面毛坯预留量"为 0。

❺ 在"粗切参数"选项卡中将"Z 最大步进量"设为 1。

❻ 在"挖槽参数"选项卡中选择"切削方式"为"高速切削"，设置"切削间距（距离）"为 1.5，勾选"由内而外环切"复选框和"精修"复选框，"精修"次数设置为 1，"间距"为 1。勾选"精修切削范围轮廓"复选框。

❼ 设置完成后，单击"确定"按钮 ，系统根据所设的参数生成挖槽粗加工刀具路径如图 8-72 所示。

图 8-72 挖槽粗加工刀具路径

04 曲面投影精加工

❶ 单击"刀路"选项卡"精加工"面板中的"精修投影加工"按钮，根据系统的提示在绘图区中选择如图 8-71 所示的内曲面作为加工曲面，然后单击"结束选择"按钮，系统弹出"刀路曲面选择"对话框。单击"确定"按钮 ✅，完成加工曲面的选择，系统弹出"曲面精修投影"对话框。

❷ 在"刀具参数"选项卡中选择刀号为 235、直径为 5mm 的球形铣刀。

❸ 选择"曲面参数"选项卡，并在该选项卡中设置"参考高度"，50，"下刀位置"为 40，坐标形式均为"绝对坐标"，"加工面毛坯预留量"为 0。

❹ 在"投影精修参数"选项卡中选择"投影方式"为"NCI"，在"原始操作"下拉列表中选择"曲面粗切挖槽"刀路。

❺ 单击"确定"按钮 ✅，系统就会在绘图区生成投影精加工刀具路径，如图 8-73 所示。

图 8-73 投影精加工刀具路径

05 2D 挖槽

❶ 单击"视图"选项卡"屏幕视图"面板上的"俯视图"按钮，将当前绘图平面和刀具平面均设为俯视图。

❷ 单击操作管理器选项卡中的"层别"按钮，打开图层 2 和图层 4，隐藏图层 1 和图层 3。

单击"刀路"选项卡"2D"面板"2D 铣削"组中的"挖槽"按钮，系统提示"选择内槽串连 1"，则选择图 8-74 所示的串连。

❸ 单击"线框串连"对话框中的"确定"按钮 ✅，系统弹出"2D 刀路 -2D 挖槽"对话框。单击"刀具"选项卡中的"选择刀库刀具"按钮，系统弹出"选择刀具"对话框。选择刀号为 233、直径为 3mm 的球形铣刀，单击"确定"按钮 ✅，返回"2D 刀路 -2D 挖槽"对话框。

图 8-74 选择串连

❹ 双击球形铣刀图标，打开"定义刀具"对话框，将刀齿直径修改为 1.8，单击"完成"按钮，返回"2D 刀路 -2D 挖槽"对话框。

❺ 在"切削参数"选项卡，选择"挖槽加工方式"为"标准"，设置"壁边预留量"和"底面预留量"均为 0。

❻ 在"粗切"选项卡中"切削方式"选择"等距环切"，"切削间距（距离）"为 0.9。

❼ 在"贯通"选项卡中设置"贯通量"为 2。

❽ 在"连接参数"选项卡中设置"提刀"为 60，"下刀位置"为 40，"毛坯顶部"为 0，"深度"为 −10，均采用绝对坐标。

❾ 单击"确定"按钮 ✅，生成 2D 挖槽刀具路径，如图 8-75 所示。

图 8-75 2D 挖槽刀具路径

06 钻孔加工

❶ 单击"刀路"选项卡"2D"面板"铣削"组中的"钻孔"按钮 ，弹出"刀路孔定义"对话框。选择如图 8-76 所示的 4 个圆的圆心作为钻孔的中心点，单击"确定"按钮 。

❷ 弹出"2D 刀具路径 - 钻孔 / 全圆铣削 深孔钻 - 无啄孔"对话框。在"刀具"选项卡中的"选择刀库刀具"按钮，系统弹出"选择刀具"对话框。选择刀号为 8、直径为 2.5mm 的钻头。单击"确定"按钮 ，返回对话框。

❸ 在"连接参数"选项卡中设置"参考高度"为 40，"毛坯顶部"为 0，"深度"为 -10，均采用绝对坐标。

❹ 单击"确定"按钮 ，生成钻孔刀具路径，如图 8-77 所示。

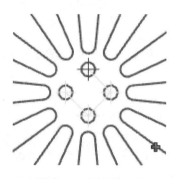

图 8-76　选择圆心点

图 8-77　钻孔刀具路径

8.13.2　模拟加工

刀具路径编制完后，需要进行模拟检查刀具路径，如果无误即执行"运行选择的操作进行后处理"生成 G、M 标准代码。其步骤如下：

01　在"刀路"管理器中选择"毛坯设置"选项，系统弹出"毛坯设置"对话框；单击"从边界框添加"按钮 ，系统打开"边界框"对话框。在该对话框中选择"立方体"，设置毛坯原点为底面中心点，立方体大小 X、Y、Z 分别为 166.0、172.0、33.0，如图 8-78 所示。单击"确定"按钮 ，返回"毛坯设置"对话框，单击"确定"按钮 ，生成毛坯。单击"刀路"选项卡"毛坯"面板上的"显示 / 隐藏毛坯"按钮 ，毛坯如图 8-79 所示。

02　在"刀路"管理器中单击"选择全部操作"按钮 ，然后单击"刀路管理器"中的"实体仿真已选操作"按钮 ，在弹出的"Mastercam 模拟器"窗口中单击"播放"按钮 ，进行真实加工模拟。刀具路径模拟结果如图 8-80 所示。

图 8-78　设置立方体参数

03　模拟刀具路径检查无误后，单击"执行选择的操作进行后处理"按钮 G1，生成 G、M 代码，如图 8-81 所示。

图 8-79　毛坯　　　　　图 8-80　刀具路径模拟结果　　　　图 8-81　生成 G、M 代码

8.14　上机操作与指导

根据 8.2 节的提示，完成图 8-82 所示图形的三维精加工，要求模拟粗 / 精加工的刀具路径。

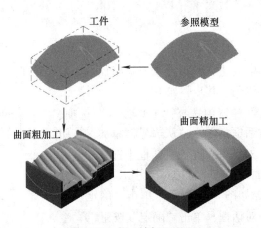

图 8-82　粗 / 精加工过程

第 *9* 章

高速二维加工

高速二维加工指进行平面类工件的高速铣削加工。本章主要讲解高速铣削加工中经常用到的一些加工策略，包括剥铣、动态外形、动态铣削和区域加工。

知识重点

- ☑ 动态外形加工
- ☑ 动态铣削加工
- ☑ 剥铣加工
- ☑ 区域加工

9.1 动态外形加工

动态外形利用切削刃长度进行切削，可以有效地铣掉材料及壁边，支持封闭或开放串连。这种加工方法与传统的外形铣削相比，刀具轨迹更稳定，效率更高，对机床的磨损更小，是常用的高速切削方法之一。适于铸造毛坯和锻造毛坯的粗加工和精加工。

9.1.1 设置动态外形加工参数

单击"刀路"选项卡"2D"面板中的"动态外形"按钮 ，系统弹出"串连选项"对话框。单击"加工范围"的"选择"按钮 ，系统弹出"线框串连"对话框。选择完加工边界后，单击"线框串连"对话框中的"确定"按钮 和"串连选项"对话框中的"确定"按钮 ，系统弹出"2D 高速刀路 - 动态外形"对话框。

1."切削参数"选项卡

选择"2D 高速刀路 - 动态外形"对话框中的"切削参数"选项卡，如图 9-1 所示。

"进刀引线长度"：在第一次切削的开始处增加一个额外的距离，以刀具直径百分比的形式输入距离。其下拉列表用于设置进刀位置。

2."外形毛坯参数"选项卡

选择"2D 高速刀路 - 动态外形"对话框中的"外形毛坯参数"选项卡，如图 9-2 所示，该选项卡用于去除由先前操作形成的毛坯残料和粗加工的预留量。

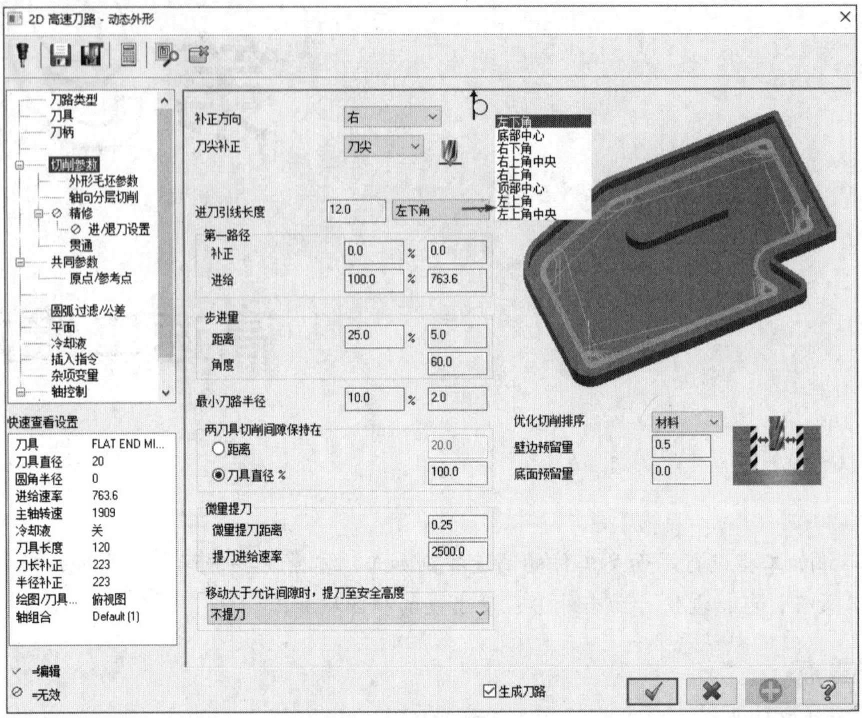

图 9-1 "切削参数"选项卡

图 9-2 "外形毛坯参数"选项卡

1）"由刀具半径形成的预留量"：如果轮廓毛坯已被另一条刀具路径切削，则输入该刀具路径中使用的刀具半径。

2）"最小刀路半径形成的预留量"：如果轮廓毛坯已被另一条刀具路径切割，则输入用于去除残料所需的刀具路径半径。

3）"毛坯厚度"：用于输入开粗所留余量。

9.1.2 实例——动态外形加工

本例通过支架的外形铣削加工来讲解高速切削加工中"动态外形"命令的使用。

 网盘 \ 视频教学 \ 第 9 章 \ 动态外形铣削 .MP4

操作步骤如下：

01 打开加工模型。单击快速访问工具栏中的"打开"按钮 ![图标]，在弹出的对话框中选择网盘中源文件名为"动态外形铣削"的原始文件，如图 9-3 所示。

02 设置机床

单击"机床"选项卡"机床类型"面板中的"铣床"按钮 ![图标]，选择"默认"选项，在"刀路"管理器中生成机床群组属性文件，同时弹出"刀路"选项卡。

03 创建动态外形铣削刀具路径

❶ 选择加工边界。单击"刀路"选项卡"2D"面板中的"动态外形"按钮 ![图标]，系统弹出"串连选项"对话框，如图 9-4 所示。单击"加工范围"的"选择"按钮 ![图标]，系统弹出"线框串连"对话框。拾取如图 9-5 所示的串连，单击"线框串连"对话框中的"确定"按钮 ![图标] 和"串连选项"对话框中的"确定"按钮 ![图标]。

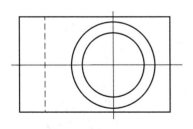

图 9-3 支架　　　图 9-4 "串连选项"对话框　　　图 9-5 选择外形边界

❷ 设置刀具参数。系统弹出"2D 高速刀路 - 动态外形"对话框。单击"刀具"选项卡中的"选择刀库刀具"按钮，系统弹出"选择刀具"对话框。选择刀号为 218、直径为 10mm 的平铣刀（FLAT END MILL），单击"确定"按钮 ![图标]，返回"2D 高速刀路 - 动态外形"对话框。

❸ 定义刀具参数。双击平铣刀图标，弹出"定义刀具"对话框。修改刀具"总长度"为210，"刀肩长度"为195；单击"下一步"按钮 下一步 ，设置"XY轴粗切步进量（%）"为75，"Z轴粗切深度（%）"为75；"XY轴精修步进量（%）"为45，"Z轴精修深度（%）"为45；单击"重新计算进给速率和主轴转速"按钮 ，单击"完成"按钮 完成 ，返回"2D高速刀路-动态外形"对话框。

❹ 设置高度参数。在"连接参数"选项卡中设置"安全高度"为30，坐标形式为"增量坐标"；"提刀"为20，坐标形式为"增量坐标"；"下刀位置"为5，坐标形式为"增量坐标"；"毛坯顶部"为0，坐标形式为"绝对坐标"；"深度"为-190，坐标形式为"绝对坐标"。

❺ 设置切削参数。在"切削参数"选项卡中设置"补正方向"为"左"，"微量提刀"选择"避让边界或超过距离时"，"壁边预留量"和"底面预留量"均设置为0。

❻ 设置分层切削参数。在"轴向分层切削"选项卡中勾选"轴向分层切削"复选框，设置"最大粗切步进量"为5.0，精修"切削次数"为1，"步进"为0.5，如图9-6所示。

❼ 设置贯通量。在"贯通"选项卡中勾选"贯通"复选框，设置"贯通量"为1。

❽ 单击"确定"按钮 ，生成动态外形刀具路径。如图9-7所示。

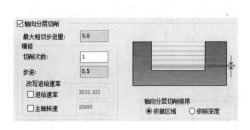

图9-6 "轴向分层切削"选项卡

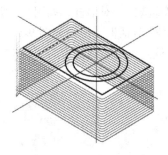

图9-7 动态外形刀具路径

04 模拟仿真加工

❶ 在"刀路"管理器中选择"毛坯设置"选项，系统弹出"毛坯设置"对话框；单击"从边界框添加"按钮 ，系统打开"边界框"对话框。在该对话框中，选择"立方体"项，设置毛坯原点为顶面中心点，立方体大小X、Y、Z分别为183.0、113.0、190.0，如图9-8所示。单击"确定"按钮 ，返回"毛坯设置"对话框。单击"确定"按钮 ，生成毛坯。单击"刀路"选项卡"毛坯"面板上的"显示/隐藏毛坯"按钮 ，显示毛坯，如图9-9所示。

❷ 单击"刀路"管理器中的"实体仿真已选操作"按钮 ，在弹出的"Mastercam模拟器"窗口中单击"播放"按钮 ，得到如图9-10所示的刀具路径模拟效果。

图9-8 毛坯参数设置

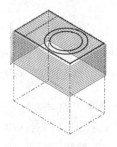

图9-9 创建的毛坯

图9-10 刀具路径模拟效果

9.2 动态铣削加工

动态铣削是完全利用刀具刃长进行切削，快速加工封闭型腔、开放凸台或先前操作剩余的残料区域，这种加工方法可以进行凸台外形铣削、2D挖槽加工，还可以进行开放串连的阶梯铣。

9.2.1 设置动态铣削加工参数

单击"刀路"选项卡"2D"面板中的"动态铣削"按钮 🗔，系统弹出"串连选项"对话框。单击"加工范围"的"选择"按钮 🔍，系统弹出"线框串连"对话框。选择完加工边界后，单击"线框串连"对话框中的"确定"按钮 ✅ 和"串连选项"对话框中的"确定"按钮 ✅，系统弹出"2D高速刀路 - 动态铣削"对话框。

1."切削参数"选项卡

选择"2D高速刀路 - 动态铣削"对话框中的"切削参数"选项卡，如图 9-11 所示。
该选项卡与"动态外形"的"切削参数"选项卡相似，这里不再进行介绍。

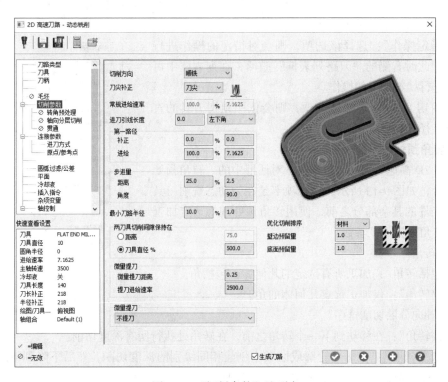

图 9-11 "切削参数"选项卡

2."毛坯"选项卡

选择"2D高速刀路 - 动态铣削"对话框中的"毛坯"选项卡，如图 9-12 所示。该选项卡用于去除由先前操作形成的毛坯残料和粗加工的预留量。

（1）"剩余毛坯" 勾选该复选框，则会对前面操作剩余的毛坯进行加工处理。

（2）"计算剩余毛坯依照：" 计算剩余毛坯的方法由 3 种：

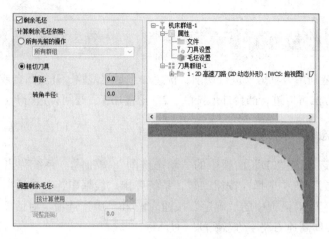

图 9-12 "毛坯"选项卡

1）"所有先前的操作"：选择该项选项，会对先前所有操作的残留进行加工处理，此时"调整剩余毛坯："激活。剩余毛坯的调整方法有 3 种，分别是"直接使用剩余毛坯范围""减少剩余毛坯范围"和"添加剩余毛坯范围"。

2）"指定操作"：选择该选项，则会对指定的操作进行残料加工，此时右侧的"刀路列表框"激活，在列表框中可以选择要进行残料加工的操作。

3）"粗切刀具"：选择该选项，则会依照粗切刀具的直径和转角半径计算残料。

3."转角预处理"选项卡

选择"2D 高速刀路 - 动态铣削"对话框中的"转角预处理"选项卡，如图 9-13 所示，该选项卡是在为动态铣削刀具路径加工工件的其余部分之前，使用转角预处理为选定加工区域中的转角设置加工参数。

（1）"转角"

1）"包括转角"：加工所有选定的几何体，包括角。

2）"仅转角"：仅加工选定几何体的角。

（2）"轴向分层切削排序"

图 9-13 "转角预处理"选项卡

1）"按转角"：在移动到下一个转角之前，在转角处执行所有深度切削。

2）"依照深度"：在每个轮廓或区域中创建相同级别的深度切割，然后下降到下一个深度切割级别。此选项可用于铝或石墨等软材料制成的薄壁件。

📖 9.2.2 实例——动态铣削加工

本例我们将在动态外形加工的基础上对支架进行动态铣削加工。

网盘＼视频教学＼第 9 章＼动态铣削 .MP4

操作步骤如下：

01 整理图形

❶ 承接 9.1.2 节动态外形加工效果。单击"刀路"管理器中的"选择全部操作"按钮 🔖 和"切换显示已选择的刀路操作"按钮 ≈，隐藏刀具路径。

❷ 单击"刀路"选项卡"毛坯"面板上的"显示 / 隐藏毛坯"按钮 ⚏，隐藏毛坯。

02 创建动态铣削刀具路径

❶ 选择加工边界。单击"刀路"选项卡"2D"面板中的"动态铣削"按钮 🔘，系统弹出"串连选项"对话框。单击"加工范围"的"选择"按钮 ⬚，系统弹出"线框串连"对话框。选择如图 9-14 所示的加工范围串连。单击"线框串连"对话框中的"确定"按钮 ✅，返回"串连选项"对话框。"加工区域策略"选择"开放"，单击"避让范围"的"选择"按钮 ⬚，系统弹出"线框串连"对话框。选择如图 9-15 所示的避让串连，单击"确定"按钮 ✅。

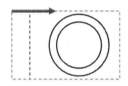

图 9-14　选择加工范围串连

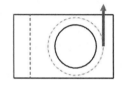

图 9-15　选择避让串联

❷ 设置刀具参数。系统弹出"2D 高速刀路 - 动态铣削"对话框，在"刀具"选项卡中单击"选择刀库刀具"按钮，系统弹出"选择刀具"对话框。选择刀号为 268、直径为 10mm 的圆鼻铣刀。双击圆铣刀图标，弹出"定义刀具"对话框。修改刀具"总长度"为 210，"刀肩长度"为 195。

❸ 设置高度参数。在"连接参数"选项卡中设置"提刀"为 20，坐标形式为"增量坐标"；"下刀位置"为 5，坐标形式为"增量坐标"；"毛坯顶部"为 0，坐标形式为"绝对坐标"；"深度"为 −85，坐标形式为"绝对坐标"。

❹ 设置切削参数。选择"切削参数"选项卡，"切削方向"选择"顺铣"，"微量提刀"选择"不提刀"，"壁边预留量"和"底面预留量"均设置为 0。

❺ 设置分层切削参数。在"轴向分层切削"选项卡中勾选"轴向分层切削"复选框，设置"最大粗切步进量"为 8，精修"切削次数"为 1，"步进"为 0.5。

❻ 单击"确定"按钮 ✅，生成动态铣削刀具路径。如图 9-16 所示。

03 模拟仿真加工。单击"刀路"管理器中的"选择全部操作"按钮 🔖 和"实体仿真已选操作"按钮 🔖，在弹出的"Mastercam 模拟器"窗口中单击"播放"按钮 ▶，得到如图 9-17 所示的刀具路径模拟效果。

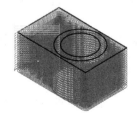

图 9-16　动态铣削刀具路径

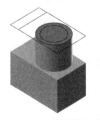

图 9-17　刀具路径模拟效果

9.3 剥铣加工

剥铣是在两条边界内或沿一条边界进行摆线式加工，主要用于通槽的加工。其操作简单实用，在数控铣削加工中应用非常广泛，所使用的刀具通常有平铣刀、圆角刀、面铣刀等。

9.3.1 设置剥铣加工参数

单击"机床"选项卡"机床类型"面板中的"铣床"按钮，选择默认选项，在"刀路"管理器中生成机群组属性文件，同时弹出"刀路"选项卡。单击"刀路"选项卡"2D"面板"孔加工"组中的"剥铣"按钮，系统弹出"刀路孔定义"对话框；然后在绘图区选择需要加工的圆、圆弧或点，并单击"确定"按钮，系统弹出"2D 高速刀路 - 剥铣"对话框。

选择"2D 高速刀路 - 剥铣"对话框中的"切削参数"选项卡，如图 9-18 所示。

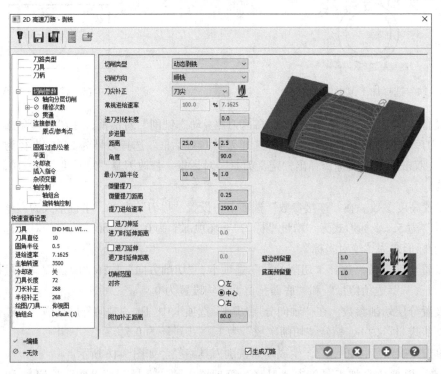

图 9-18 "切削参数"选项卡

（1）"微量提刀距离" 指刀具在完成切削退出切削范围时与下一切削区域之间的刀具路径，此时可以设置一个微量提刀距离，这样既可以避免划伤毛坯顶部，又可以方便排屑和散热。

（2）"对齐" 包括 3 个选项：

1）"左"：指沿着串连方向看，刀具中心点位于串连的左侧，此时的刀具位置由串连方向是顺时针还是逆时针决定。

2）"中心"：指刀具中心点正好位于串连上。

3）"右"：指沿着串连方向看，刀具中心点位于串连的右侧，此时的刀具位置由串连方向是顺时针还是逆时针决定。

（3）"附加补正距离" 该值用于设置剥铣的宽度。如果选择的是 2 条串连，则该项为灰色，不需要设置。

9.3.2 实例——剥铣加工

本节将在动态外形铣削和动态铣削加工的基础上对支架进行剥铣加工。

参见网盘 | 网盘 \ 视频教学 \ 第 9 章 \ 剥铣加工 .MP4

操作步骤如下：

01 整理图形

❶ 承接 9.2.2 节动态铣削加工。单击"刀路"管理器中的"选择全部操作"按钮 ，选择所有刀路，单击"切换显示已选择的刀路操作"按钮 ≈ ，隐藏刀具路径。

❷ 单击"视图"选项卡"屏幕视图"面板中的"仰视图"按钮 ，将当前视图切换为仰视图。

02 创建剥铣刀具路径

❶ 选择加工边界。单击"刀路"选项卡"2D"面板中的"剥铣"按钮 ，系统弹出"线框串连"对话框。根据系统提示选择串连，如图 9-19 所示。单击"确定"按钮 。

❷ 选择刀具。系统弹出"2D 高速刀路 - 剥铣"对话框，选择"刀具"选项卡，在"刀具"列表中选择刀号为 218、直径为 10mm 的平铣刀。

❸ 设置高度参数。在"连接参数"选项卡中设置"提刀"为 20，坐标形式为"增量坐标"；"下刀位置"为 5，坐标形式为"增量坐标"；"毛坯顶部"为 190，坐标形式为"绝对坐标"；"深度"为 −105，坐标形式为"绝对坐标"。

❹ 设置切削参数。选择"切削参数"选项卡，"切削类型"选择"动态剥铣"，切削范围"对齐"选择"左"，"附加补正距离"设置为 150，"壁边预留量"和"底面预留量"均设置为 0。

❺ 选择"轴向分层切削"选项卡，勾选"轴向分层切削"复选框，设置"最大粗切步进量"为 8，精修"切削次数"为 1，"步进"为 0.5。

❻ 单击"确定"按钮 ，生成剥铣刀具路径，如图 9-20 所示。

03 模拟仿真加工。单击"刀路"管理器中的"选择全部操作"按钮 和"实体仿真已选操作"按钮 ，在弹出的"Mastercam 模拟器"窗口中单击"播放"按钮 ，得到如图 9-21 所示的刀具路径模拟效果。

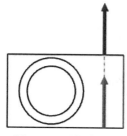

图 9-19　选择串连

图 9-20　剥铣刀具路径

图 9-21　刀具路径模拟效果

9.4 区域加工

区域加工是完全利用刀具刃长进行切削，快速加工封闭型腔、开放凸台或先前操作剩余的残料区域，此种加工方法的主要特点是最大程度地提高材料去除率并降低刀具磨损。

9.4.1 设置区域加工参数

单击"刀路"选项卡"2D"面板中的"区域"按钮，系统弹出"串连选项"对话框。单击"加工范围"的"选择"按钮 ，系统弹出"线框串连"对话框。选择加工边界，单击"线框串连"对话框中的"确定"按钮 和"串连选项"对话框中的"确定"按钮 ，系统弹出"2D 高速刀路 - 区域"对话框。

1. "摆线方式"选项卡

选择"2D 高速刀路 - 区域"对话框中的"摆线方式"选项卡，如图 9-22 所示。Mastercam 的高速刀具路径专为高速加工和硬铣削应用而设计，特别是区域粗加工和水平区域刀具路径。因此，重要的是要检测并避免刀具不切削或过切的情况。

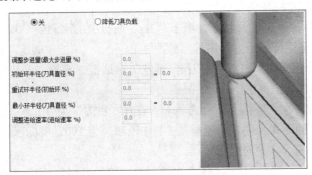

图 9-22 "摆线方式"选项卡

1）"关"：不使用摆线方式。

2）"降低刀具负载"：在刀具接近两个凸台之间的区域时采用摆线方式，Mastercam 计算出更小的循环。

2. "HTS 引线"选项卡

选择"2D 高速刀路 - 区域"对话框中的"HTS 引线"选项卡，如图 9-23 所示。该选项卡用于指定二维高速面铣刀路径的进入和退出圆弧半径值。垂直创建圆弧以引导和切断材料。这些值可以不同，以满足加工要求。

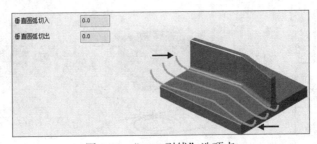

图 9-23 "HTS 引线"选项卡

1）"垂直圆弧切入"：用于设置切入圆弧的长度。

2）"垂直圆弧切出"：用于设置切出圆弧的长度。

9.4.2 实例——区域加工

本节将在动态外形铣削、动态铣削加工和剥铣的基础上对支架进行区域加工。

 参见 网盘 \ 视频教学 \ 第 9 章 \ 区域加工 .MP4

操作步骤如下：

01 整理图形

❶ 承接 9.3.2 节剥铣加工效果。单击"刀路"管理器中的"选择全部操作"按钮 ▶ 和"切换显示已选择的刀路操作"按钮 ≈，隐藏刀具路径。

❷ 单击"视图"选项卡"屏幕视图"面板中的"俯视图"按钮 ☝，将当前视图切换为俯视图。

02 创建区域加工刀具路径

❶ 选择加工边界。单击"刀路"选项卡"2D"面板中的"区域"按钮 ▣，系统弹出"串连选项"对话框。单击"加工范围"的"选择"按钮 ▷，系统弹出"线框串连"对话框。选择如图 9-24 所示的加工范围串连，单击"线框串连"对话框中的"确定"按钮 ⊘，返回"串连选项"对话框。单击"确定"按钮 ⊘。

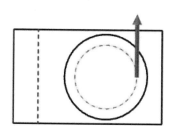

图 9-24 选择加工范围串连

❷ 设置刀具参数。系统弹出"2D 高速刀路 - 区域"对话框，选择"刀具"选项卡，在"刀具"列表中选择刀号为 218、直径为 10mm 的平铣刀。

❸ 设置高度参数。在"连接参数"选项卡中设置"提刀"为 20，坐标形式为"增量坐标"；"下刀位置"为 5，坐标形式为"增量坐标"；"毛坯顶部"为 0，坐标形式为"绝对坐标"；"深度"为 -115，坐标形式为"绝对坐标"。

❹ 设置切削参数。选择"切削参数"选项卡，"壁边预留量"和"底面预留量"均设置为 0，其他参数采用默认。

❺ 选择"轴向分层切削"选项卡，勾选"轴向分层切削"复选框，设置"最大粗切步进量"为 8，精修"切削次数"为 1，"步进"为 0.5。

❻ 设置贯通量。在"贯通"选项卡中勾选"贯通"复选框，设置"贯通量"为 1。

❼ 单击"确定"按钮 ⊘，生成区域加工刀具路径，如图 9-25 所示。

03 模拟仿真加工。单击"刀路"管理器中的"选择全部操作"按钮 和"实体仿真已选操作"按钮 ，在弹出的"Mastercam 模拟器"窗口中。单击"播放"按钮 ，得到如图 9-26 所示的刀具路径模拟效果。

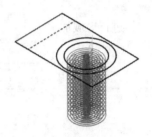
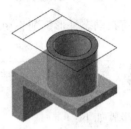

图 9-25　区域加工刀具路径　　　　　　　　　图 9-26　刀具路径模拟效果

9.5　二维高速加工综合应用

本节将完成对图 9-27 所示的连杆模型进行加工。首先使用"动态外形"对工件轮廓进行加工，采用"动态铣削"命令加工凸台，再利用"动态外形"命令进行残料加工，因为零件是对称结构，采用同样的方法在仰视图上进行加工；然后利用"剥铣"命令在左视图上进行切槽，再利用"区域"加工命令分别在俯视图和仰视图上进行孔的加工。通过本实例，希望读者对 Mastercam 二维高速加工有进一步的认识。

网盘\视频教学\第 9 章\连杆 .MP4

9.5.1　刀具路径编制

01 打开加工模型。单击快速访问工具栏中的"打开"按钮 ，在弹出的对话框中打开网盘中源文件名为"连杆"的原始文件，如图 9-27 所示。

02 选择机床

单击"机床"选项卡"机床类型"面板中的"铣床"按钮 ，选择"默认"选项即可。

03 动态外形铣削

❶ 单击操作管理器选项卡的"层别"按钮，打开图层 1、图层 4 和图层 5，隐藏其他图层，并将图层 1 设置为当前层。

图 9-27　连杆二维图

❷ 单击"刀路"选项卡"2D"面板中的"动态外形"按钮 ，系统弹出"串连选项"对话框。单击"加工范围"的"选择"按钮 ，系统弹出"线框串连"对话框。选择如图 9-28 所示的串连，单击"线框串连"对话框中的"确定"按钮 和"串连选项"对话框中的"确定"按钮 。

❸ 系统弹出"2D 高速刀路 - 动态外形"对话框。选择"刀具"选项卡，单击"选择刀库

刀具"按钮，系统弹出"选择刀具"对话框。选择刀号为 217、直径为 8mm 的平铣刀，单击"确定"按钮 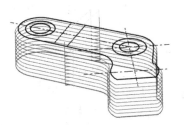，返回"2D 高速刀路 - 动态外形"对话框。

❹ 双击平铣刀图标，弹出"定义刀具"对话框。修改刀具"总长度"为 90，"刀齿长度"为 50，"刀肩长度"为 70，单击"完成"按钮，返回"2D 高速刀路 - 动态外形"对话框。

❺ 选择"连接参数"选项卡，设置"提刀"为 20，"下刀位置"为 10，"毛坯顶部"为 0，"深度"为 -48，坐标形式为"绝对坐标"。

❻ 选择"切削参数"选项卡，"补正方向"选择"右"，"壁边预留量"和"底面预留量"均设置为 0，"微量提刀"选择"避让边界或超过距离时"。

❼ 选择"轴向分层切削"选项卡，勾选"轴向分层切削"复选框，设置"最大粗切步进量"为 8，精修"切削次数"为 1，"步进"为 0.5。

❽ 选择"贯通"选项卡，勾选"贯通"复选框，设置"贯通量"为 1。单击"确定"按钮，生成动态外形刀具路径，如图 9-29 所示。

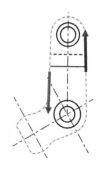

图 9-28　选择串连

图 9-29　动态外形刀具路径

04 动态铣削加工

❶ 单击操作管理器选项卡的"层别"按钮，打开图层 1、图层 4、图层 6，隐藏其他图层。

❷ 单击"刀路"选项卡"2D"面板中的"动态铣削"按钮，系统弹出"串连选项"对话框。单击"加工范围"的"选择"按钮，系统弹出"线框串连"对话框。选择如图 9-30 所示的加工范围串连，单击"线框串连"对话框中的"确定"按钮，返回"串连选项"对话框。"加工区域策略"选择"开放"。单击"避让范围"的"选择"按钮，系统弹出"线框串连"对话框。打开图层 7，选择如图 9-31 所示的避让串连，单击"确定"按钮。

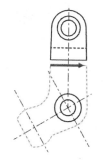

图 9-30　选择加工范围串连

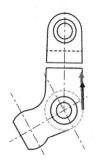

图 9-31　选择避让串联

❸ 系统弹出"2D 高速刀路 - 动态铣削"对话框。选择"刀具"选项卡，在"刀具"选项卡列表中选择刀号为 217、直径为 8mm 的平铣刀。

❹ 选择"连接参数"选项卡，设置"提刀"为 20，"下刀位置"为 10，"毛坯顶部"为 0，"深度"为 –12，坐标形式为"绝对坐标"。

❺ 选择"切削参数"选项卡，"切削方向"选择"顺铣"，"微量提刀"选择"不提刀"，"壁边预留量"和"底面预留量"均设置为 0。

❻ 选择"轴向分层切削"选项卡，勾选"轴向分层切削"复选框，设置"最大粗切步进量"为 5。

❼ 单击"确定"按钮 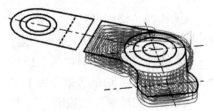，生成动态铣削刀具路径。如图 9-32 所示。

图 9-32 动态铣削刀具路径

05 动态外形铣削

❶ 单击"刀路"选项卡"2D"面板中的"动态外形"按钮，系统弹出"串连选项"对话框。单击"加工范围"的"选择"按钮，系统弹出"线框串连"对话框。选择如图 9-33 所示的串连，单击"线框串连"对话框中的"确定"按钮 和"串连选项"对话框中的"确定"按钮。

❷ 系统弹出"2D 高速刀路 - 动态铣削"对话框。选择"刀具"选项卡，在"刀具"选项卡列表中选择刀号为 217、直径为 8mm 的平铣刀。

❸ 选择"连接参数"选项卡，设置"提刀"为 20，"下刀位置"为 10，"毛坯顶部"为 0，"深度"为 –12，坐标形式为"绝对坐标"。

❹ 选择"切削参数"选项卡，"补正方向"选择"左"，"壁边预留量"和"底面预留量"均设置为 0，"微量提刀"选择"避让边界或超过距离时"。

❺ 选择"轴向分层切削"选项卡，勾选"轴向分层切削"复选框，设置"最大粗切步进量"为 5。

❻ 单击"确定"按钮，生成动态外形刀具路径。如图 9-34 所示。

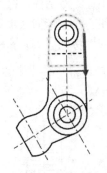

图 9-33 选择串连

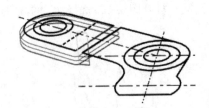

图 9-34 动态外形刀具路径

06 动态铣削加工

❶ 隐藏刀具路径。单击"视图"选项卡"屏幕视图"面板中的"仰视图"按钮，将当前视图切换为仰视图。

❷ 单击"刀路"选项卡"2D"面板中的"动态铣削"按钮，系统弹出"串连选项"对

话框。单击"加工范围"的"选择"按钮 ，系统弹出"线框串连"对话框。关闭图层 7，选择如图 9-35 所示的加工范围串连，单击"线框串连"对话框中的"确定"按钮 ，返回"串连选项"对话框。"加工区域策略"选择"开放"。单击"避让范围"的"选择"按钮 ，系统弹出"线框串连"对话框。打开图层 7，选择如图 9-36 所示的避让串连，单击"确定"按钮 。

❸ 系统弹出"2D 高速刀路 - 动态铣削"对话框。选择"刀具"选项卡，在"刀具"选项卡列表中选择刀号为 217、直径为 8mm 的平铣刀。

❹ 选择"连接参数"选项卡，设置"提刀"为 60，"下刀位置"为 55，"毛坯顶部"为 48，"深度"为 36，坐标形式为"绝对坐标"。

❺ 选择"切削参数"选项卡，"切削方向"选择"顺铣"，"微量提刀"选择"避让边界或超过距离时"，"壁边预留量"和"底面预留量"均设置为 0。

❻ 选择"轴向分层切削"选项卡，勾选"轴向分层切削"复选框，设置"最大粗切步进量"为 5。

❼ 单击"确定"按钮 ，生成动态铣削刀具路径，如图 9-37 所示。

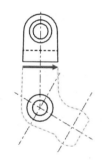 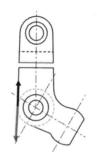 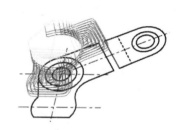

图 9-35　选择加工范围串连　　　图 9-36　选择避让串联　　　图 9-37　动态铣削刀具路径

07　动态外形铣削

❶ 单击"刀路"选项卡"2D"面板中的"动态外形"按钮 ，系统弹出"串连选项"对话框。单击"加工范围"的"选择"按钮 ，系统弹出"线框串连"对话框。选择如图 9-38 所示的串连，单击"线框串连"对话框中的"确定"按钮 和"串连选项"对话框中的"确定"按钮 。

❷ 系统弹出"2D 高速刀路 - 动态外形"对话框。选择"刀具"选项卡，在"刀具"选项卡列表中选择刀号为 217、直径为 8mm 的平铣刀。

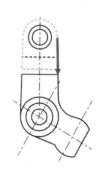

图 9-38　选择串连

❸ 选择"连接参数"选项卡，设置"提刀"为 60，"下刀位置"为 55，"毛坯顶部"为 48，"深度"为 36，坐标形式为"绝对坐标"。

❹ 选择"切削参数"选项卡，"切削方向"选择"顺铣"，"微量提刀"选择"避让边界或超过距离时"，"壁边预留量"和"底面预留量"均设置为 0。

❺ 选择"轴向分层切削"选项卡，勾选"轴向分层切削"复选框，设置"最大粗切步进量"为 5。

⑥ 单击"确定"按钮 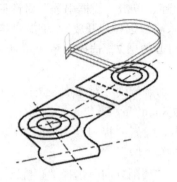，生成动态外形刀具路径，如图 9-39 所示。

图 9-39　动态外形刀具路径

08　剥铣

① 单击"视图"选项卡"屏幕视图"面板中的"左视图"按钮 📬，将当前视图切换为左视图。

② 单击"刀路"选项卡"2D"面板中的"剥铣"按钮 ，系统弹出"线框串连"对话框。根据系统提示选择串连，打开图层 8，选择如图 9-40 所示的直线串连，单击"确定"按钮 。

③ 系统弹出"2D 高速刀路 - 剥铣"对话框。选择"刀具"选项卡，在"刀具"选项卡列表中选择刀号为 217、直径为 8mm 的平铣刀。

④ 选择"连接参数"选项卡，设置"提刀"为 50，"下刀位置"为 45，"毛坯顶部"为 35，"深度"为 −30，坐标形式为"绝对坐标"。

⑤ 选择"切削参数"选项卡，"切削类型"选择"动态剥铣"，"切削范围"的"对齐"选择"右"，"附加补正距离"设置为 24，"壁边预留量"和"底面预留量"均设置为 0。

⑥ 选择"轴向分层切削"选项卡，设置"最大粗切步进量"为 8。

⑦ 单击"确定"按钮 ，生成剥铣刀具路径，如图 9-41 所示。

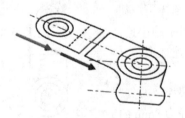

图 9-40　选择直线串连

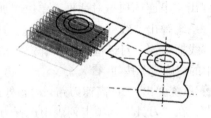

图 9-41　剥铣刀具路径

09　区域铣削 1

① 关闭图层 8。单击"刀路"选项卡"2D"面板中的"区域"按钮 ，系统弹出"串连选项"对话框。单击"加工范围"的"选择"按钮 ，系统弹出"线框串连"对话框。选择如图 9-42 所示的加工范围串连，单击"线框串连"对话框中的"确定"按钮 ，返回"串连选项"对话框。单击"确定"按钮 。"加工区域策略"选择"封闭"。

② 系统弹出"2D 高速刀路 - 区域"对话框。选择"刀具"选项卡，在"刀具"选项卡列

表中选择刀号为 217、直径为 8mm 的平铣刀。

❸ 选择"连接参数"选项卡，设置"提刀"为 60，"下刀位置"为 55，"毛坯顶部"为 48，"深度"为 43，坐标形式为"绝对坐标"。

❹ 选择"切削参数"选项卡，"壁边预留量"和"底面预留量"均设置为 0，XY 步进量"直径百分比"为 50，"刀具直径 %"为 100。

❺ 单击"确定"按钮 ⊘，生成区域铣削刀具路径，如图 9-43 所示。

(10) 区域铣削 2

❶ 单击"视图"选项卡"屏幕视图"面板中的"俯视图"按钮 🔳，将当前视图切换为俯视图。

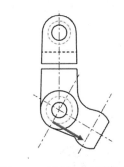

图 9-42　选择加工范围串连　　　　　　图 9-43　区域铣削刀具路径

❷ 单击"刀路"选项卡"2D"面板中的"区域"按钮 🔳，系统弹出"串连选项"对话框。单击"加工范围"的"选择"按钮 ▸，系统弹出"线框串连"对话框。选择如图 9-44 所示的串连。单击"线框串连"对话框中的"确定"按钮 ⊘，返回"串连选项"对话框。"加工区域策略"选择"封闭"，单击"确定"按钮 ⊘。

❸ 系统弹出"2D 高速刀路 - 区域"对话框。选择"刀具"选项卡，在"刀具"选项卡列表中选择刀号为 217、直径为 8mm 的平铣刀。

❹ 选择"连接参数"选项卡，设置"提刀"为 20，"下刀位置"为 10，"毛坯顶部"为 0，"深度"为 -5，坐标形式为"绝对坐标"。

❺ 选择"切削参数"选项卡，"壁边预留量"和"底面预留量"均设置为 0，XY 步进量"直径百分比"为 50，"刀具直径 %"为 100，单击"确定"按钮 ⊘，生成键槽铣削刀具路径，如图 9-45 所示。

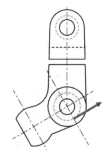
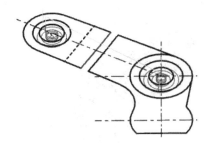

图 9-44　选择串连　　　　　　图 9-45　键槽铣削刀具路径

11 区域铣削 3

❶ 单击"刀路"选项卡"2D"面板中的"区域"按钮▣，系统弹出"串连选项"对话框。单击"加工范围"的"选择"按钮，系统弹出"线框串连"对话框。选择如图 9-46 所示的串连，单击"线框串连"对话框中的"确定"按钮 ⊘，返回"串连选项"对话框，"加工区域策略"选择"封闭"，单击"确定"按钮 ⊘。

❷ 系统弹出"2D 高速刀路 - 区域"对话框。选择"刀具"选项卡，在"刀具"选项卡列表中选择刀号为 217、直径为 8mm 的平铣刀。

❸ 选择"连接参数"选项卡，设置"提刀"为 20，"下刀位置"为 10，"毛坯顶部"为 0，"深度"为 -43，坐标形式为"绝对坐标"。

❹ 选择"切削参数"选项卡，"壁边预留量"和"底面预留量"均设置为 0，XY 步进量"直径百分比"为 50，"刀具直径 %"为 100。

❺ 单击"确定"按钮 ⊘，生成键槽铣削刀具路径，如图 9-47 所示。

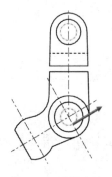 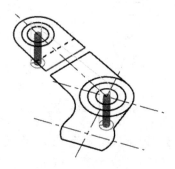

图 9-46　选择串连　　　　　图 9-47　键槽铣削刀具路径

9.5.2　模拟加工

01 工件设置。打开图层 3，选择"毛坯设置"选项，系统弹出"毛坯设置"对话框。单击"从选择添加"按钮，在绘图区选择图 9-48 所示的实体作为毛坯，单击"确定"按钮 ⊘，关闭该对话框。

02 模拟加工

❶ 单击"刀路"管理器中的"选择全部操作"按钮和"实体仿真已选操作"按钮，在弹出的"Mastercam 模拟器"窗口中。单击"播放"按钮▶，得到如图 9-49 所示的刀具路径模拟效果。

图 9-48　创建毛坯　　　　　图 9-49　刀具路径模拟效果

❷ 单击"刀路"管理器中的"选择全部操作"按钮 和"执行选择的操作进行后处理"按钮 G1，弹出"后处理程序"对话框。单击"确定"按钮 ，弹出"另存为"对话框。输入文件名称"连杆"，单击"保存"按钮，在编辑器中打开生成的 NC 代码，如图 9-50 所示。

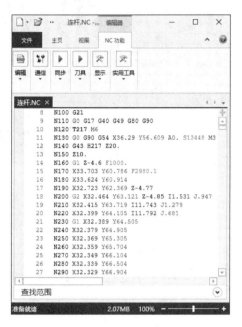

图 9-50　NC 代码

第10章

高速曲面粗加工

高速曲面粗加工是最常用的 3D 加工策略。与传统曲面加工相比，有不少的优点。当然也有一些缺点，本章主要讲解的曲面高速加工策略有区域粗切加工和优化动态粗切加工。

知识重点

☑ 区域粗切加工　　　　　　☑ 优化动态粗切加工

10.1 区域粗切加工

区域粗切加工用于快速加工封闭型腔、开放凸台或先前操作剩余的残料区域，实现粗铣或精铣，是一种动态高速铣削。

10.1.1 设置区域粗切加工参数

单击"机床"选项卡"机床类型"面板中的"铣床"按钮，选择默认选项，在"刀路"管理器中生成机床群组属性文件，同时弹出"刀路"选项卡。单击"刀路"选项卡"3D"面板"粗切"组中的"区域粗切"按钮，系统弹出"3D 高速曲面刀路 - 区域粗切"对话框。

1. "模型图形"选项卡

选择"模型图形"选项卡，如图 10-1 所示。该选项卡用于设置要加工的图形和要避让的图形，以便形成 3D 高速刀具路径。

1）"加工图形"：用于设置要加工的图形，可以单击其中的"选择图素"按钮，进行选取。单击"添加新组"按钮，可以创建多个加工组。

2）"避让图形"：用于设置要避让的图形，可以单击其中的"选择图素"按钮，进行选取。单击"添加新组"按钮，可以创建多个避让组。动态外形、区域粗加工和水平区域使用回避几何作为加工几何。

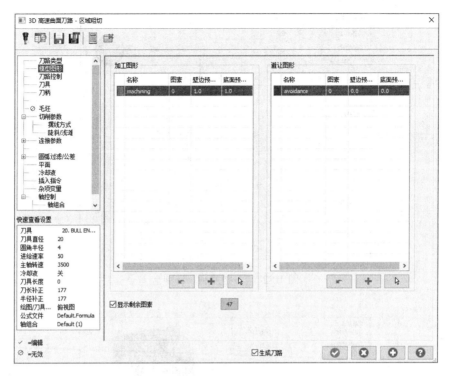

图 10-1 "模型图形"选项卡

2. "刀路控制"选项卡

选择"刀路控制"选项卡，如图 10-2 所示。该选项卡用于创建切削范围边界，并为 3D 高速刀具路径设置其他包含参数。

（1）"边界串连" 该选项用于选择一个或多个限制刀具运动的闭合链。边界串连是一组封闭的线框曲线，包围要加工的区域。无论选定的切削面如何，Mastercam 都不会创建违反边界的刀具运动。它们可以是任何线框曲线，并且不必与加工的曲面相关联。用户可以创建自定义导向几何来精确限制刀具移动。曲线不必位于零件上；它们可以处于任何 Z 高度。

（2）"包括轮廓边界" 勾选该复选框，则 Mastercam 将在选定的加工几何体周围创建轮廓边界，并将其用作除任何选定边界链之外的包含边界。轮廓边界是围绕一组曲面、实体或实体面的边界曲线。轮廓边界包含投影边界平滑容差选项、包含选项和补偿选项。

（3）"策略" 该选项组用于设置要加工的图形是封闭图形还是开放图形，包括"开放"和"封闭"两个选项。

（4）"跳过小于以下值的挖槽区域" 该选项组用于设置要跳过的挖槽区域的最小值，包括：

1）"最小挖槽区域"：用于创建切削走刀的最小挖槽尺寸。

2）"刀具直径百分比"：输入最小型腔尺寸，以刀具直径的百分比表示。右侧字段会更新以将此值显示为最小挖槽尺寸。

3. "切削参数"选项卡

选择"切削参数"选项卡，如图 10-3 所示。该选项卡用于设置区域粗加工刀具路径的切削参数。刀具路径在不同的 Z 高度创建多个走刀，并在每个 Z 高度创建多个轮廓。

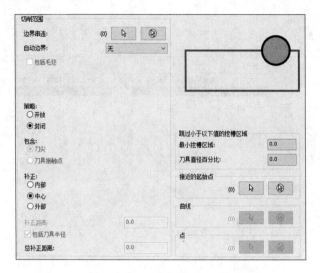

图 10-2 "刀路控制"选项卡

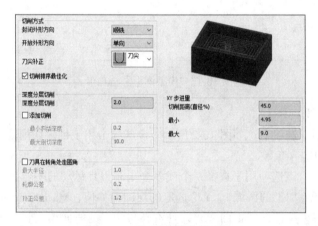

图 10-3 "切削参数"选项卡

（1）"深度分层切削" 用于确定相邻切削走刀之间的 Z 间距。

（2）"添加切削" 用于在轮廓的浅区域添加切削，以便刀具路径在切削走刀之间不会有过大的水平间距。

1）"最小斜插深度"：用于设置零件浅区域中添加的 Z 切削之间的最小距离。

2）"最大剖切深度"：用于确定两个相邻切削走刀的表面轮廓的最大变化，表示两个轮廓上相邻点之间的最短水平距离的最大值。

4. "陡斜 / 浅滩"选项卡

选择"陡斜 / 浅滩"选项卡，如图 10-4 所示。该选项卡用于限制将加工多少驱动表面。 通常，这些选项用于在陡峭或浅滩区域创建加工路径，但它们可用于许多不同的零件形状。

1）"调整毛坯预留量"：勾选该复选框，则 Mastercam 将根据在"模型图形"的"加工图形"列中输入的值调整刀具路径。

2）"检测限制"：单击以让 Mastercam 使用驱动器表面上的最高点和最低点自动填充最小深度和最大深度。

3）"最高位置"：输入要切削的零件上最高点的 Z 值。

4）"最低位置"：输入要切削的零件上最低点的 Z 值。

5."连接参数"选项卡

选择"连接参数"选项卡，如图 10-5 所示。该选项卡用于在 3D 高速刀具路径的切削路径之间创建链接。通常，与在刀具路径的"切削参数"选项卡上配置的切削移动相比，当刀具不与零件接触时，可以将链接移动视为空气移动。

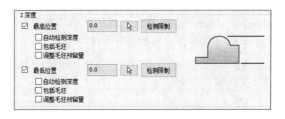

图 10-4 "陡斜 / 浅滩"选项卡

1）"最短距离"：Mastercam 计算从一个路径到下一个路径的直接路径，结合零件上 / 下和到 / 从缩回高度的曲线以加快进度。

2）"最小垂直刀"：刀具垂直移动到清除表面所需的最小 Z 高度，然后沿着这个平面直线移动，并垂直下降到下一个通道的开始。缩回的最小高度由零件间隙设置。

3）"完整垂直刀"：刀具垂直移动到间隙平面，然后沿着这个平面直线移动，并垂直下降到下一个通道的开始。退刀的高度由间隙平面设置。

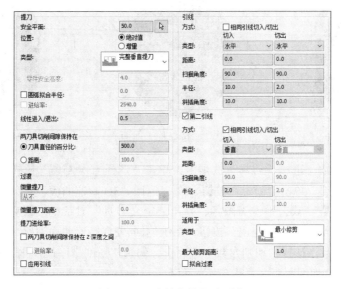

图 10-5 "连接参数"选项卡

10.1.2 实例——风扇轴加工

本例通过风扇轴的加工来讲解高速曲面粗加工中"区域粗切"命令的使用。

 网盘 \ 视频教学 \ 第 10 章 \ 风扇轴 .MP4

操作步骤如下：

01 打开加工模型。单击快速访问工具栏中的"打开"按钮，在"打开"对话框中打开网盘中源文件名为"风扇轴"的模型,如图 10-6 所示。

02 选择机床。为了生成刀具路径,首先必须选择一台实现加工的机床,本次加工采用系统默认的铣床。单击"机床"选项卡"机床类型"面板中的"铣床"按钮 ,选择默认选项,在"刀路"管理器中生成机床群组属性文件,同时弹出"刀路"选项卡。

03 创建区域粗加工刀具路径

❶ 单击"刀路"选项卡"3D"面板中的"区域粗切"按钮 ,系统弹出"3D 高速曲面刀路 - 区域粗切"对话框。

❷ 选择加工曲面和加工范围。单击"模型图形"选项卡"加工图形"选项组中的"选择图素"按钮 ,选择所有凹槽内表面作为加工曲面,如图 10-7 所示。"壁边预留量"和"底面预留量"均设置为 0。

❸ 选择"刀路控制"选项卡,单击"边界串连"右侧的"边界范围"按钮 ,在绘图区选择如图 10-8 所示的串连。"策略"选择"开放","补正"选择"外部",设置"补正距离"为 5。

选择加工曲面

图 10-6　风扇轴　　　　　图 10-7　选择加工曲面　　　　　图 10-8　选择串连

❹ 设置刀具参数。选择"刀具"选项卡,单击"选择刀库刀具"按钮,选择刀号为 214、直径为 4mm 的平铣刀,单击"确定"按钮 ,返回"3D 高速曲面刀路 - 区域粗切"对话框。

❺ 修改刀具参数。双击平铣刀图标,弹出"定义刀具"对话框。设置刀具"总长度"为 80,"刀肩长度"为 45,单击"完成"按钮,系统返回"3D 高速曲面刀路 - 区域粗切"对话框。

❻ 设置切削参数。选择"切削参数"选项卡,勾选"切削排序最佳化"复选框,设置"深度分层切削"为 5,"切削距离(直径%)"为 50。

❼ 选择"连接参数"选项卡,设置"安全平面"为 15.0,"位置"选择"绝对值","类型"选择"完整垂直提刀","两刀具切削间隙保持在"选择"刀具直径的百分比"为 100.0,"适用于"类型选择"不修剪",如图 10-9 所示。

❽ 单击"确定"按钮 ,系统根据所设置的参数生成区域粗加工刀具路径,如图 10-10 所示。

04 模拟仿真加工

❶ 设置毛坯。关闭图层 1,打开图层 2。在"刀路"管理器中选择"毛坯设置"选项,系统弹出"毛坯设置"对话框。单击"从选择添加"按钮 ,在绘图区选择实体,单击"确定"按钮 ,生成毛坯。打开图层 1,创建的毛坯如图 10-11 所示。

❷ 仿真加工。单击"刀路"管理器中的"实体仿真已选操作"按钮 ,在弹出的"Mastercam 模拟器"窗口中单击"播放"按钮▶，系统开始进行模拟，刀具路径模拟效果如图 10-12 所示。

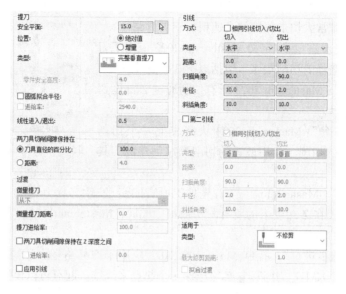

图 10-9 "连接参数"选项卡参数设置

图 10-10 区域粗加工刀具路径

图 10-11 创建的毛坯

图 10-12 刀具路径模拟效果

10.2 优化动态粗切加工

优化动态粗切是完全利用刀具圆柱切削刃进行切削，快速移除材料，是一种动态高速铣削，可进行粗铣和精铣。

10.2.1 设置优化动态粗切加工参数

单击"机床"选项卡"机床类型"面板中的"铣床"按钮，选择默认选项，在"刀路"管理器中生成机床群组属性文件，同时弹出"刀路"选项卡。单击"刀路"选项卡"3D"面板"粗切"组中的"优化动态粗切"按钮，选择加工曲面后系统会弹出"刀路曲面选择"对话框。根据需要设定相应的参数和选择相应的图素后，单击"确定"按钮，此时系统会弹出

"3D 高速曲面刀路 - 优化动态粗切"对话框。

选择"切削参数"选项卡，如图 10-13 所示。该选项卡用于为动态粗切刀具路径输入不同切削参数和补偿选项的值，这是一种能够加工非常大切削深度的高速粗加工刀具路径。

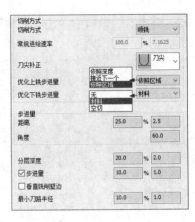

图 10-13 "切削参数"选项卡

（1）"优化上铣步进量" 定义 Mastercam 2023 应用于刀具路径中不同切削路径的切削顺序，包括以下 3 个选项。

1）"依照深度"：Mastercam 2023 所有切削通过 Z 深度切削顺序创建刀具路径。

2）"接近下一个"：Mastercam 2023 从完成上一个切削的位置移动到最近的切削。使用最近的切削顺序创建的刀具路径。

3）"依照区域"：Mastercam 2023 首先加工所有的步进，从区域移动到区域。在 Z 深度上的所有阶梯加工完成后，Mastercam 2023 以最安全的切削顺序加工下一个最接近的阶梯。

（2）"优化下铣步进量" 控制 Mastercam 2023 应用于刀具路径中不同切削路径的切削顺序。当刀具完成一个加工走刀时，它必须选择一个起点来继续。起点可以设置为：

1）"无"：从最近加工的材料开始。

2）"材料"：从最接近整个刀具的材料开始。

3）"空切"：从离刀具最近的地方开始。

10.2.2 实例——瓶底凹模优化动态粗加工

本例通过对瓶底凹模的加工来讲解"优化动态粗切"命令的使用。

参见网盘 网盘 \ 视频教学 \ 第 10 章 \ 瓶底凹模 .MP4

操作步骤如下：

01 打开加工模型。单击快速访问工具栏中的"打开"按钮，在"打开"的对话框中打开网盘中源文件名为"瓶底凹模"的模型，如图 10-14 所示。

02 选择机床。为了生成刀具路径，首先必须选择一台实现加工的机床，本次加工采用系统默认的铣床。单击"机床"选项卡"机床类型"面板中的"铣床"按钮，选择默认选项，在"刀路"管理器中生成机床群组属性文件，同时弹出"刀路"选项卡。

03 创建优化动态粗切刀具路径

❶ 单击"刀路"选项卡"3D"面板"粗切"组中的"优化动态粗切"按钮，系统弹出"3D 高速曲面刀路 - 优化动态粗切"对话框。

❷ 选择加工曲面。单击"模型图形"选项卡"加工图形"选项组中的"选择图素"按钮，选择所有内部曲面作为加工曲面，如图 10-15 所示。设置"壁边预留量"和"底面预留量"均为 0。

❸ 选择"刀路控制"选项卡，单击"边界串连"右侧的"边界范围"按钮，在绘图区选择如图 10-16 所示的边界串连，"策略"选择"封闭"，"补正到"选择"中心"。

276

图 10-14　瓶底凹模

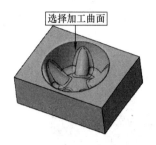

选择加工曲面

图 10-15　选择加工曲面

❹ 设置刀具参数。选择"刀具"选项卡，单击"选择刀库刀具"按钮，选择刀号为 240、直径为 10mm 的球形铣刀，单击"确定"按钮 ⊘，返回"3D 高速曲面刀路 - 优化动态粗切"对话框。

❺ 设置切削参数。选择"切削参数"选项卡，勾选"步进量"复选框，"步进量"设置为 10%，其他参数设置如图 10-17 所示。

图 10-16　选择边界串连

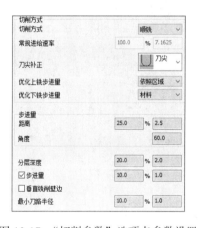

图 10-17　"切削参数"选项卡参数设置

❻ 选择"连接参数"选项卡，设置"安全平面"为 70，"位置"选择"绝对值"，"类型"选择"完整垂直提刀"，"两刀具切削间隙保持在"选择"刀具直径的百分比"为 80%，"适用于"类型选择"不修剪"，其他参数采用默认。

❼ 单击"确定"按钮 ⊘，系统根据所设置的参数生成优化动态粗加工刀具路径，如图 10-18 所示。

04　模拟仿真加工。

❶ 工件设置。在"刀路"管理器中选择"毛坯设置"选项，系统弹出"毛坯设置"对话框；单击"从边界框添加"按钮 ⬚，系统弹出"边界框"对话框。单击"手动"后的"选择图素"按钮 ▣，在绘图区选择平底凹模模型，单击"确定"按钮 ⊘，生成毛坯。单击"刀路"选项卡"毛坯"面板上的"显示 / 隐藏毛坯"按钮 ◪，显示毛坯，如图 10-19 所示。

❷ 仿真加工。完成刀具路径设置后，就可以通过刀具路径模拟来观察刀具路径是否设置合适。单击"刀路"管理器中的"实体仿真已选操作"按钮 🔲，在弹出的"Mastercam 模拟器"窗口中单击"播放"按钮 ▶，进行真实加工模拟。图 10-20 所示为刀具路径模拟效果。

图 10-18　优化动态粗加工刀具路径　　　图 10-19　创建的毛坯　　　图 10-20　刀具路径模拟效果

第11章

高速曲面精加工

高速曲面精加工是常用的 3D 加工策略。与传统曲面加工相比，有不少的优点。当然也有一些缺点，本章将对相关的精加工方法进行介绍。

知识重点

- ☑ 高速平行精加工
- ☑ 高速放射精加工
- ☑ 高速投影精加工
- ☑ 高速等高精加工

- ☑ 高速等距环绕精加工
- ☑ 高速水平区域精加工
- ☑ 高速混合精加工
- ☑ 高速熔接精加工

11.1 高速平行精加工

高速平行精加工指刀具沿设定的角度进行平行加工，适用于浅滩区域。

11.1.1 设置高速平行精加工参数

单击"刀路"选项卡"精切"面板中的"平行"按钮，系统弹出"3D 高速曲面刀路 - 平行"对话框。该对话框中的大部分选项卡在第 8 章已经介绍过了，这里仅对部分选项卡进行介绍。

1. "切削参数"选项卡

选择"切削参数"选项卡，如图 11-1 所示。该选项卡用于设置平行精加工刀具路径的切削参数。使用此刀具路径创建具有恒定步距的平行精加工走刀，以用户输入的角度对齐，这使用户可以优化零件几何形状的切削方向，以实现最有效的切削。

（1）"切削间距" 用于确定相邻切削走刀之间的距离。

（2）"残脊高度" 不适用于拐角半径为零的刀具。根据剩余残脊高度指定切削路径之间的间距。Mastercam 将根据用户在此处输入的值和所选刀具计算步距。

图 11-1 "切削参数"选项卡

 提示

  "切削间距"和"残脊高度"两个字段相互关联,因此当用户在一个字段中键入值时,另一个字段会自动更新,这使用户可以根据"切削间距"或"残脊高度"指定切削路径之间的间距。残脊高度是根据平面计算的,除非切削间距足够大,否则球形刀具不会产生残脊高度。

  (3)"加工角度" 用于定向切削路径,包括以下选项。

  1)"自定义":选择手动输入角度。当"自定义"设置为 0 时,切削走刀平行于 X 轴;设置成 90° 时,它们平行于 Y 轴。输入一个中间角度以调整特定零件特征或几何形状的加工方向,可实现最有效的加工操作。

  2)"垂直填充":当加工角度设置为"自定义"时可用。垂直填充限制 1.4 倍"切削间距"的截止距离的刀具路径。

  3)"自动":选择让 Mastercam 自动设置不同的角度以最大化切削图案的长度和 / 或最小化连接移动。

  (4)"上 / 下铣削" 只有当"切削方式"选择"上铣削"或"下铣削"时该项才被激活。在加工几何体平坦的区域时,向上或向下加工都没有优势。Mastercam 创建向下或向上铣削刀路。

  1)"重叠量":在此处输入数值可以确保刀具路径不会在不同方向走刀之间的过渡区域中留下不需要的圆弧或尖端。

  2)"较浅的角度":用于定义可能发生上 / 下铣削区域的角度。

  2. "刀路修圆"选项卡

  选择"刀路修圆"选项卡,如图 11-2 所示。该选项卡可让 Mastercam 在高速刀具路径中自动生成圆角运动。刀具路径圆角允许圆弧在保持高进给率的同时创建平滑的刀具路径运动。根据简单的半径值或通过输入刀具信息来控制圆角,生成刀具路径圆角。圆角运动仅在内角上生成。刀路修圆后零件几何形状保持不变,但刀具路径中包含更平滑的运动。

  1)"依照半径":选择此选项,可创建具有指定半径的圆角,而不是由刀具形状形成的圆角。

2）"依照刀具"：选择此选项，可生成由刀具形状而非指定圆角半径形成的圆角。

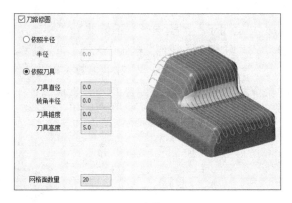

图 11-2　"刀路修圆"选项卡

11.1.2　实例——高速平行精加工

本例在等高粗加工的基础上对鼠标进行高速平行精加工。

 网盘 \ 视频教学 \ 第 11 章 \ 高速平行精加工 .MP4

操作步骤如下：

01　打开加工模型。单击快速访问工具栏中的"打开"按钮📂，在"打开"的对话框中打开网盘中源文件名为"鼠标"的模型，如图 11-3 所示。

02　创建高速平行精修刀具路径

❶ 选择加工曲面。单击"刀路"选项卡"3D"面板"精切"组中的"平行"按钮🔲，系统弹出"3D 高速曲面刀路 - 平行"对话框。

❷ 选择"模型图形"选项卡"加工图形"选项组中的"选择图素"按钮 🔲，选择加工曲面，如图 11-4 所示。"壁边预留量"和"底面预留量"均设置为 0。

图 11-3　鼠标

图 11-4　选择加工曲面

❸ 选择刀具。选择"刀具"选项卡，选择刀号为 242、直径为 16mm 的球形铣刀。

❹ 设置切削参数。选择"切削参数"选项卡，勾选"切削排序最佳化"复选框，"切削间距"设置为 7.2，"加工角度"选择"自定义"，数值为 0。

⑤ 选择"陡斜 / 浅滩"选项卡,"接触"选择"接触区域和边界",如图 11-5 所示。

⑥ 选择"连接参数"选项卡,设置提刀"安全平面"为120,"位置"选择"绝对值","类型"选择"完整垂直提刀","适用于"类型选择"不修剪","刀具直径的百分比"为 50;"引线"方式勾选"相同引线切入 / 切出","类型"选择"无",勾选"第二引线"复选框,"方式"勾选"相同引线切入 / 切出","类型"选择"无",其他参数采用默认。

⑦ 单击"确定"按钮 ,系统根据所设置的参数生成高速平行精加工刀具路径,如图 11-6 所示。

图 11-5　设置"陡斜 / 浅滩"选项卡　　　　图 11-6　高速平行精加工刀具路径

03 模拟仿真加工

❶ 设置毛坯。在"刀路"管理器中选择"毛坯设置"选项,系统弹出"毛坯设置"对话框;单击"从边界框添加"按钮🔲,系统打开"边界框"对话框。在该对话框中选择"立方体",设置毛坯原点为底面中心点,"图素"选择"手动",单击其右侧的"选择图素"按钮📐,在绘图区选择鼠标模型,系统自动确定毛坯大小。单击"确定"按钮✅,返回"毛坯设置"对话框;单击"确定"按钮✅,生成毛坯。单击"刀路"选项卡"毛坯"面板上的"显示 / 隐藏毛坯"按钮🔳,显示毛坯。创建的毛坯如图 11-7 所示。

❷ 仿真加工。单击"刀路"管理器中的"选择全部操作"按钮📐和"实体仿真已选操作"按钮🔳,系统弹出"Mastercam 模拟器"窗口,单击"播放"按钮▶,系统开始进行模拟。刀具路径模拟效果如图 11-8 所示。

图 11-7　创建的毛坯　　　　　　　　　图 11-8　刀具路径模拟效果

11.2　高速放射精加工

放射精加工是从中心一点向四周发散的加工方式,也称径向加工,主要用于对回转体或类似回转体工件进行精加工。放射精加工在实际应用中主要针对回转体工件进行加工,有时可用车床加工代替。

11.2.1 设置高速放射精加工参数

单击"刀路"选项卡"精切"面板中的"放射"按钮，系统弹出"3D 高速曲面刀路 - 放射"对话框。该对话框中的大部分选项卡在第 8 章已经介绍过了，这里仅对部分选项卡进行介绍。

选择"切削参数"选项卡，如图 11-9 所示。该选项卡用于设置径向刀具的切削路径，创建从中心点向外辐射的切削路径。

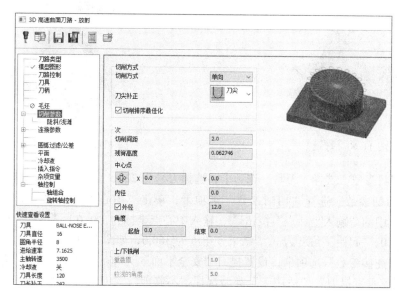

图 11-9 "切削参数"选项卡

1）"中心点"：输入加工区中心点的 X 和 Y 坐标。Mastercam 将此点投影到驱动表面上以确定刀具路径的起点，因此不需要 Z 坐标。在每个文本框中右击以从下拉列表中选择 X 或 Y 坐标。

2）"内径"：在由内径、外径和中心点定义的圆中创建切削路径，并将它们投影到驱动表面。输入 0 以加工整个圆，或输入非零值以仅加工两个半径之间的环，此值可以有效防止零件中心被过度加工。

3）"外径"：在由内径、外径和中心点定义的圆中创建切削路径，并将它们投影到驱动表面。Mastercam 会根据选定的几何形状自动计算外径。

11.2.2 实例——高速放射加工

本例在等高粗加工的基础上对图 11-10 所示的灯罩进行高速放射精加工。

网盘 \ 视频教学 \ 第 11 章 \ 高速放射精加工 .MP4

操作步骤如下：

01 打开加工模型。单击快速访问工具栏中的"打开"按钮，在"打开"的对话框中打开网盘中源文件名为"灯罩"的模型，如图 11-10 所示。

02 创建高速放射精修刀具路径

❶ 选择加工曲面及切削范围。单击"刀路"选项卡"3D"面板"精切"组中的"放射"按钮 ，系统弹出"3D 高速曲面刀路 - 放射"对话框。

❷ 单击"模型图形"选项卡"加工图形"选项组中的"选择图素"按钮 ，窗选绘图区所有曲面作为加工曲面，如图 11-11 所示。"壁边预留量"和"底面预留量"均设置为 0。

图 11-10 灯罩

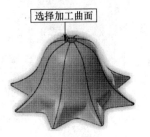

选择加工曲面

图 11-11 选择加工曲面

❸ 设置刀具参数。选择"刀具"选项卡，选择刀号为 236、直径为 6mm 的球形铣刀。

❹ 设置切削参数。选择"切削参数"选项卡，单击"中心点"按钮 ，在绘图区单击"选择工具栏"中的"输入坐标点"按钮 ，输入中心点坐标为（0,0），"内径"设置为 0，"外径"设置为 75.0，"起始"角度为 0，"结束"角度为 360.0，如图 11-12 所示。

❺ 选择"连接参数"选项卡，设置提刀"安全平面"为 80，"位置"选择"绝对值"，"类型"选择"完整垂直提刀"，"适用于"类型选择"不修剪"，"刀具直径百分比"为 100，其他参数采用默认。

❻ 单击"确定"按钮 ，系统根据所设置的参数生成高速放射精加工刀具路径，如图 11-13 所示。

图 11-12 "切削参数"选项卡参数设置

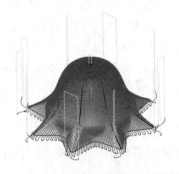

图 11-13 高速放射精加工刀具路径

03 模拟仿真加工

❶ 设置毛坯。在"刀路"管理器中选择"毛坯设置"选项，系统弹出"毛坯设置"对话框。单击"从边界框添加"按钮 ，系统打开"边界框"对话框。在该对话框中，"形状"选

择"圆柱体","轴心"设置为"Z",毛坯原点选择模型下表面中心点,设置圆柱体"高度"和"半径"分别为 75 和 72,单击"确定"按钮 ✅,返回"毛坯设置"对话框。单击"确定"按钮 ✅,生成毛坯。单击"刀路"选项卡"毛坯"面板上的"显示/隐藏毛坯"按钮 🖊,显示毛坯,如图 11-14 所示。

❷ 单击"刀路"管理器中的"选择全部操作"按钮 🔧和"实体仿真已选操作"按钮 🔧,系统弹出"Mastercam 模拟器"窗口,单击"播放"按钮 ▶,系统开始进行模拟。刀具路径模拟效果如图 11-15 所示。

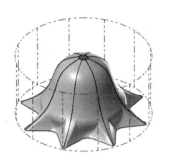

图 11-14 创建的毛坯

图 11-15 刀具路径模拟效果

11.3 高速投影精加工

投影精加工主要用于三维产品的雕刻、绣花等。投影精加工包括刀路投影(NCI 投影)、曲线投影和点投影 3 种形式。与其他精加工方法不同的是,投影精加工的预留量必须设为负值。

11.3.1 设置高速投影精加工参数

单击"刀路"选项卡"精切"面板中的"投影"按钮 🖱,系统弹出"3D 高速曲面刀路 - 投影"对话框。该对话框中的大部分选项卡在第 8 章已经介绍过了,这里仅对部分选项卡进行介绍。

1."刀路控制"选项卡

选择"刀路控制"选项卡,如图 11-16 所示。该选项卡用于创建一个包含边界的刀路并为 3D 高速刀具路径设置其他参数。

1)"包括轮廓边界":用于控制刀具在一定义的边界周围的位置。边界是一组封闭的线框曲线,包围要加工的区域。无论选定的切削面如何,Mastercam 都不会创建违反边界的工具运动。它们可以是任何线框曲线,并且不必与加工的曲面相关联。

2)"曲线":单击其中的"选择"按钮 🔲,则返回绘图区以选择曲线。选择曲线后,将使用曲线作为起点向外创建刀具路径。对于投影刀具路径,这些曲线将投影到选定的曲面或实体上。

3)"点":单击其中的"选择"按钮 🔲,则返回绘图区,以选择将投影到选定曲面或实体上的点。

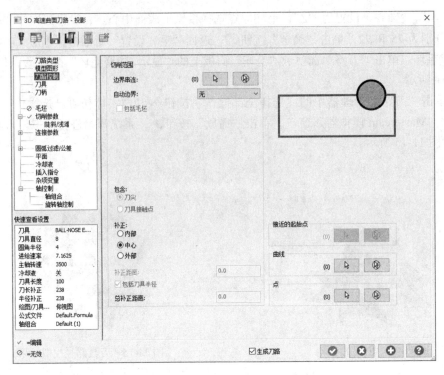

图 11-16 "刀路控制"选项卡

2. "切削参数"选项卡

选择"切削参数"选项卡,如图 11-17 所示。该选项卡用于将曲线、点或其他刀具路径(NCI 文件)投影到曲面或实体上。

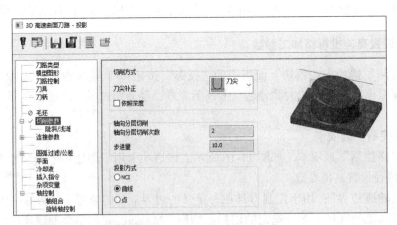

图 11-17 "切削参数"选项卡

1)"依照深度":选择以按深度或按输入实体控制深度切削顺序。

2)"轴向分层切削次数":在多次加工过程中移除材料。当零件上剩余的材料过多而无法直接加工到表面时,可使用此选项。当输入的值为 1 时,允许刀具在编程深度进行单次切削;当输入一个大于 1 的值时,创建额外的切削。

3）"步进量"：当"轴向分层切削次数"设置为 2 或更大时启用该选项，确定相邻切削走刀之间的 Z 间距。

11.3.2 实例——高速投影精加工

本例已经在仰视图上对元宝模型进行了粗切放射加工，接下来在俯视图上对元宝进行投影精加工。

网盘 \ 视频教学 \ 第 11 章 \ 高速投影精加工 .MP4

操作步骤如下：

01 打开加工模型。单击快速访问工具栏中的"打开"按钮，在"打开"的对话框中打开网盘中源文件名为"元宝"的模型，如图 11-18 所示。

02 创建高速投影精修刀具路径

❶ 单击"视图"选项卡"屏幕视图"面板上的"俯视图"按钮，将当前绘图平面和刀具平面均设为俯视图。

❷ 单击"刀路"选项卡"3D"面板"精切"组中的"投影"按钮，系统弹出"3D 高速曲面刀路 - 投影"对话框。

❸ 选择加工曲面。选择"模型图形"选项卡，单击"模型图形"选项卡"加工图形"选项组中的"选择图素"按钮，窗选绘图区所有曲面作为加工曲面。"壁边预留量"和"底面预留量"均设置为"0"。

❹ 设置刀具参数。选择"刀具"选项卡，选择直径为 8 的球形铣刀。

❺ 设置切削参数。选择"切削参数"选项卡，设置"轴向分层切削次数"为 2，"步进量"为 10.0，"投影方式"选择"NCI"，在"刀路"列表中选择"曲面粗切放射"刀路，如图 11-19 所示。

图 11-18　元宝

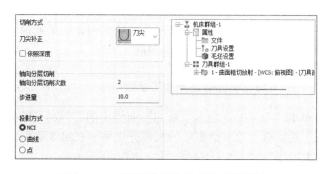

图 11-19　"切削参数"选项卡参数设置

❻ 选择"连接参数"选项卡，设置提刀"安全平面"为 20，"位置"选择"绝对值"；"适用于"类型选择"不修剪"，"两刀具切削间隙保持在"选择"刀具直径的百分比"为 100，"引线"方式勾选"相同引线切入 / 切出"，"类型"选择"无"，勾选"第二引线"复选框，"方式"勾选"相同引线切入 / 切出"，"类型"选择"无"，其他参数采用默认。

❼ 单击"确定"按钮，系统根据所设置的参数生成高速投影精加工刀具路径，如

图 11-20 所示。

03 模拟仿真加工

❶ 设置毛坯。在"刀路"管理器中选择"毛坯设置"选项，系统弹出"毛坯设置"对话框；单击"从边界框添加"按钮🔲，系统打开"边界框"对话框。在该对话框中选择"立方体"，设置毛坯原点为底面中心点，"图素"选择"手动"，单击其右侧的"选择图素"按钮🔖，在绘图区选择元宝模型，系统自动确定毛坯大小。单击"确定"按钮✅，返回"毛坯设置"对话框；单击"确定"按钮✅，生成毛坯。单击"刀路"选项卡"毛坯"面板上的"显示 / 隐藏毛坯"按钮📄，显示毛坯，如图 11-21 所示。

图 11-20 高速投影精加工刀具路径

❷ 仿真加工。单击"刀路"管理器中的"选择全部操作"按钮🔖和"实体仿真已选操作"按钮📄，系统弹出"Mastercam 模拟器"窗口，单击"播放"按钮▶，系统开始进行模拟。刀具路径模拟效果如图 11-22 所示。

图 11-21 创建的毛坯

图 11-22 刀具路径模拟效果

11.4 高速等高精加工

高速等高精加工是沿所选图形的轮廓创建一系列轴向切削，通常用于精加工或半精加工，适合加工轮廓角度为 30°~90° 的图形。

📖 11.4.1 设置高速等高精加工参数

单击"刀路"选项卡"精切"面板中的"等高"按钮🔲，系统弹出"3D 高速曲面刀路 - 等高"对话框。该对话框中的大部分选项卡在第 8 章中已经介绍过了，这里仅对"切削参数"选项卡进行介绍。

选择"切削参数"选项卡，如图 11-23 所示。该选项卡用于设置等高精加工刀具路径的切削参数。这是一个精加工刀具路径，它在驱动表面上以恒定的 Z 间距跟踪平行轮廓。

1）"下切"：用于确定相邻切削走刀之间的 Z 间距。

2）"添加切削"：用于在轮廓的浅滩区域添加切削，以便刀具路径在切削走刀之间不会有过大的水平间距。

3）"最小斜插深度"：用于设置零件浅滩区域中添加的 Z 切削之间的最小距离。

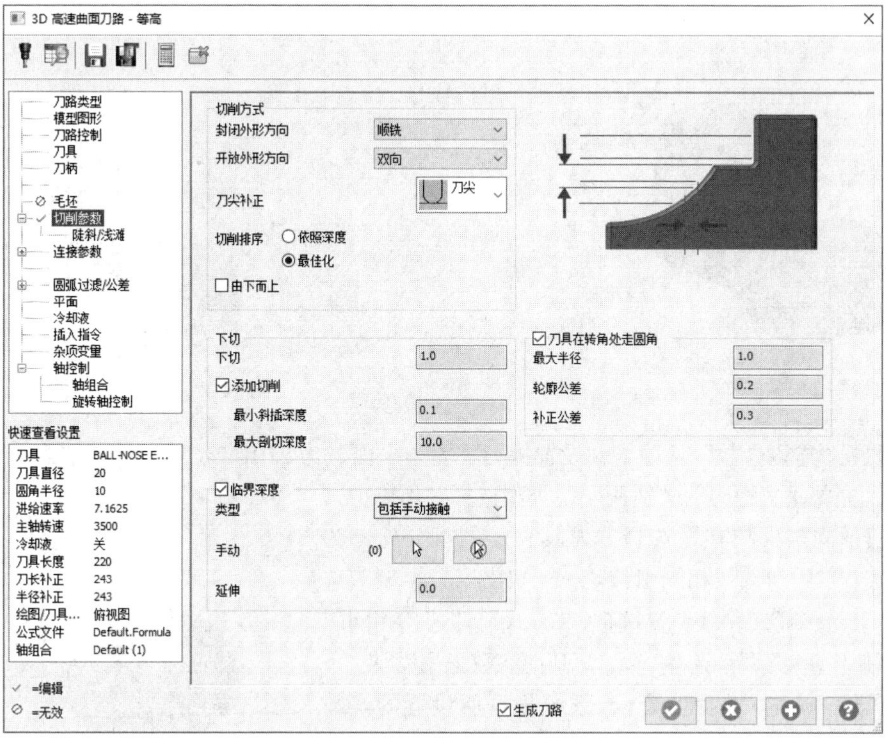

图 11-23 “切削参数”选项卡

4）“最大剖切深度”：用于确定两个相邻切削走刀的表面轮廓的最大变化，表示两个轮廓上相邻点之间的最短水平距离的最大值。

11.4.2 实例——高速等高精加工

本例在区域粗切加工的基础上对鞋模进行高速等高精加工。

参见网盘　网盘 \ 视频教学 \ 第 11 章 \ 高速等高精加工 .MP4

操作步骤如下：

01 打开加工模型。单击快速访问工具栏中的“打开”按钮，在“打开”的对话框中打开网盘中源文件名为“鞋模”的模型，如图 11-24 所示。

02 创建高速等高精修刀具路径

❶ 选择加工曲面。单击“刀路”选项卡“3D”面板“精切”组中的“等高”按钮，系统弹出“3D 高速曲面刀路 - 等高”对话框。

❷ 单击“模型图形”选项卡“加工图形”选项组中的“选择图素”按钮，选择加工曲面，如图 11-25 所示。“壁边预留量”和“底面预留量”均设置为 0。

❸ 选择刀具。选择“刀具”选项卡，选择刀号为 243、直径为 20mm 的球形铣刀。

❹ 设置切削参数。选择“切削参数”选项卡，“切削排序”选择“最佳化”，“下切”设置为 3，勾选“刀具在转角处走圆角”复选框，“最大半径”为 3。

图 11-24　鞋模

图 11-25　选择加工曲面

⑤ 选择 "连接参数" 选项卡，设置提刀 "安全平面" 为 210，"位置" 选择 "绝对值"，"类型" 选择 "完整垂直提刀"，"适用于" 类型选择 "不修剪"，"两刀具切削间隙保持在" 选择 "刀具直径的百分比" 为 50，"引线" 方式勾选 "相同引线切入 / 切出"，"类型" 选择 "无"，勾选 "第二引线" 复选框，"方式" 勾选 "相同引线切入 / 切出"，"类型" 选择 "无"，其他参数采用默认。

⑥ 单击 "确定" 按钮  ，系统根据所设置的参数生成高速等高精加工刀具路径，如图 11-26 所示。

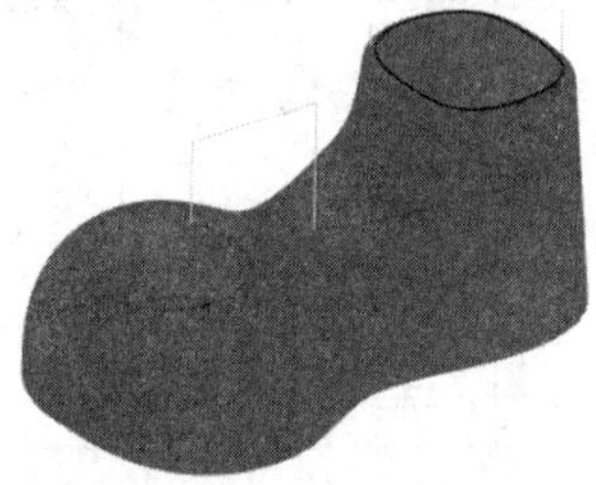

03 模拟仿真加工

① 设置毛坯。在 "刀路" 管理器中选择 "毛坯设置"

图 11-26　高速等高精加工刀具路径

选项，系统弹出 "毛坯设置" 对话框；单击 "从边界框添加" 按钮 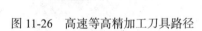 ，系统打开 "边界框" 对话框。在该对话框中选择 "立方体"，设置毛坯原点为底面中心点，"图素" 选择 "手动"，单击其右侧的 "选择图素" 按钮，在绘图区选择鞋模模型，系统自动确定毛坯大小。单击 "确定" 按钮，返回 "毛坯设置" 对话框；单击 "确定" 按钮，生成毛坯。单击 "刀路" 选项卡 "毛坯" 面板上的 "显示 / 隐藏毛坯" 按钮，显示毛坯，如图 11-27 所示。

② 仿真加工。单击 "刀路" 管理器中的 "选择全部操作" 按钮 和 "实体仿真已选操作" 按钮，系统弹出 "Mastercam 模拟器" 窗口，单击 "播放" 按钮，系统开始进行模拟。刀具路径模拟效果如图 11-28 所示。

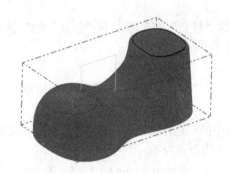

图 11-27　创建的毛坯

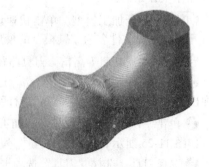

图 11-28　刀具路径模拟效果

11.5 高速等距环绕精加工

高速等距环绕精加工用于创建相对于径向切削间距具有一致环绕移动的刀具路径。

11.5.1 设置高速等距环绕精加工参数

单击"刀路"选项卡"精切"面板中的"等距环绕"按钮🍥，系统弹出"3D 高速曲面刀路 - 等距环绕"对话框。该对话框中的大部分选项卡在第 8 章已经介绍过了，这里仅对"切削参数"选项卡进行介绍。

选择"切削参数"选项卡，如图 11-29 所示。该选项卡用于设置 3D 等距环绕精加工刀具路径的切削参数。使用此刀具路径可创建具有恒定步距的精加工走刀，其中步距沿曲面而不是平行于刀具平面进行测量，这样可以在刀具路径上保持恒定的残脊高度。

（1）"封闭外形方向" 使用该选项确定闭合轮廓的切削方向。闭合轮廓包含连续运动，无须退回或反转方向。包含以下 6 个选项。

1）"单向"：在整个操作过程中保持爬升方向的切削。

2）"其他路径"：在整个操作过程中保持传统方向的切削。

3）"下铣削"：仅向下切削。

4）"上铣削"：仅在向上方向上切削。

5）"顺时针环切"：沿顺时针方向以螺旋运动切削。

6）"逆时针环切"：沿逆时针方向以螺旋运动切削。

（2）"开放外形方向" 使用该选项确定开放轮廓的切削方向。包含以下 3 个选项。

1）"单向"：通过走刀切削开放轮廓，向上移动到零件安全平面，移回切削起点，然后沿同一方向再走一遍。所有的运动都在同一个方向。

2）"其他路径"：在整个操作过程中保持传统方向的切削。

3）"双向"：沿与前一个通道相反的方向切削每个通道。一个简短的链接运动将两端连接起来。

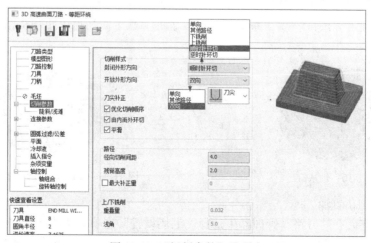

图 11-29 "切削参数"选项卡

（3）"径向切削间距" 用于定义切削路径之间的间距。这是沿表面轮廓测量的 3D 值，它与残脊高度相关联，因此用户可以根据步距或残脊高度指定两切削路径之间的间距。当用户在一个文本框中输入数值时，它会自动更新另一个残脊高度。

（4）"最大补正量" 勾选该复选框，可以输入切削走刀的最大偏移量。

11.5.2　实例——高速等距环绕精加工

本例在放射粗加工和等高粗加工的基础上进行高速等距环绕精加工。

 参见网盘　网盘\视频教学\第 11 章\高速等距环绕精加工 .MP4

操作步骤如下：

01　打开加工模型。单击快速访问工具栏中的"打开"按钮，在"打开"的对话框中打开网盘中源文件名为"烟灰缸"的模型，如图 11-30 所示。

02　创建高速等距环绕精修刀具路径

❶ 单击"视图"选项卡"屏幕视图"面板中的"俯视图"按钮，将当前视图设置为俯视图。

❷ 单击"刀路"选项卡"3D"面板"精切"组中的"等距环绕"按钮，系统弹出"3D高速曲面刀路 - 等距环绕"对话框。

❸ 选择加工曲面。选择"模型图形"选项卡，窗选所有曲面作为加工曲面，"壁边预留量"和"底面预留量"均设置为"0"。

❹ 选择刀具。选择"刀具"选项卡，选择刀号为 266、直径为 6mm 的球形铣刀。

❺ 设置切削参数。选择"切削参数"选项卡，"封闭外形方向"选择"顺时针环切"，"开放外形方向"选择"双向"。

❻ 选择"连接参数"选项卡，设置提刀"安全平面"为 35，"位置"选择"增量"，"适用于"的类型选择"不修剪"，"两刀具切削间隙保持在"选择"刀具直径的百分比"为 100，"引线"方式勾选"相同引线切入 / 切出"，"类型"选择"无"，勾选"第二引线"复选框，"方式"勾选"相同引线切入 / 切出"，"类型"选择"无"，其他参数采用默认。

❼ 单击"确定"按钮，系统根据所设置的参数生成高速等距环绕精加工刀具路径，如图 11-31 所示。

图 11-30　烟灰缸

图 11-31　等距环绕精加工刀具路径

03　模拟仿真加工

❶ 设置毛坯。在"刀路"管理器中选择"毛坯设置"选项，系统弹出"毛坯设置"对话框；单击"从边界框添加"按钮，系统打开"边界框"对话框。在该对话框中选择"圆柱体"单选按钮，设置毛坯原点为底面中心点，"轴心"选择"Z"；"图素"选择"手动"，单击其右侧的"选择图素"按钮，在绘图区选择烟灰缸模型，系统自动确定毛坯大小，修改"高度"为

45，单击"确定"按钮 ✅，返回"毛坯设置"对话框。单击"确定"按钮 ✅，生成毛坯。单击"刀路"选项卡"毛坯"面板上的"显示 / 隐藏毛坯"按钮 🔪，显示毛坯，如图 11-32 所示。

❷ 仿真加工。单击"刀路"管理器中的"选择全部操作"按钮 ➡ 和"实体仿真已选操作"按钮 🔳，系统弹出"Mastercam 模拟器"窗口，单击"播放"按钮 ▶，系统开始进行模拟。刀具路径模拟效果如图 11-33 所示。

图 11-32 创建的毛坯

图 11-33 刀具路径模拟效果

11.6 高速水平区域精加工

高速水平区域精加工是加工模型的平面区域，在每个区域的 Z 高度创建刀具路径。

11.6.1 设置高速水平区域精加工参数

单击"刀路"选项卡"精切"面板中的"水平区域"按钮 🔳，系统弹出"3D 高速曲面刀路 - 水平区域"对话框。该对话框中的大部分选项卡在第 9 章已经介绍过了，这里对"切削参数"选项卡进行介绍。

选择"切削参数"选项卡，如图 11-34 所示。该选项卡用于设置水平区域刀具路径的切削参数。此刀具路径用于在平坦区域上创建精加工路径。 Mastercam 将创建多个切削通道，代表表面边界偏移的步距值。

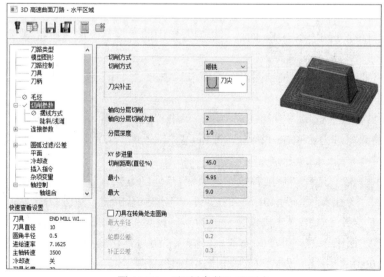

图 11-34 "切削参数"选项卡

1）"切削距离"：将最大 XY 步距表示为刀具直径的百分比。当在此文本框中输入值时，最大（XY 步距）数值将自动更新

2）"最小"：用于设置两个切削路径之间的步距距离的最小可接受距离。

3）"最大"：用于设置两个切削路径之间的步距距离的最大可接受距离。

📖 11.6.2　实例——水平区域精加工

本例在进行高速水平区域精加工之前已经对图 11-35 所示的旋钮进行了等高粗加工、高速等距环绕精加工和高速等高精加工。

图 11-35　旋钮

参见
网盘 ⟩ 网盘 \ 视频教学 \ 第 11 章 \ 水平区域精加工 .MP4

操作步骤如下：

01　打开加工模型。单击快速访问工具栏中的"打开"按钮 📂，在"打开"的对话框中打开网盘中源文件名为"旋钮"的模型。

02　创建高速水平区域精加工刀具路径

❶ 单击"视图"选项卡"屏幕视图"面板中的"仰视图"按钮 🔄，将当前视图设置为仰视图。

❷ 单击"刀路"选项卡"3D"面板"精切"组中的"水平区域"按钮 🔷，系统弹出"3D 高速曲面刀路 - 水平区域"对话框。

❸ 选择加工曲面。选择"模型图形"选项卡，单击"选择"按钮 🔲，在绘图区框选所有曲面作为加工曲面。

❹ 设置刀具参数。选择"刀具"选项卡，单击"选择刀库刀具"按钮，选择刀号为 268、直径为 10mm 的圆鼻铣刀，单击"确定"按钮 ✅，返回"3D 高速曲面刀路 - 水平区域"对话框。

❺ 设置切削参数。选择"切削参数"选项卡，"切削方式"选择"顺铣"；设置"轴向分层切削次数"为 2，"分层深度"为 1.0，"XY 步进量"选项组中的"步进距离（直径 %）"为 45。

❻ 设置高度参数。选择"连接参数"选项卡，设置提刀"安全平面"为 50.0，"位置"选择"绝对值"。"适用于"的"类型"为"不修剪"；"两刀具切削间隙保持在"选择"刀具直径的百分比"为 100.0；"引线"方式勾选"相同引线切入 / 切出"，"类型"选择"垂直"，"距离"设置为 8.0，"半径"为 10.0；勾选"第二引线"复选框，"方式"勾选"相同引线切入 / 切出"，

"类型"选择"垂直","距离"设置为8.0,"半径"为2.0;其他参数采用默认,如图11-36所示。

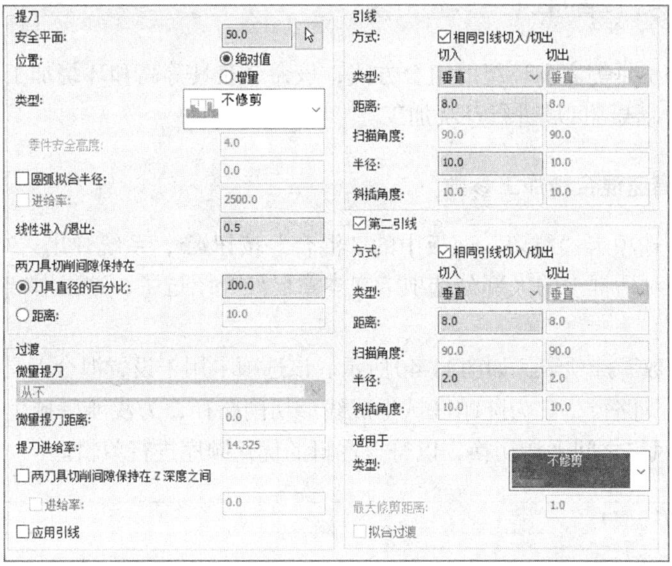

图 11-36 "连接参数"选项卡参数设置

❼ 单击"确定"按钮 ✅ ,系统根据所设置的参数生成高速水平区域精加工刀具路径,如图 11-37 所示。

（03） 模拟仿真加工

❶ 设置毛坯。在"刀路"管理器中选择"毛坯设置"选项,系统弹出"毛坯设置"对话框;单击"从边界框添加"按钮 ⬚ ,系统打开"边界框"对话框。在该对话框中选择"圆柱体"单选按钮,设置毛坯原点为顶面中心点,"图素"选择"手动",单击其右侧的"选择图素"按钮 ⬚ ,在绘图区选择旋钮模型,系统自动确定毛坯大小,修改"高度"为122,单击"确定"按钮 ✅ ,返回"毛坯设置"对话框。单击"确定"按钮 ✅ ,生成毛坯。单击"刀路"选项卡"毛坯"面板上的"显示/隐藏毛坯"按钮 🖉 ,显示毛坯,如图11-38所示。

❷ 仿真加工。单击"刀路"管理器中的"选择全部操作"按钮 ⬚ 和"实体仿真已选操作"按钮 ⬚ ,系统弹出"Mastercam 模拟器"窗口,单击"播放"按钮 ▶ ,系统开始进行模拟。刀具路径模拟效果如图 11-39 所示。

图 11-37 高速水平区域精加工刀具路径

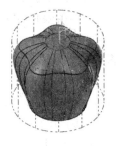

图 11-38 创建的毛坯

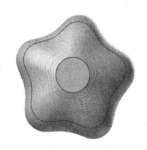

图 11-39 刀具路径模拟效果

11.7 高速混合精加工

高速混合精加工是等高和环绕的组合方式，该命令兼具等高和环绕加工的优势，对陡峭区域进行等高加工，对浅滩区域进行环绕加工。

11.7.1 设置高速混合精加工参数

单击"刀路"选项卡"精切"面板中的"混合"按钮，系统弹出"3D 高速曲面刀路—混合"对话框。该对话框中的大部分选项卡在本章已经介绍过了，这里对"切削参数"选项卡进行介绍。

选择"切削参数"选项卡，如图 11-40 所示。该选项卡用于设置混合刀具路径的切削参数。这是一个精加工刀具路径，它为陡峭区域生成线形切削路径，为浅滩区域生成扇形切削路径。Mastercam 在两种风格之间平滑切换，以符合逻辑的优化顺序进行剪辑。

图 11-40 "切削参数"选项卡

（1）"Z 步进量" 用于定义相邻阶梯之间的恒定 Z 距离。Mastercam 将这些步距与限制角度和 3D 步距结合使用来计算混合刀具路径的切削路径。Mastercam 首先将整个模型切成由 Z 步长距离定义的部分，然后它会沿着指定的限制角度分析每个步进之间的驱动表面的斜率过渡。如果驱动表面在降压距离内的坡度过渡小于应用的限制角，则混合刀具路径认为它是陡峭的，并生成单个 2D 线形切削路径；否则，则定义为浅，Mastercam 使用 3D 步距沿浅坡创建 3D 扇形切削通道。

（2）"角度限制" 用于设置零件浅滩区域的角度。典型的极限角是 45°，Mastercam 在范围从零到限制角度的区域中添加或删除切削刀路。

（3）"3D 步进量" 用于定义浅步进中 3D 扇形切削通道之间的间距。

（4）"保持 Z 路径" 勾选该复选框，则在陡峭区域保持 Z 加工路径。浅层区域的加工是基于偏移方法计算的，否则在加工浅区域时计算整个零件的运动。

（5）"平面检测" 用于设置是否控制刀具路径处理加工平面。

（6）"平面区域" 勾选"平面检测"时启用。选择平面加工类型有：

1）"包括平面"：选择该选项，则在加工时包括平面，而无论限制角度如何，然后用户可以为平面设置单独的步距。

2）"忽略平面"：选择该选项，则不加工任何平面。

3）"仅平面"：选择该选项，则仅加工平面。

（7）"平滑" 勾选该复选框，则平滑尖角并用曲线替换它们。消除方向的急剧变化可以使刀具承受更均匀的负载，并始终保持更高的进给速率。

1）"角度"：设置用户希望 Mastercam 将其视为锐角的两个刀具路径段之间的最小角度。

2）"熔接距离"：设置 Mastercam 前后远离尖角的距离。

11.7.2　实例——高速混合精加工

本例在优化动态粗切的基础上对锅盖进行高速混合精加工。

 网盘 \ 视频教学 \ 第 11 章 \ 高速混合精加工 .MP4

操作步骤如下：

01 打开加工模型。单击快速访问工具栏中的"打开"按钮📂，在"打开"的对话框中打开网盘中源文件名为"锅盖"的模型。如图 11-41 所示。

02 创建高速混合精加工刀具路径

❶ 单击"刀路"选项卡"3D"面板"精切"组中的"混合"按钮🔧，系统弹出"3D 高速曲面刀路 - 混合"对话框。

❷ 选择加工曲面。选择"模型图形"选项卡，框选所有曲面作为加工曲面，"壁边预留量"和"底面预留量"均设置为 0。

❸ 设置刀具参数。选择"刀具"选项卡，单击"选择刀库刀具"按钮，选择刀号为 234、直径为 4mm 的球形铣刀，单击"确定"按钮 ✔ ，返回"3D 高速曲面刀路 - 混合"对话框。

❹ 设置切削参数。选择"切削参数"选项卡，"封闭外形方向"选择"顺铣"，"开放外形方向"选择"双向"；勾选"切削排序最佳化"复选框，"步进"选项组中的"Z 步进量"设置为 0.8，设置"角度限制"为 35.0，"3D 步进量"为 0.2。

❺ 选择"连接参数"选项卡，设置提刀"安全平面"为 15，"位置"选择"增量"。"类型"选择"完整垂直提刀"；"两刀具切削间隙保持在"选择"刀具直径的百分比"为 100，"适用于"的"类型"为"不修剪"；"引线"方式勾选"相同引线切入 / 切出"，"类型"选择"无"，勾选"第二引线"复选框，"方式"勾选"相同引线切入 / 切出"，"类型"选择"无"，其他参数采用默认。

❻ 单击"确定"按钮 ✔ ，系统根据所设置的参数生成高速混合精加工刀具路径，如图 11-42 所示。

图 11-41　锅盖

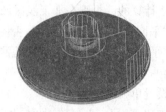

图 11-42　高速混合精加工刀具路径

03　模拟精加工

❶ 设置毛坯。在"刀路"管理器中选择"毛坯设置"选项，系统弹出"毛坯设置"对话框；单击"从边界框添加"按钮 ⬡，系统打开"边界框"对话框。在该对话框中选择"圆柱体"单选按钮，设置毛坯原点为底面中心点，"图素"选择"手动"，单击其右侧的"选择图素"按钮 ⬚，在绘图区选择锅盖模型，系统自动确定毛坯大小，修改"半径"和"高度"为 62 和 37。单击"确定"按钮 ✅，返回"毛坯设置"对话框；单击"确定"按钮 ✅，生成毛坯。单击"刀路"选项卡"毛坯"面板上的"显示 / 隐藏毛坯"按钮 ✏，显示毛坯，如图 11-43 所示。

❷ 仿真加工。单击"刀路"管理器中的"选择全部操作"按钮 ▶ 和"实体仿真已选操作"按钮 ⬚，系统弹出"Mastercam 模拟器"窗口，单击"播放"按钮 ▶，系统开始进行模拟。刀具路径模拟效果如图 11-44 所示。由图 11-44 中可以看出，锅盖把手部分的凹槽没有加工出来，该部分将在 12.2.2 节通过"沿面"命令进行加工。

图 11-43　创建的毛坯

图 11-44　刀具路径模拟效果

11.8　高速熔接精加工

熔接精加工也称混合精加工，在两条熔接曲线内部生成刀具路径，再投影到曲面上生成混合精加工刀路。

熔接精加工是由以前版本中的双线投影精加工演变而来的，Mastercam X3 将此功能单独列了出来。

11.8.1　设置高速熔接精加工参数

单击"刀路"选项卡"精切"面板中的"熔接"按钮 🍥，系统弹出"3D 高速曲面刀路 - 熔接"对话框。该对话框中的大部分选项卡在前面章节已经介绍过了，这里对"切削参数"选项卡进行介绍。

选择"切削参数"选项卡，如图 11-45 所示。该选项卡为 3D 高速熔接精加工刀具路径配置切削参数。

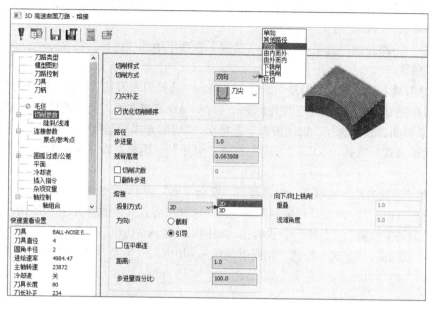

图 11-45 "切削参数"选项卡

（1）"翻转步进" 用于设置反转刀具路径的切削方向。

（2）"投影方式" 用于设置创建的刀具路径位置，包含以下选项。

1）"2D"：在平面中保持切削等距，此时激活"方向"选项组。该选项组中包含两个选项。

①"截断"：从一个串连到另一个创建切削刀路，从第一个选定串连的起点开始。

②"引导"：在选定的加工几何体上沿串连方向创建切削路径，从第一个选定串连的起点开始。

2）"3D"：在 3D 中保持切削等距，在陡峭区域添加切口。

（3）"压平串连" 用于选择以在生成刀具路径之前将选定的加工几何体转换为 2D/ 平面曲线。压平串连可能会缩短链条的长度。

11.8.2 实例——高速熔接精加工

本例在 11.7.2 节高速混合精加工的基础上对锅盖进行高速熔接精加工。

参见网盘 ＞ 网盘 \ 视频教学 \ 第 11 章 \ 高速熔接精加工 .MP4

操作步骤如下：

01 打开加工模型。单击快速访问工具栏中的"打开"按钮，在"打开"的对话框中打开网盘中源文件名为"锅盖熔接"的模型，如图 11-46 所示。

02 创建高速熔接精加工刀具路径

❶ 单击"刀路"选项卡"3D"面板"精切"组中的"熔接"按钮 🍳，系统弹出"3D 高速曲面刀路 - 熔接"对话框。

❷ 选择加工曲面。选择"模型图形"选项卡，框选所有曲面作为加工曲面，"壁边预留量"和"底面预留量"均设置为 0。

❸ 选择"刀路控制"选项卡，单击"曲线"选项组中的"选择"按钮 ⌞，选择图 11-47 所示的熔接曲线。

❹ 设置刀具参数。选择"刀具"选项卡，单击"选择刀库刀具"按钮，选择刀号为 260 直径为 4 的圆鼻铣刀，单击"确定"按钮 ✅，返回"3D 高速曲面刀路—熔接"对话框。

❺ 设置切削参数。选择"切削参数"选项卡，"切削方式"选择"双向"，"步进量"设置为 1.0，"投影方式"选择"2D"，"方向"选择"引导"。"距离"设置为 1.0，"步进量百分比"为 100.0。

❻ 选择"连接参数"选项卡，设置提刀"安全平面"为 15，"位置"选择"增量"，"类型"选择"完整垂直提刀"；"两刀具切削间隙保持在"选择"刀具直径的百分比"为 100，"适用于"的"类型"为"不修剪"；"引线"方式勾选"相同引线切入 / 切出"，"类型"选择"无"，勾选"第二引线"复选框，"方式"勾选"相同引线切入 / 切出"，"类型"选择"无"，其他参数采用默认。

图 11-46　锅盖熔接　　　　　　　　图 11-47　选择熔接曲线

❼ 单击"确定"按钮 ✅，系统根据所设置的参数生成高速熔接精加工刀具路径，如图 11-48 所示。

图 11-48　高速熔接精加工刀具路径

03 模拟加工仿真

❶ 单击"刀路"选项卡"毛坯"面板中的"显示 / 隐藏毛坯"按钮 🗌，显示毛坯，如图 11-49 所示。

❷ 单击"刀路"管理器中的"选择全部操作"按钮 ，和"实体仿真已选操作"按钮 ，，系统弹出"Mastercam 模拟器"窗口，单击"播放"按钮 ▶，系统开始进行模拟。刀具路径模拟效果如图 11-50 所示。

图 11-49　创建的毛坯

图 11-50　刀具路径模拟效果

11.9　综合实例——扇叶高速三维加工

精加工的主要目的是将工件加工到接近或达到所要求的精度和表面粗糙度，因此有时会牺牲效率来满足精度要求。加工时往往不是使用一种精加工方法，而是多种方法配合使用。下面通过实例来说明精加工方法的综合运用。

参见网盘 ＞ 网盘 \ 视频教学 \ 第 11 章 \ 扇叶高速加工 .MP4

📖 11.9.1　刀具路径编制

操作步骤如下：

01　打开加工模型。单击快速访问工具栏中的"打开"按钮 ，在"打开"的对话框中打开网盘中源文件名为"扇叶"的模型，如图 11-51 所示。

02　单击"机床"选项卡"机床类型"面板中的"铣床"按钮 ，选择"默认"选项，在"刀路管理器"中生成机床群组属性文件，同时弹出"刀路"选项卡。

03　创建优化动态粗切刀具路径

❶ 单击"刀路"选项卡"3D"面板"粗切"组中的"优化动态粗切"按钮 ，系统弹出"3D 高速曲面刀路 - 优化动态粗切"对话框。

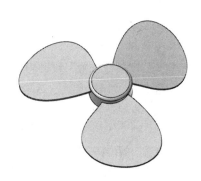
图 11-51　扇叶

❷ 单击"模型图形"选项卡"加工图形"选项组中的"选择图素"按钮 ，选择所有曲面作为加工曲面，设置"壁边预留量"和"底面预留量"均为 1。

❸ 选择"刀路控制"选项卡，"策略"选择"开放"，"补正"设置为"中心"。

❹ 选择"刀具"选项卡，单击"选择刀库刀具"按钮，选择刀号为 275、直径为 16mm 的圆鼻铣刀，单击"确定"按钮 ，返回"3D 高速曲面刀路 - 优化动态粗切"对话框。

⑤ 选择"切削参数"选项卡,"步进量"选项组中的"距离"设置为 6,设置"分层深度"为 60%,"最小刀路半径"为 10%,其他参数采用默认。

⑥ 选择"陡斜/浅滩"选项卡,勾选"最高位置"和"最低位置"复选框,将"最高位置"设置为 42,"最低位置"设置为 -2。

⑦ 选择"连接参数"选项卡,设置提刀"安全平面"为 25,"位置"选择"增量"。"两刀具切削间隙保持在"选择"刀具直径的百分比"为 100;"引线"方式勾选"相同引线切入 / 切出","类型"选择"垂直","距离"设置为 8,"半径"为 10;勾选"第二引线"复选框,"方式"勾选"相同引线切入 / 切出","类型"选择"垂直","距离"设置为 8,"半径"为 2;"适用于"的"类型"为"不修剪",其他参数采用默认。

⑧ 单击"确定"按钮 ,系统根据所设置的参数生成优化动态粗加工刀具路径,如图 11-52 所示。

图 11-52　优化动态粗加工刀具路径

04 创建区域粗加工刀具路径

❶ 单击"视图"选项卡"屏幕视图"面板中的"仰视图"按钮 ,将当前视图设置为仰视图。

❷ 单击"刀路"选项卡"3D"面板中的"区域粗切"按钮 ,系统弹出"3D 高速曲面刀路 - 区域粗切"对话框。

❸ 选择"模型图形"选项卡,在"加工图形"选项组中的"选择图素"按钮 ,选择所有曲面作为加工曲面,"壁边预留量"和"底面预留量"均设置为 1。

❹ 选择"刀路控制"选项卡,"策略"选择"开放","补正"选择"中心"。

❺ 选择"刀具"选项卡,单击"选择刀库刀具"按钮,选择刀号为 271、直径为 12mm 的圆鼻铣刀,单击"确定"按钮 ,返回"3D 高速曲面刀路 - 区域粗切"对话框。

❻ 选择"切削参数"选项卡,"封闭外形方向"选择"顺铣","开放外形方向"选择"双向",勾选"切削排序最佳化"复选框,"深度分层切削"设置为 2,"XY 步进量"选项组中的"切削距离(直径 %)"为 50。

❼ 选择"陡斜/浅滩"选项卡,勾选"最高位置"和"最低位置"复选框,将"最高位置"设置为 2,"最低位置"设置为 -42。

❽ 选择"连接参数"选项卡,设置提刀"安全平面"为 25,"位置"选择"增量"。"两刀具切削间隙保持在"选择"刀具直径的百分比"为 100;"引线"方式勾选"相同引线切入 / 切出","类型"选择"垂直","距离"设置为 8,"半径"为 10;勾选"第二引线"复选框,"方式"勾选"相同引线切入 / 切出","类型"选择"垂直","距离"设置为 8,"半径"为 2;"适用于"的"类型"为"不修剪",其他参数采用默认。

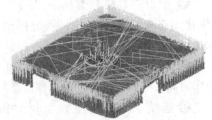

❾ 单击"确定"按钮 ,系统根据所设置的参数生成区域粗加工刀具路径,如图 11-53 所示。

05 创建高速等距环绕精加工刀具路径

❶ 单击"视图"选项卡"屏幕视图"面板中的"俯视图"按钮 ,将当前视图设置为俯视图。

图 11-53　区域粗加工刀具路径

❷ 单击"刀路"选项卡"3D"面板"精切"组中的"等距环绕"按钮 ，系统弹出"3D高速曲面刀路 - 等距环绕"对话框。

❸ 选择"模型图形"选项卡，窗选所有曲面作为加工曲面，"壁边预留量"和"底面预留量"均设置为 0。

❹ 选择"刀具"选项卡，选择刀号为 271、直径为 12mm 的圆鼻铣刀。

❺ 选择"切削参数"选项卡，"封闭外形方向"选择"顺时针环切"，"开放外形方向"选择"双向"，勾选"优化切削顺序"复选框和"由内而外环切"复选框，设置"径向切削间距"为 1。

❻ 勾选"最高位置"和"最低位置"复选框，将"最高位置"设置为 42，"最低位置"设置为 −2。

❼ 选择"连接参数"选项卡，设置提刀"安全平面"为 25，"位置"选择"增量"，"两刀具切削间隙保持在"选择"刀具直径的百分比"为 100；"引线"方式勾选"相同引线切入 / 切出"，"类型"选择"垂直"，"距离"设置为 8，"半径"为 10；勾选"第二引线"复选框，"方式"勾选"相同引线切入 / 切出"，"类型"选择"垂直"，"距离"设置为 8，"半径"为 2；"适用于"的"类型"为"不修剪"，其他参数采用默认。

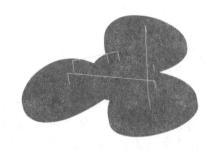

❽ 单击"确定"按钮 ，系统根据所设置的参数生成高速等距环绕精加工刀具路径，如图 11-54 所示。

图 11-54 高速等距环绕精加工刀具路径

06 创建高速放射精加工刀具路径

❶ 单击"视图"选项卡"屏幕视图"面板中的"仰视图"按钮 ，将当前视图设置为仰视图。

❷ 单击"刀路"选项卡"3D"面板"精切"组中的"放射"按钮 ，系统弹出"3D 高速曲面刀路 - 放射"对话框。

❸ 单击"模型图形"选项卡"加工图形"选项组中的"选择图素"按钮 ，窗选绘图区所有曲面作为加工曲面，"壁边预留量"和"底面预留量"均设置为 0。

❹ 选择"刀具"选项卡，单击"选择刀库刀具"按钮，选择刀号为 265、直径为 8mm 的圆鼻铣刀，单击"确定"按钮 ，返回"3D 高速曲面刀路 - 放射"对话框。

❺ 选择"切削参数"选项卡，"切削方式"选择"双向"，勾选"切削排序最佳化"复选框，设置"切削间距"为 0.8，输入中心点坐标为（0，0），设置"内径"为 0.0，"外径"为 353.0，如图 11-55 所示。

❻ 选择"陡斜 / 浅滩"选项卡，勾选"最高位置"和"最低位置"复选框，将"最高位置"设置为 2，"最低位置"设置为 −42。

❼ 选择"连接参数"选项卡，设置提刀"安全平面"为 25，"位置"选择"增量"，"两刀具切削间隙保持在"选择"刀具直径的百分比"为 100；"引线"方式勾选"相同引线切入 / 切出"，"类型"选择"垂直"，"距离"设置为 8，"半径"为 10；勾选"第二引线"复选框，"方式"勾选"相同引线切入 / 切出"，"类型"选择"垂直"，"距离"设置为 8，"半径"为 2；"适用于"的"类型"为"不修剪"，其他参数采用默认。

❽ 单击"确定"按钮 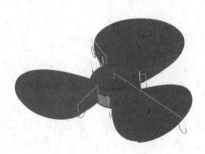（此处为按钮图标），系统根据所设置的参数生成高速放射精加工刀具路径，如图 11-56 所示。

图 11-55 "切削参数"选项卡参数设置

图 11-56 高速放射精加工刀具路径

📖 11.9.2 模拟加工

01 工件设置

在"刀路"管理器中选择"毛坯设置"选项，系统弹出"毛坯设置"对话框；单击"从边界框添加"按钮⬡，系统打开"边界框"对话框。在该对话框中选择"立方体"单选按钮，设置毛坯原点为底面中心点，"图素"选择"手动"，单击其右侧的"选择图素"按钮🔍，在绘图区选择扇叶模型，系统自动确定毛坯大小。单击"确定"按钮✅，返回"毛坯设置"对话框；单击"确定"按钮✅，生成毛坯。单击"刀路"选项卡"毛坯"面板上的"显示/隐藏毛坯"按钮✏️，显示毛坯，如图 11-57 所示。

02 仿真加工

1) 单击"刀路"管理器中的"选择全部操作"按钮🔖，选择所有操作。

2) 在"刀路"管理器中单击"实体仿真已选操作"按钮🔧，并在弹出的"Mastercam 模拟器"窗口中单击"播放"按钮▶，系统进行模拟。刀具路径模拟效果如图 11-58 所示。

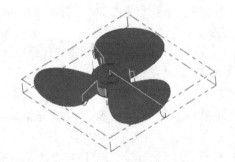

图 11-57 创建的毛坯

图 11-58 刀具路径模拟效果

第12章

多轴加工

多轴加工不仅解决了特殊曲面和曲线的加工问题，而且加工精度也大幅度提高，因而近年来多轴加工被广泛应用于工业自由曲面加工中。

知识重点

- ☑ 曲线多轴加工
- ☑ 沿面多轴加工
- ☑ 多曲面五轴加工
- ☑ 多轴旋转加工
- ☑ 叶片专家多轴加工

12.1 曲线多轴加工

曲线多轴加工多用于加工 3D 曲线或曲面的边界，根据刀具轴的不同控制，可以生成三轴、四轴或五轴加工。

12.1.1 设置曲线多轴加工参数

单击"刀路"选项卡"多轴加工"面板"基本模型"组中的"曲线"按钮🍌，系统弹出"多轴刀路 - 曲线"对话框。

1. "切削方式"选项卡

选择"切削方式"选项卡，如图 12-1 所示。该选项卡用于为多轴曲线刀具路径建立切削参数。切削参数设置决定了刀具如何沿该几何图形移动。

（1）"曲线类型" 选择用于驱动曲线的几何类型。包括：

1）"3D 曲线"：当切削串连几何体时，选择该选项。3D 曲线可以是链状或实体。曲线将被投影到一个曲面上以进行刀具路径处理。

2）"所有曲面边缘"/"单一曲线边缘"：当不使用串连几何体时，请使用曲面边缘。单击其右侧的"选择点"按钮 ⬚，将返回到图形窗口以选择要切削的曲面和一条边，如果选择了

"所有曲面边缘"，则需要选择一条边作为起点。所选曲线的数量将显示在按钮的右侧。

（2）"径向偏移" 用于设置刀具中心根据补偿方向偏移（左或右）的距离。

（3）"添加距离" 选择该复选框并输入一个值。该值是刀具路径的线性距离。当计算出的矢量之间的距离大于距离增量值时，将向刀具路径添加一个附加矢量。

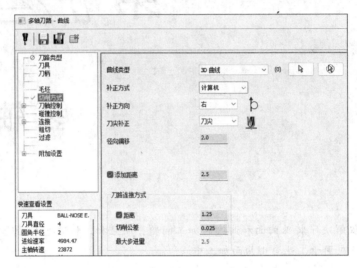

图 12-1 "切削方式"选项卡

（4）"距离" 限制工具运动。用于指定沿选定几何体刀具的向量之间的距离。指定较小的值会创建更准确的刀具路径，但可能需要更长的时间来生成，并且可能会创建更长的 NC 程序。

（5）"最大步进量" 为刀具向量之间允许的最大间距输入一个值。在刀具沿直线行进很长距离的区域中，可能需要额外的矢量。如果用户选择"距离"选项，则该项不可用。

2．"刀轴控制"选项卡

选择"刀轴控制"选项卡，如图 12-2 所示。该选项卡用于为用户的多轴曲线刀具路径建立刀轴控制参数。

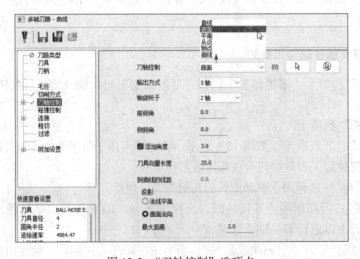

图 12-2 "刀轴控制"选项卡

（1）"刀轴控制" 使用下拉列表选择刀轴控制方式。单击"选择"按钮 ，返回图形窗口以选择适当的实体。实体数量显示在选择按钮的右侧。

1）"直线"：沿选定的线对齐刀具轴。刀具轴将针对所选线之间的区域进行插值。以串连箭头指向刀具主轴的方式选择线条。

2）"曲面"：保持刀具轴垂直于选定曲面。曲面是唯一可用于 3 轴输出的选项。对于 3 轴输出，Mastercam 将曲线投影到刀具轴表面上。投影曲线成为刀具接触位置。

3）"平面"：保持刀具轴垂直于选定平面。

4）"从点"：将刀具轴限制为从选定点开始。

5）"到点"：限制刀具轴在选定点处终止。

6）"曲线"：沿直线、圆弧、样条曲线或链接几何图形对齐刀具轴。

（2）"输出方式" 从下拉列表中选择 3 轴、4 轴或 5 轴。

1）"3 轴"：将输出限制为单个平面。

2）"4 轴"：允许在旋转轴下选择一个旋转平面。

3）"5 轴"：允许刀具轴在任何平面上旋转。

（3）"轴旋转于" 选择要在加工中使用的 X、Y 或 Z 轴来表示旋转轴。将此设置与用户机器的 4 轴输出的旋转轴功能相匹配。

（4）"前倾角" 沿刀具路径的方向向前倾斜刀具。

（5）"侧倾角" 输入倾斜刀具的角度。沿刀具路径方向移动时向右或向左倾斜刀具。

（6）"添加角度" 选择该复选框并输入一个值。该值是相邻刀具矢量之间的角度测量值。当计算出的矢量之间的角度大于角度增量值时，将向刀具路径添加一个附加矢量。

（7）"刀具向量长度" 输入一个值，该值通过确定每个刀具位置处的刀具轴长度来控制刀具路径显示，也用作 NCI 文件中的矢量长度。对于大多数刀具，使用 1in 或 25mm 作为刀具矢量长度。输入较小的值会减少刀具路径的屏幕显示。当对刀具路径显示感到满意时，将刀具矢量长度更改为更大的值以创建更准确的 NCI 文件。

（8）"到曲线的线距" 这个值决定了直线可以离曲线多远并仍然可以改变倾斜角度。此选项仅在"刀轴控制"设置为"直线"时可用。

（9）"法线平面" 使用当前构建平面作为投影方向，将曲线投影到刀具轴曲面。

（10）"曲面法向" 投影垂直于刀具轴控制面的曲线。

（11）"最大距离" 选择"刀轴控制"为"曲面"时启用。输入从 3D 曲线到它们将被投影到的表面的最大距离。当有多个曲面可用于曲线投影时，这很有用，如模具的内表面和外表面。

📖 12.1.2　实例——曲线五轴加工

本实例通过曲线五轴的加工来讲解多轴加工中的"曲线"命令。

网盘 \ 视频教学 \ 第 12 章 \ 曲线五轴加工 .MP4

操作步骤如下：

01 打开加工模型。单击快速访问工具栏中的"打开"按钮 ，在"打开"的对话框中打开网盘中源文件名为"曲线五轴"的模型，如图 12-3 所示。

02 选择机床。为了生成刀具路径，首先必须选择一台实现加工的机床。本次加工采用系统默认的铣床。单击"机床"选项卡"机床类型"面板中的"铣床"按钮 ，选择默认选项，在"刀路"管理器中生成机床群组属性文件，同时弹出"刀路"选项卡。

03 创建曲线五轴加工刀具路径

❶ 单击"刀路"选项卡"多轴加工"面板中的"曲线"按钮 ，系统弹出"多轴刀路 - 曲线"对话框。

❷ 选择刀具。单击"刀具"选项卡中"选择刀库刀具"按钮，弹出"选择刀具"对话框。选择刀号为234、直径为4mm的球形铣刀，单击"确定"按钮 ，返回"多轴刀路 - 曲线"对话框。

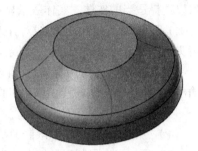

图 12-3 曲线五轴

❸ 设置切削参数。选择"切削方式"选项卡，"曲线类型"选择"3D曲线"，单击其右侧的"选择点"按钮 ，在绘图区选择图 12-4 所示的 4 条曲线。"补正方向"选择"左"，"径向偏移"为 2.0，如图 12-5 所示。

图 12-4 选择曲线

图 12-5 "切削方式"选项卡参数设置

❹ 设置刀轴控制参数。选择"刀轴控制"选项卡，"刀轴控制"选择"曲面"，单击其右侧的"选择"按钮 ，在绘图区选择图 12-6 所示的曲面，"输出方式"选择"5 轴"，"轴旋转于"选择"Z 轴"，"投影"选择"曲面法向"，"最大距离"为 2.0，如图 12-7 所示。

图 12-6 选择曲面

图 12-7 "刀轴控制"选项卡参数设置

❺ 设置碰撞参数。选择"碰撞控制"选项卡,"刀尖控制"选择"在补正曲面上",单击其右侧的"选择"按钮 ▷,选择的曲面与图 12-6 相同,"向量深度"设置为 −3.0,如图 12-8 所示。

❻ 设置高度参数。选择"连接"选项卡,设置"安全高度"为 20,增量坐标;"参考高度"为 10,增量坐标;"下刀位置"为 2,增量坐标;"刀具直径"设置为 100%。

❼ 设置完成后,单击"确定"按钮 ✅,系统即可在绘图区生成曲线五轴加工刀具路径,如图 12-9 所示。

图 12-8 "碰撞控制"选项卡参数设置

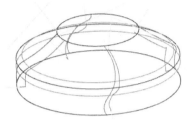

图 12-9 曲线五轴加工刀具路径

04 仿真加工

❶ 设置毛坯。选择"毛坯设置"选项,系统弹出"毛坯设置"对话框。单击"从边界框添加"按钮 ⬚,系统打开"边界框"对话框。单击"从选择添加"按钮 ▨,在绘图区选择模型实体,单击"确定"按钮 ✅,生成毛坯。单击"刀路"选项卡"毛坯"面板上的"显示 / 隐藏毛坯"按钮 ▰,显示毛坯,如图 12-10 所示。

❷ 仿真加工。单击"刀路"操控管理器中的"选择全部操作"按钮 ⮢ 和"实体仿真已选操作"按钮 ⬚,系统弹出的"Mastercam 模拟器"窗口,单击"播放"按钮 ▶,系统进行模拟。刀具路径模拟结果如图 12-11 所示。

图 12-10 创建毛坯

图 12-11 刀具路径模拟效果

12.2 沿面多轴加工

沿面多轴加工用于生成多轴沿面刀具路径。该模组与曲面的流线加工模组相似,但其刀具轴为曲面的法线方向。用户可以通过控制残脊高度和进刀量来生成精确、平滑的精加工刀具路径。

12.2.1 设置沿面多轴加工参数

单击"刀路"选项卡"多轴加工"面板中的"沿面"按钮，系统弹出"多轴刀路 - 沿面"对话框。

1."切削方式"选项卡

选择"切削方式"选项卡，如图 12-12 所示。该选项卡为多轴刀具路径建立切削图案参数。切削图案设置决定了刀具遵循的几何图形及它如何沿该几何图形移动。

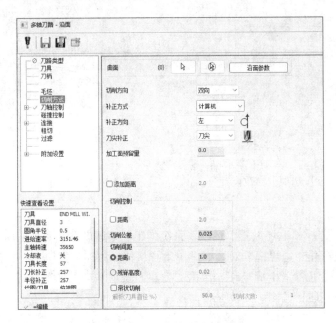

图 12-12 "切削方式"选项卡

1）"残脊高度"：使用球形铣刀时，指定路径之间剩余材料的高度。Mastercam 根据此处输入的值和所选刀具计算步距。

2）"带状切削"：勾选该复选框，用于在曲面中间创建刀具路径，如沿着角撑板或支撑的顶部。

3）"解析（刀具直径 %）"：设置计算带状切削的刀具直径百分比。用于控制垂直于工具运动的表面上刀具路径之间的间距。较小的百分比会创建更多的刀具路径，从而生成更精细的表面。

2."刀轴控制"选项卡

选择"刀轴控制"选项卡，如图 12-13 所示，该选项卡可为多轴、多曲面或端口刀具路径建立刀具轴控制参数，用于确定刀具相对于被切割几何体的方向。

1）"边界"：用于设置刀轴控制方式。在闭合边界内或闭合边界上对齐刀具轴。如果切削图案表面法线在边界内，刀具轴将与切削图案表面法线保持对齐。

2）"最小倾斜"：勾选该复选框，则启用最小倾斜选项。"最小倾斜"用于调整刀具矢量，以防止与零件发生潜在碰撞。

3）"最大角度（增量）"：输入允许工具在相邻移动之间移动的最大角度。

4）"刀杆及刀柄间隙"：输入一个值以用作刀杆和刀柄的间隙。当需要额外的间隙以避免零件或夹具时使用。

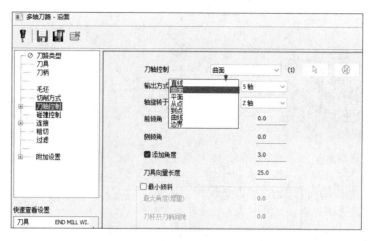

图 12-13 "刀轴控制"选项卡

12.2.2 实例——沿面多轴加工

本例将在 11.8.2 节高速熔接精加工的基础上利用"沿面"命令对锅盖把手部分凹槽进行加工。

> **参见 网盘** 网盘\视频教学\第12章\沿面加工.MP4

操作步骤如下：

01 打开加工模型。单击快速访问工具栏中的"打开"按钮 📂，在"打开"的对话框中打开网盘中源文件名为"锅盖"的模型，如图 12-14 所示。

02 选择机床。为了生成刀具路径，首先必须选择一台实现加工的机床。本次加工采用系统默认的铣床。单击"机床"选项卡"机床类型"面板中的"铣床"按钮 🔧，选择默认选项，在"刀路"管理器中生成机床群组属性文件，同时弹出"刀路"选项卡。

03 创建沿面加工刀具路径

图 12-14 锅盖

❶ 单击"刀路"选项卡"多轴加工"面板中的"沿面"按钮 🔧，系统弹出"多轴刀路 - 沿面"对话框。

❷ 单击"刀具"选项卡中"选择刀库刀具"按钮，弹出"选择刀具"对话框。选择刀号为 257、直径为 3mm 的圆鼻铣刀，单击"确定"按钮 ✅，返回"多轴刀路 - 沿面"对话框。

❸ 选择"切削方式"选项卡，单击"曲面"右侧的"选择曲面"按钮 🔲，在绘图区选择图 12-15 所示的曲面，单击"结束选择"按钮，系统弹出"流线数据"对话框，如图 12-16 所示。单击"切削方向"按钮，调整切削方向如图 12-17 所示。单击"确定"按钮 ✅，返回"多轴刀路 - 沿面"对话框。"补正方向"选择"左"，"切削间距"的"距离"设置为 1。

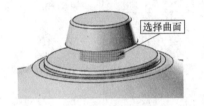

图 12-15 选择曲面   图 12-16 "流线数据"对话框   图 12-17 调整切削方向

❹ 选择"刀轴控制"选项卡,"刀轴控制"选择"曲面",系统自动选择曲面,"输出方式"设置为"5轴","轴旋转于"选择"Z轴",参数设置如图 12-18 所示。

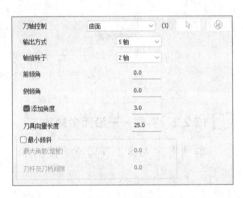

❺ 选择"碰撞控制"选项卡,单击"补正曲面"右侧的"选择补正曲面"按钮，在绘图区选择图 12-15 所示的曲面。

❻ 选择"连接"选项卡,设置"安全高度"为20,增量坐标;"参考高度"为10,增量坐标;"下刀位置"为2,增量坐标;"刀具直径%"为"100"。

图 12-18 "刀轴控制"选项卡参数设置

❼ 设置完后,单击"确定"按钮，系统立即在绘图区生成沿面五轴刀具路径,如图 12-19 所示。

04 模拟仿真加工

在"刀路"管理器中单击"选择全部操作"按钮和"实体仿真已选操作"按钮，系统弹出"Mastercam 模拟器"窗口,单击"播放"按钮，系统进行模拟。刀具路径模拟效果如图 12-20 所示。

图 12-19 沿面五轴刀具路径   图 12-20 刀具路径模拟效果

12.3 多曲面五轴加工

多曲面加工适于一次加工多个曲面。根据不同的刀具轴控制,该模组可以生成 4 轴或 5 轴多曲面多轴加工刀具路径。

12.3.1 设置多曲面五轴加工参数

单击"刀路"选项卡"多轴加工"面板中的"多曲面"按钮 ，系统弹出"多轴刀路 - 多曲面"对话框。

选择"切削方式"选项卡，如图 12-21 所示。该选项卡用于设置五轴曲面加工模组的加工样板，加工样板既可以是已有的 3D 曲面，也可以定义为圆柱体、球形或立方体。

1）"截断方向步进量"：输入一个值来控制刀具路径之间的距离。较小的值会创建更多的刀具路径，但可能需要更长的时间来生成，并且可能会创建更长的 NC 程序。

2）"引导方向步进量"：输入用于限制刀具运动的值。指定的值是沿选定几何生成的向量之间的距离。较小的值会创建更准确的刀具路径，但可能需要更长的时间来生成，并且可能会创建更长的 NC 程序。

其他选项卡前面已经详细介绍过了，这里不再赘述。

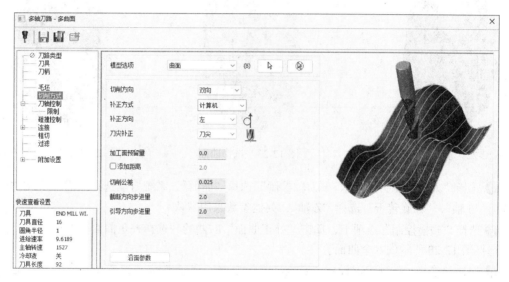

图 12-21 "切削方式"选项卡

12.3.2 实例——多曲面五轴加工

本实例通过多曲面模型的加工介绍多轴加工中的"多曲面"命令。

 网盘 \ 视频教学 \ 第 12 章 \ 多曲面加工 .MP4

操作步骤如下：

01 打开加工模型。单击快速访问工具栏中的"打开"按钮 ，在"打开"的对话框中打开网盘中源文件名为"多曲面"的模型，如图 12-22 所示。

02 选择机床。为了生成刀具路径，首先必须选择一台实现加工的机床。本次加工采用系统默认的铣床。单击"机床"选项卡"机床类型"面板中的"铣床"按钮 ，选择默认选项，在"刀路"管理器中生成机床群组属性文件，同时弹出"刀路"选项卡。

03 创建多曲面加工刀具路径

❶ 单击"刀路"选项卡"多轴加工"面板中的"多曲面"按钮 🥮，系统弹出"多轴刀路 - 多曲面"对话框。

❷ 单击"刀具"选项卡中"选择刀库刀具"按钮，弹出"选择刀具"对话框。选择刀号为 275、直径为 16mm 的圆鼻铣刀，单击"确定"按钮 ✅，返回"多轴刀路 - 多曲面"对话框。

❸ 选择"切削方式"选项卡，"模型选项"选择"曲面"，单击其右侧的"选择曲面"按钮 📐，在绘图区选择图 12-23 所示的曲面并按 Enter 键，系统弹出"流线数据"对话框。调整切削方向，如图 12-24 所示。

选择曲面

图 12-22 多曲面模型   图 12-23 选择曲面   图 12-24 调整切削方向

❹ 选择"刀轴控制"选项卡，"刀轴控制"选择"曲面"，系统自动选择曲面，"输出方式"设置为"5 轴"，"轴旋转于"选择"Z 轴"，其他参数采用默认。

❺ 选择"碰撞控制"选项卡，单击"补正曲面"右侧的"选择补正曲面"按钮 📐，在绘图区选择图 12-23 所示的 8 个曲面。

❻ 选择"连接"选项卡，设置"安全高度"为 30，增量坐标；"参考高度"为 10，增量坐标；"下刀位置"为 2，增量坐标；"刀具直径 %"为"100"。

❼ 设置完后，单击"多轴刀路 - 多曲面"对话框中的"确定"按钮 ✅，系统立即在绘图区生成多曲面加工刀具路径，如图 12-25 所示。

04 模拟仿真加工

❶ 设置毛坯。在"刀路"管理器中选择"毛坯设置"选项，系统弹出"毛坯设置"对话框；单击"从边界框添加"按钮 📦，系统打开"边界框"对话框。在该对话框中，"形状"选择"圆柱体"，"轴心"设置为"Z"，毛坯原点选择模型下表面中心点，设置圆柱体"高度"和"半径"分别为 160 和 56，单击"确定"按钮 ✅，返回"毛坯设置"对话框。单击"确定"按钮 ✅，完成毛坯的参数设置。单击"刀路"选项卡"毛坯"面板上的"显示 / 隐藏毛坯"按钮 🔷，显示毛坯，如图 12-26 所示。

❷ 仿真加工。单击"刀路"管理器中的"实体仿真已选操作"按钮 🔖，系统弹出"Mastercam 模拟器"窗口，单击"播放"按钮 ▶，系统进行模拟。刀具路径模拟效果如图 12-27 所示。

图 12-25　多曲面加工刀具路径

图 12-26　创建的毛坯

图 12-27　刀具路径模拟效果

12.4　多轴旋转加工

多轴旋转加工用于生成多轴旋转加工刀具路径。该模组适合于加工近似圆柱体的工件，其刀具轴可在垂直于设定轴的方向上旋转。

12.4.1　设置多轴旋转加工参数

单击"刀路"选项卡"多轴加工"面板"扩展应用"组中的"旋转"按钮，系统弹出"多轴刀路 - 旋转"对话框。

1."切削方式"选项卡

选择"切削方式"选项卡，如图 12-28 所示。该选项卡用于为多轴旋转刀具路径建立切削模式参数。

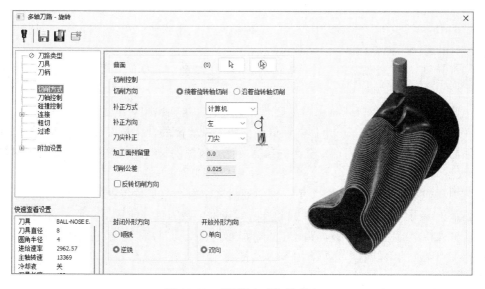

图 12-28　"切削方式"选项卡

1）"绕着旋转轴切削"：刀具围绕工件做圆周移动。每加工完一周后，刀具将沿旋转轴移动以进行下一次加工。

2）"沿着旋转轴切削"：刀具平行于旋转轴移动。每次平行于轴的走刀后，刀具沿着圆周移动以进行下一次走刀。

3）"封闭外形方向"：该选项组为闭合轮廓选择所需的切削运动，形成一个连续的循环。Mastercam 提供了两个选项，即顺铣和逆铣。

4）"开放外形方向"：该选项组为具有不同起点和终点位置的开放轮廓选择所需的切削运动。Mastercam 提供了两个选项，即单向和双向。

2."刀轴控制"选项卡

选择"刀轴控制"选项卡，如图 12-29 所示。该选项卡用于为多轴旋转刀具路径建立刀具轴控制参数。刀具轴控制用于确定刀具相对于被加工几何体的方向。

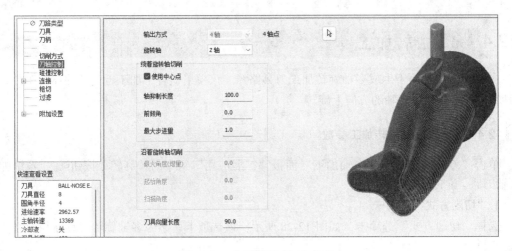

图 12-29 "刀轴控制"选项卡

1）"输出方式"：对于旋转刀具路径，输出格式锁定在 4 轴。单击"选择"按钮 ，返回图形窗口以选择旋转轴上的一个点。

2）"旋转轴"：选择加工中使用的旋转轴。将此设置与选择的 4 轴输出的旋转轴功能相匹配。

3）"使用中心点"：使刀具轴线位于工件中心点，系统输出相对于曲面的刀具轴线。

4）"轴抑制长度"：输入一个值，该值根据距工件表面的特定长度确定刀具轴的位置。较长的轴阻尼长度会在向量之间产生较小的角度变化。较短的长度提供更多的刀具位置和与表面紧密贴合的刀具路径。

5）"刀具向量长度"：输入一个值，该值通过确定每个刀具位置处的刀具轴长度来控制刀具路径显示，也用作 NCI 文件中的矢量长度。对于大多数刀具，使用 1in 或 25mm 作为刀具矢量长度。输入较小的值会减少刀具路径的屏幕显示。当对刀具路径显示感到满意时，将刀具矢量长度更改为更大的值以创建更准确的 NCI 文件。

📖 12.4.2 实例——多轴旋转加工

本实例通过多轴旋转模型的加工来介绍多轴加工中的"旋转"命令。

网盘 \ 视频教学 \ 第12章 \ 多轴旋转加工 .MP4

操作步骤如下：

01 打开加工模型。单击快速访问工具栏中的"打开"按钮 🗁，在"打开"的对话框中打开网盘中源文件名为"多轴旋转"的模型，如图12-30所示。

02 选择机床。为了生成刀具路径，首先必须选择一台实现加工的机床。本次加工采用系统默认的铣床。单击"机床"选项卡"机床类型"面板中的"铣床"按钮 🛠️，选择默认选项，在"刀路"管理器中生成机床群组属性文件，同时弹出"刀路"选项卡。

03 创建多轴旋转刀具路径

❶ 单击"刀路"选项卡"多轴加工"面板中的"旋转"按钮 🔩，系统弹出"多轴刀路-旋转"对话框。

图12-30 多轴旋转模型

❷ 单击"刀具"选项卡中"选择刀库刀具"按钮，弹出"选择刀具"对话框。选择刀号为238、直径为8mm的球形铣刀，单击"确定"按钮 ✅，返回"多轴刀路-旋转"对话框。

❸ 选择"切削方式"选项卡，单击"曲面"右侧的"选择曲面"按钮 🔲，在绘图区框选所有曲面，单击"结束选择"按钮，返回"多轴刀路-旋转"对话框。"切削方向"选择"绕着旋转轴切削"，"补正方向"选择"左"，"封闭外形方向"选择"顺铣"，"开放外形方向"选择"单向"。

❹ 选择"刀轴控制"选项卡，单击"4轴点"右侧的"选择"按钮，选择图12-31所示的轴点，"旋转轴"选择"Z轴"，勾选"使用中心点"复选框，设置"轴抑制长度"为5，"最大步进量"为1，"刀具向量长度"为15。

❺ 选择"连接"选项卡，设置"安全高度"为100，增量坐标；"参考高度"为40，增量坐标；"下刀位置"为15，增量坐标；"刀具直径"设置为100%。

❻ 设置完后，单击"多轴刀路-旋转"对话框中的"确定"按钮 ✅，系统立即在绘图区生成旋转四轴刀具路径，如图12-32所示。

图12-31 选择轴点

图12-32 旋转四轴刀具路径

04 仿真加工

❶ 设置毛坯。在"刀路"管理器中选择"毛坯设置"选项，系统弹出"毛坯设置"对话

框。单击"从边界框添加"按钮⬚，系统打开"边界框"对话框。在该对话框中，"形状"选择"圆柱体"，"轴心"设置为"Z"，毛坯原点选择模型下表面中心点，"图素"选择"手动"。单击其右侧的"选择图素"按钮⬚，在绘图区选择多轴旋转模型，单击"确定"按钮✅，返回"毛坯设置"对话框。单击"确定"按钮✅，生成毛坯。单击"刀路"选项卡"毛坯"面板上的"显示/隐藏毛坯"按钮✏，显示毛坯，如图 12-33 所示。

❷仿真加工。单击"刀路"管理器中的"实体仿真已选操作"按钮🗂，系统弹出"Master-cam 模拟器"窗口，单击"播放"按钮▶，系统进行模拟。刀具路径模拟效果如图 12-34 所示。

图 12-33　创建的毛坯　　　　　图 12-34　刀具路径模拟效果

12.5　叶片专家多轴加工

叶片专家多轴加工是针对叶轮、叶片或螺旋桨类零件提供的专门加工策略。

📖 12.5.1　设置叶片专家多轴加工参数

单击"刀路"选项卡"多轴加工"面板"扩展应用"组中的"叶片专家"按钮🌋，系统弹出"多轴刀路-叶片专家"对话框。下面对其中重要的选项卡进行介绍。

1."切削方式"选项卡

选择"切削方式"选项卡，如图 12-35 所示。该选项卡用于为叶片专家刀具路径建立切削模式设置参数。

（1）"加工"　从下拉列表中选择加工模式。

1）"粗切"：在刀片/分离器之间创建层和切片。

2）"精修叶片"：仅在叶片上创建路径。

3）"精修轮毂"：仅在轮毂上创建刀具路径。

4）"精修圆角"：仅在叶片和轮毂之间的圆角上创建刀具路径。

（2）"策略"　从下拉列表中选择加工策略。

1）"与轮毂平行"：所有刀具路径都平行于轮毂。

2）"与叶片外缘平行"：所有刀具路径都平行于叶片外缘。

3）"与叶片轮毂之间渐变"：刀具路径是叶片外缘和轮毂之间的混合。

（3）"方式"　从下拉列表中选择排序方法。选项因选择的加工模式而异。通常，前缘最靠近轮毂的中心，后缘最靠近轮毂的圆周。

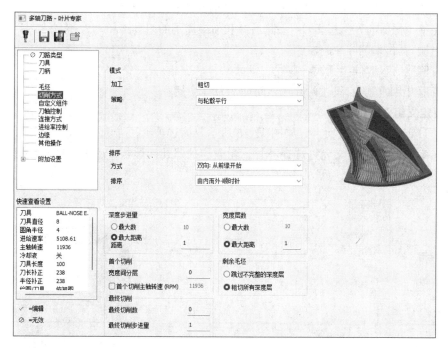

图 12-35 "切削方式"选项卡

（4）"排序" 从下拉列表中选择排序。选项因之前选择的项目而异。

（5）"最大数" 选择该选项，则会使用整数创建深度分层切削数量或宽度切片。输入要创建的层数或切片数，层仅创建到叶片边缘。如果"最大数"和"最大距离"的组合采用叶片边缘上方的层，则层数将被截断。

（6）"最大距离" 选择该选项，则会根据距离值创建深度分层切削数量或宽度切片。输入层或切片之间的距离。在叶片边缘和轮毂之间有变形时，刀具路径的实际距离会有所不同。

（7）"距离" 输入层之间的距离。必须输入一个值才能生成适当的刀具路径。

（8）"宽度间分层" 输入要在第一个切片上创建的深度切削数。在刀具完全切入材料之前，中间切片会创建较浅的切入切口。

（9）"首个切削主轴转速" 选择该复选框并输入用于第一个切削的主轴转速。

（10）"跳过不完整的深度层" 选择仅切削完整的图层。如果刀具无法到达给定层的一部分，则不会被切削。

（11）"粗切所有深度层" 选择该选项，则会去除尽可能多的材料。该刀具将切削可以到达的所有深度，这可能会导致留下不完整的深度层。

（12）"起始于 %" 在叶片边缘和轮毂之间存在变形时，输入一个定义切削起始位置的值。该值用作叶片高度的百分比，叶片根部（轮毂）处为 0%。

（13）"结束于 %" 在叶片边缘和轮毂之间存在变形时，输入一个定义切削结束位置的值。该值用作叶片高度的百分比，其中 100% 位于叶片顶部。

（14）"外形" 选择该选项，则在使用刀片精加工时控制刀具运动。仅当加工模式选择"精修叶片"或"精修圆角"时才会显示该选项。具体包括以下选项：

1）"完整"：在叶片周围创建完整的刀具路径。

2）"完整（修剪后边缘）"：去除后缘周围的刀具路径。

3）"完整（修剪前/后边缘）"：去除后缘和前缘周围的刀具路径。

4）"左侧"：仅切削叶片的左侧。

5）"右侧"：仅切削叶片的右侧。

6）"流道叶片内侧"：只在两叶片之间创建刀具路径。

2. "自定义组件"选项卡

选择"自定义组件"选项卡，如图 12-36 所示。该选项卡用于为"叶片专家"刀具路径建立零件定义参数。零件定义允许选择叶片、轮毂和护罩几何形状，还提供用于过切检查表面、毛坯定义、截面切削和切削质量的参数。

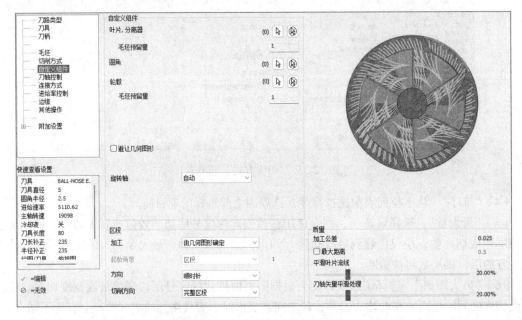

图 12-36 "自定义组件"选项卡

（1）"圆角" 单击"选择"按钮，返回图形窗口进行曲面选择。选择包含线段的所有叶片、分流器和圆角曲面。节段是叶轮的一部分，包含两个相邻的主叶片、叶片之间的分流器及作为主叶片和分流器一部分的所有圆角。

（2）"轮毂" 单击"选择"按钮，返回图形窗口进行曲面选择。轮毂是叶片和分流器所在的旋转曲面。

（3）"避让几何图形" 选择该复选框，则启用检查曲面的选择。单击"选择"按钮，返回图形窗口进行曲面选择。

（4）"区段" 输入叶轮中的段数。节段是叶轮的一部分，包含两个相邻的主叶片、叶片之间的分流器及作为主叶片和分流器一部分的所有圆角。

（5）"加工" 从下拉列表中选择要加工的段数。

①"全部"：加工在文本框中定义的全部段数。

②"指定数量"：输入要加工的段数。

③"由几何图形确定"：由选择的曲面确定要加工的段数。

（6）"起始角度" 输入要加工的初始角度。

（7）"切削方向" 从下拉列表中选择切削方向。

1）"完整区段"：在移动到下一个之前加工整个区段。

2）"深度"：在进行下一层之前，为所有区段加工相同的层。

3）"切割"：在进行下一个切片之前，为所有区段加工相同的切片。

（8）"平滑叶片流线" 移动滑块以平滑分流器周围的刀具运动轨迹。刀具路径在设置为0%的分流器周围没有平滑。

（9）"刀轴矢量平滑处理" 移动滑块以平滑刀具轴运动。设置为0%不会更改刀具轴位置。移动滑块允许刀具路径更改刀具轴以在位置之间创建更平滑的过渡。

3. "刀轴控制"选项卡

选择"刀轴控制"选项卡，如图12-37所示。该选项卡用于为多轴叶片专家刀具路径建立刀具轴控制参数。刀具轴控制用于确定刀具相对于被切削几何体的方向。

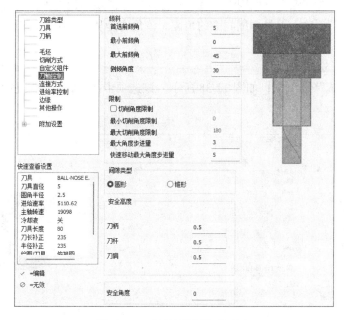

图12-37 "刀轴控制"选项卡

1）"首选前倾角"：输入刀具将用作默认角度的导程角。使用动态策略时，超前角可能会有所不同，但会在可能的情况下尝试返回首选角度。

2）"最小前倾角"：输入要应用于刀具的最小导程角值。当几何体需要滞后切削角时，输入负值。

3）"最大前倾角"：输入要应用于刀具的最大导程角值。刀具的倾斜角度不会超过从地板表面法线测量的该值。

4）"侧倾角度"：输入刀具侧倾的最大角度。

5）"切削角度限制"：选择以激活切削角度限制，输入最小和最大角度。这些角度定义了围绕在"自定义组件"页面上选择的具有旋转轴的圆锥体。

6）"最小切削角度限制"：输入最小限制角度。

7）"最大切削角度限制"：输入最大限制角度。

8）"最大角度步进量"：输入允许刀具在相邻移动之间移动的最大角度。

9）"快速移动最大角度步进量"：输入间隙区域行程的两段之间的最大角度变化。角度步长越小，将计算的段数越多。

10）"圆形"：选择该选项，则会使用围绕刀具截面的圆柱体来定义刀具间隙值。

11）"锥形"：选择该选项，则会在刀具截面周围用圆锥体定义刀具间隙值。较低的偏移值适用于最靠近刀尖的部分的末端。

12）"刀柄"：输入一个距离，该距离是刀柄距被切削工件的最近距离。如果选中，此距离将应用于检查曲面。对间隙类型使用锥形时，较低的偏移值最靠近刀尖。

13）"刀杆"：输入一个距离，该距离是刀杆距被切削工件的最近距离。如果选中，此距离将应用于检查曲面。对间隙类型使用锥形时，较低的偏移值最靠近刀尖。

14）"刀肩"：输入一个距离，该距离是刀肩距被切削工件的最小距离。如果选中，此距离将应用于检查曲面。对间隙类型使用锥形时，较低的偏移值最靠近刀尖。

15）"安全角度"：输入刀具周围间隙的角度。该角度是从刀具尖端到刀具的最宽点测量的。输入的值向外应用。

4. "连接方式"选项卡

选择"连接方式"选项卡，如图 12-38 所示。该选项卡用于设置刀具在不切削材料时如何移动。

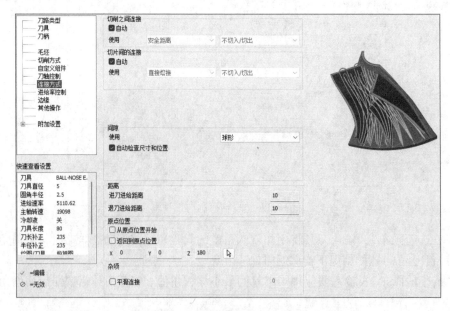

图 12-38　"连接方式"选项卡

（1）"自动"　使用预设值进行连接移动。层和切片之间的连接是自动计算的。取消选择以允许手动选择连接参数。

（2）"使用"　选择链接动作的类型。在其下拉列表中包括以下选项。

1）"直接熔接"：直接和混合样条线的组合，靠近工件。

2）"直插"：从终点到起点的直线移动。

3）"平滑曲线"：从终点到起点的切线移动。

4）"进给距离"：沿刀具轴的进给距离，由进给距离值指定。刀具以进给速度移动。

5）"不切入/切出"：以最短距离连接（用于锯齿形）。选择"直接熔接"时该项不激活。

6）"使用切入圆弧"：切入圆弧指的是刀具位置与切入点之间最短距离的连接圆弧。选择"直接熔接"时该项不激活。

（3）"间隙" 沿刀具轴快速退回到间隙圆柱体或球体。

12.5.2 实例——叶轮五轴加工

本例通过叶轮的加工来讲解多轴加工中的"叶片专家"命令。

参见网盘 〉网盘\视频教学\第12章\叶片专家多轴加工.MP4

操作步骤如下：

01 打开加工模型。单击快速访问工具栏中的"打开"按钮，在"打开"的对话框中打开网盘中源文件名为"叶轮"的模型，如图12-39所示。

02 选择机床。为了生成刀具路径，首先必须选择一台实现加工的机床。本次加工采用系统默认的铣床。单击"机床"选项卡"机床类型"面板中的"铣床"按钮，选择默认选项，在"刀路"管理器中生成机床群组属性文件，同时弹出"刀路"选项卡。

图12-39 叶轮

03 创建叶轮粗加工刀具路径

❶ 单击"刀路"选项卡"多轴加工"面板中的"叶片专家"按钮，系统弹出"多轴刀路-叶片专家"对话框。

❷ 选择刀具。单击"刀具"选项卡中"选择刀库刀具"按钮，弹出"选择刀具"对话框。选择刀号为238、直径为8mm的球形铣刀，单击"确定"按钮，返回"多轴刀路-叶片专家"对话框。

❸ 选择"切削方式"选项卡，"模式"选项组中"加工"选择"粗切"，"策略"选择"与轮毂平行"；"排序"选项组中"方式"选择"双向：从前缘开始"，"排序"选择"由内而外-顺时针"；其他参数设置如图12-40所示。

❹ 选择"自定义组件"选项卡，单击"叶片，分离器"右侧的"选择"按钮，在

图12-40 "切削方式"选项卡参数设置

绘图区选择图 12-41 所示的 84 个叶片和圆角曲面，单击"结束选择"按钮，返回"多轴刀路 - 叶片专家"对话框；单击"轮毂"右侧的"选择"按钮⯑，在绘图区选择图 12-42 所示的 36 个轮毂曲面，单击"结束选择"按钮，返回"多轴刀路 - 叶片专家"对话框；"区段"选项组中的"加工"选择"由几何图形确定"，"方向"选择"顺时针"，"切削方向"选择"完整区段"。

⑤ 设置完后，单击"确定"按钮 ⊘ ，系统立即在绘图区生成粗切刀具路径，如图 12-43 所示。

图 12-41　选择叶片和圆角曲面　　　　图 12-42　选择轮毂曲面　　　　图 12-43　粗切刀具路径

04 创建叶片精修刀具路径

❶ 重复"叶片专家"命令，在"刀具"选项卡中选择直径为 5mm 的球形铣刀；

❷ 选择"切削方式"选项卡，"模式"选项组中"加工"选择"精修叶片"，"策略"选择"与轮毂平行"；"外形"选择"完整"，"排序"选项组中"方式"选择"单向:从前缘开始"，"深度步进量"选择"最大距离"，"距离"为 1。

❸ 选择"自定义组件"选项卡，单击"叶片，分离器"右侧的"选择"按钮⯑，在绘图区选择图 12-44 所示的 36 个叶片曲面，单击"结束选择"按钮，返回"多轴刀路 - 叶片专家"对话框；单击"轮毂"右侧的"选择"按钮⯑，在绘图区选择图 12-42 所示的 36 个轮毂曲面，单击"结束选择"按钮，返回"多轴刀路 - 叶片专家"对话框；"区段"选项组中的"加工"选择"由几何图形确定"，"方向"为"顺时针"，"切削方向"选择"完整区段"；"毛坯预留量"设置为 0。

❹ 设置完后，单击"确定"按钮 ⊘ ，系统立即在绘图区生成叶片精修刀具路径，如图 12-45 所示。

图 12-44　选择叶片曲面　　　　　　　　图 12-45　叶片精修刀具路径

05 创建轮毂精修刀具路径

❶ 重复"叶片专家"命令，在"刀具"选项卡中选择直径为 5mm 的球形铣刀；

❷ 选择"切削方式"选项卡，将"加工"模式设置为"精修轮毂"。

❸ 选择"自定义组件"选项卡，单击"叶片，分离器"右侧的"选择"按钮 ᵇ，在绘图区选择图 12-41 所示的 84 个叶片和圆角曲面，单击"结束选择"按钮，返回"多轴刀路 - 叶片专家"对话框；单击"轮毂"右侧的"选择"按钮 ᵇ，在绘图区选择图 12-42 所示的 36 个轮毂曲面，单击"结束选择"按钮，返回"多轴刀路 - 叶片专家"对话框；"区段"选项组中的"加工"选择"由几何图形确定"，"方向"为"顺时针"，"切削方向"选择"完整区段"。"毛坯预留量"设置为 0。

❹ 设置完后，单击"确定"按钮 ✓，系统立即在绘图区生成轮毂精修刀具路径，如图 12-46 所示。

(06) 模拟仿真加工

❶ 设置毛坯。打开图层 16，在"刀路"管理器中选择"毛坯设置"选项，系统弹出"毛坯设置"对话框。单击"从选择添加"按钮 ᵇ，在绘图区选择实体，单击"确定"按钮 ✓，生成毛坯。单击"刀路"选项卡"毛坯"面板上的"显示 / 隐藏毛坯"按钮 ✎，显示毛坯。如图 12-47 所示。

❷ 仿真加工。单击"刀路"操控管理器中的"选择全部操作"按钮 ▶ 和"实体仿真已选操作"按钮 ⬚，系统弹出"Mastercam 模拟器"窗口，单击"播放"按钮 ▶，系统进行模拟。刀具路径模拟效果如图 12-48 所示。

图 12-46 轮毂精修刀具路径

图 12-47 创建的毛坯

图 12-48 刀具路径模拟效果